Collaborative architecture design with BIM

BIM 기반 건축 협업 디자인

Collaborative architecture design with BIM

BIM 기반 건축 협업 디자인

공저 - 강태욱, 김호중

Spacetime

추천 글

BIM이 논의되기 시작한지는 30여년이 지났다. 다소 늦은 감은 있으나 BIM이 본격적으로 활용되기 시작했다. 그러나 건축주, 건축가, 시공사, 엔지니어 등 각자의 관점으로 BIM을 해석하고 있다. 모두들 자신의 분야에서의 BIM 활용에 대한 생각도 다르다. 또 한편에서는 BIM은 만능의 도구이자 완성된 도구로 착각하고 있다. 이 책은 이와 같은 문제들에 대하여 확실한 대답을 하고 있다.

첫째, BIM은 도구로써 모두가 협업을 할 수 있는 작업환경을 제공한다는 것이다. 지금까지의 파편화되어 이뤄지던 방식을 넘어, 함께 일하기 위한 도구라는 것을 명확히 하고 있다. 둘째, 신뢰를 바탕으로 한 관습과 제도적 뒷받침이 없이는 BIM 적용에 한계가 있다는 것을 말하고 있다. 그리고 적용되고 있는 사례들을 보여주고 있으며, 우리가 만들어 가야 할 신뢰 구축과 제도를 설명하고 있다.

이 책을 통하여 BIM 적용에 관한 전체와 부분 모두를 볼 수 있다. 현재의 기본디자인, 상세디자인, 시공디자인, 모델 품질검증, 프리젠테이션 분야에서의 적용 현황을 개관한다. 이와 함께 세부적 적용 도구와 사례를 비교적 상세하게 설명하고, 각 전문분야에서 적용되고 있는 현황을 보여주고 있으며, 통합적 작업으로 가고 있는 미완성의 현실과 앞으로의 가능성도 다루고 있다. 현재 무엇이 가능하며 무엇이 아직 실현되기를 기다리고 있는지를 이해할 수 있게 한다.

마지막으로, 이 책에서는 BIM이 변화하고 있는 방향에 대하여 다루고 있다. 설계 기술력의 핵심이라 할 수 있는 알고리즘 기반 디자인, 정적 공간환경으로부터 벗어나 동적 공간환경을 만들어 가고자 하는 환경반응 디자인을 소개하고 있다. 물리공간 정보획득 등 공간 빅 데이터와의 연계부분에 대한 부분 산업화에 실패하였던 프리패브 건축분야에 대해서도 가능성을 언급하고 있다. 그리고 제작의 민주화를 가져다 줄 것으로 기대되고 있는 3D 프린터와의 관계 등을 설명하고 변화하는 BIM의 기술과 향후 발전된 적용 분야를 소개하고 있다. BIM의 무한한 가능성을 이야기하고 있다.

BIM은 이제 막 본격적으로 현실의 세계에 활용되기 시작하였다. BIM은 아직 미완성이다. 그러나 미완성이라는 이야기는 무한한 가능성을 말한다. 공간환경은 문화 예술적 영감과 함께 이를 실현할 수 있는 자원과 도구를 필요로 한다. BIM은 공간환경을 꿈꾸고 실현하는 영감의 도구이자 실현의 도구로 지속적으로 활용되고 발전되어야 할 존재이다. 우리는 기술을 통하여 세계시장으로 진출하는 것이 가장 효과적인 방법 중 하나이며, 그 중심에 BIM이라는 도구가 있다. 이 책은 BIM의 현실을 이해하고 미래를 꿈꾸게 하는 내용으로 구성되어 있다.

원광대학교 건축학과 윤기병 교수

■ 추천 글

약 7년 전 해외 컨퍼런스에서 BIM 시스템을 접하고 한국에 돌아와 당시 사무소의 팀장으로 일하던 김호중씨에게 BIM에 대해 소개를 해준 적이 있습니다. 김호중씨는 그 때의 일을 계기로 BIM을 처음 알게 되었고, 후일 이렇게 전문서적을 집필하는 BIM 분야의 전문가로 성장했습니다.

일반적으로 하나의 프로젝트를 진행할 때, 여러 번의 직접경험을 통해 효율적으로 진행하려고 노력하지만 각 프로젝트마다 처한 환경이 매우 달라 매번 다른 종류의 문제들이 발생하고, 이로 인해 각 단계별로 비용 및 시간의 소모가 적지 않습니다.

본인이 운영하는 건축설계사무소에서도 점차 BIM을 통합 설계프로세스로 진행하려고 준비 중입니다. BIM을 통해 분야의 전문가들이 가상건물을 설계, 시공, 유지관리 해 봄으로써 각 단계별 예상되는 문제들을 파악하고 해결하여, 실제 건축 프로세스가 효율적으로 진행될 것으로 기대하고 있습니다.

특히, 이 책에는 김호중씨가 설계사무소에서 팀장으로서 여러 프로젝트를 고루 경험하면서 얻어진 통합적 건축 프로세스에 대한 이해가 담겨져 있습니다. 실제로 건물이 지어지는 것을 지켜보며 느꼈던 시스템적인 아쉬움을 BIM을 통해 극복하고자 노력한 흔적들이 보입니다. 본 교재는 학생들과 실무자들에게 효과적인 collaborative design을 가능하게 하는 BIM에 관한 깊이 있는 이해와 활용의 훌륭한 안내서로서 손색없음을 확신합니다.

조병수 건축가

■ 감사의 글

이 책은 디지털 기반 건축협업 디자인에 관한 책입니다. 최근 들어 건설 분야의 많은 영역이 디지털 프로토콜로 표현되고 해석되고 있습니다. 특히, 건축은 그 선두에 서 있다고 할 수 있습니다. 건축은 아이폰과 같이 디지털 프로토콜을 받아들임으로써 건축의 매력을 사회에 적극적으로 드러내고 있으며 작업 방식의 혁신적인 변화를 도모하고 있습니다. 디지털은 기존 전통적인 프로세스에서 비효율적인 것들을 해체하고 통합적이고 협업적인 작업 방식으로의 변화를 촉진하는 특성이 있습니다. 아직은 협업적인 건축 디자인이 국내의 환경적인 문제 등으로 어려운 점이 많습니다. 하지만, 디지털 기반의 협업 디자인이 기존의 불합리한 작업체계를 점진적으로 개선해 나가는 데 도움이 될 것이라 생각합니다. 건축에 참여한 사람들이 협업 속에서 평등한 기호와 문법으로 아름다운 건축물을 만들어 나가고 합리적으로 일의 가치를 공유하기 시작할 때 우리가 당면한 고질적인 문제들은 점차 없어지고 사회적 통찰과 혁신을 만들어내는 주체가 될 수 있다고 생각합니다.

우선 저에게 협업 디자인의 화두를 던져 준 IPD 1기, 2기 연구 모임 팀원 분들께 감사를 드리고 싶습니다. 아울러 함께 고민할 수 있도록 여러 가지 편의를 제공해 주시고 이 프로젝트에 함께 참여해 주신 김호중 소장님께 특별히 감사드리고 싶습니다. 이 책은 국내에 아직 없는 IPD 를 모두가 함께 실현해 봄으로써 이를 통한 통찰을 얻어나가는 과정을 담은 책입니다. 이 연장선으로 최근 한국BIM학회에서 이런 협업 디자인을 통해 대상을 수상하고 모델링한 콘텐츠의 일부를 저술 작업을 위해 공유해 준 All BIM 드림팀에게도 감사를 드립니다. 디지털 건축에 누구 보다도 관심이 많고 저에게 많은 긍정적인 자극을 주신 유기찬 소장님께도 감사드립니다. 아울러 엔지니어로써 저의 가치관 형성에 도움을 준 고익진 이사님, 조윤호 교수님, 강호영 교수님께 특별히 감사드리고, 공학인으로써 가야 할 길을 멘토링해 주시는 이병해 교수님, 심순보 교수님, 진상윤 교수님, 이광명 교수님, 심창수 교수님께도 감사드립니다. 바른 길을 가는 법과 가르침을 주시는 류정사 님과 이상헌 회장님께도 감사드립니다. 아울러 연구원에서 아직은 어렵게 느껴지는 업무에 대한 여러 조언을 주신 건기연 연구실 선배님들과 동료들에게 감사드립니다.

이 책을 준비하는 데 여러 많은 지원을 해 주신 오토데스크와 두올테크에도 감사드립니다.

마지막으로 저의 영원한 인생 파트너인 사랑하는 아내 박성원, 씩씩하게 잘 자라고 있는 선우와 연수 그리고 제가 하는 일을 지지해 주시고 뒷바라지를 해주신 어머님, 장모님, 처제에게 특히 고맙습니다. 감사드립니다.

강태욱 드림

■ 감사의 글

필자가 BIM을 공부하는 사람들의 모임인 All BIM 커뮤니티를 만든 것은 ABIM 건축연구소를 창업하여 BIM 기반 설계를 시작한 것과 때를 같이 합니다. 그러니 어언 5년이 다 되어 갑니다. BIM이라는 것이 우리나라에 소개되어 본격적으로 현실 프로젝트에 반영되기 시작한 것도 그 즈음이어서 때맞춰 필자가 참여하게 된 여러 프로젝트들, 즉 국내 최초의 BIM 발주 현상설계, 턴키, BTL이 잇따라 발주되었고, BIM 시대가 꽃 피는 듯하였습니다. 그러나 BIM은 혼자만이 다 해낼 수 있는 무엇이 아니었습니다. 컴퓨터 안 가상세계에 건축의 모든 것을 미리 지어보고 유지관리에서 철거에 이르기까지 건물의 생애 주기를 다뤄야 하는 변화된 건축설계 환경에서 우리는 다양한 건축/건설 관계자 간의 협업을 전제로 했을 때에만 BIM이 제 기능을 한다는 것을 알게 되었습니다.

3년 전 강태욱 박사님의 방문으로 시작된 All BIM 스터디 그룹인 IPD 연구회는 이러한 인식에서 출발한 협업적 디자인의 작은 초석과 같은 움직임이었으며, 2기 모임으로 이어진 것과 한국 BIM 학회 학생공모전 대상 팀을 만들어내는 것에 멈추지 않고 번듯한 단행본으로 출간되게 된 것이니 지난 5년의 시간을 담은 것 같아 참으로 감격스럽습니다. 우리의 지난했던 5년간의 경험이 BIM 시대 협업적 건축디자인에 이르기를 희망하는 학생과 교수, 그리고 건축 실무자 모두에게 길라잡이가 될 수 있다면 큰 기쁨이겠습니다.

이 책이 꾸려지는 동안 ABIM 건축연구소 스텝 정상철, 고준호 군의 노고가 절대적이었습니다. 바쁜 업무 중에도 묵묵히 애써주어 감사합니다. 통합 설계 프로세스를 통해 꾸려나가는 All BIM 건축학교의 커리큘럼은 이 책이 쓰여지는데 실험실 역할을 해왔음이 틀림없습니다. 멋진 작품으로 보상해 준 학생들에게 감사하며, 이 책이 쓰여지기까지 물심양면으로 도와준 협력사의 도움에 진심으로 감사드립니다.

내 인생에 지침이 되어 주시고, 지도해주신 한양대 서현 선생님, 건축가 조병수 선생님, 이은영 선생님께 이 자리를 빌어 감사드립니다. 내 아내는 내 모든 것을 가능케하는 이유입니다. 감사하고 사랑합니다.

돌이켜보면 이 책은 그동안 운영해 온 커뮤니티를 통해서 만난 수많은 사람들과의 일기와도 같은 기록의 산물입니다. All BIM 커뮤니티 회원 모든 분들께 감사드립니다.

김호중 드림

credit

건축의 협업 디자인 문화 확산을 위해 함께 동참하신 분들을 특별히 소개합니다. All BIM IPD 1기, 2기, 한국BIM학회의 All BIM 드림팀이며 이러한 문화를 작게나마 만들어 나가기 위해 고민하고 시간을 아낌없이 투자한 분들입니다.

• IPD 1기/2기 팀

김현주(CDS건축사무소 소장) - 우리의 이야기가 책으로 발간될 지 알았더라면 좀 더 열심히 할 걸 그랬습니다^^(웃음).

이정희(연우구조건축사사무소 실장) - IPD가 무엇인지도 잘 모르는 상태에서 시작을 했다가 좋은 설계, 좋은 건축을 할 수 있는 방법으로 IPD라는 것을 경험해 볼 수 있었던 좋은 기회였습니다. 몇몇의 사례에 대한 검토와 역할 분담을 통한 적용성 검토... 실제 프로젝트에서는 어느 정도 어떤 방식으로 적용되어질지에 대한 의문... 등 나 하나만 잘 해서는 되는 것이 아니라 모두가 다 같이 적극적으로 잘 해야 하는 문화가 바탕이 되어야 할 것 같다는 결론을 얻었습니다. 기회가 된다면 그러한 좋은 국내 사례를 하나 만들어 보고 싶다는 생각입니다. 다른 사람들이 참고할 수 있도록 말입니다...

최동권(한양대 CAD/CAM 연구실 박사) - IPD 스터디를 진행하면서 BIM 실행계획, 형상관리 및 협업 디자인 개념에 대해 고민할 수 있었던 좋은 시간이였습니다.

정상철(ABIM 건축사무소 대리) - 첫 번째와 두 번째까지 IPD스터디를 하게 되어 많이 배울수 있는 게기가 되었습니다. 협업을 이야기했는 데 함께 하는 것이 핵심이라는 생각입니다. 여기 있는 분들고 함께하면 IPD를 매우 잘 할 수 있다는 생각이 드네요(웃음). 우리나라에서 IPD가 조금이나마 시작될 수 있는 게기가 되었으면 하는 바람으로 나눔을 마칩니다.

서광우(케이빔 건축사 대표) - 조달 발주 500이상에 BIM 적용이 의무화되면서 IPD가 궁금해져 스터디에 참여하게 되었습니다. 아직 국내 마인드의 한계, 건축주, 설계자, 시공자가 추구하는 이윤적인 면이 틀리기 때문에 이와 관련된 합리적인 접근이 필요할 것 같고, 발주처에서 IPD적인 접근을 한다면 좀 더 빠르게 확산되지 않을까라는 생각을 해 봅니다. BIM이 가지고 있는 특성 자체가 IPD적으로 풀지않으면 해결되지 않는 점이 있기 때문에 정착될 수 밖에 없는 프로세스라는 생각을 절실히 느꼈습니다.

그 외 서장원 님, 김대희 님, 한은반 님, 손경익 님, 류한수 님, 이상영 님, 박해진 님, 임솔 님이 참여하였습니다(*참고: 관련 인터뷰 동영상은 https://www.youtube.com/watch?v=Y_BjpCDhB4w 와 https://www.youtube.com/watch?v=nzMUFVI1ljM 을 참고하시길 바랍니다).

• All BIM 드림팀

박종한(인하대학교 건축학과) - 막연히 'BIM 해야 한다'고 생각만 했었어요. 하지만 오히려 그런 생각이 결과적으로 더욱 나를 더디게 만드는 생각이기도 한거 같아요. BIM COMPETITION을 통해 서로 다른 분야의 사람들과 대화했던 시간이 BIM을 즐겁게 하는 힘이 되었고, 이제는 앞으로 웃으면서 'BIM 하고 싶다'는 마음입니다.

박고운(인하대학교 건축학과) - All BIM 드림팀으로 BIM COMPETITION에 참가했던 시간은 제게 혼자보다 여러 사람들이 함께 해서 즐거운 것이었습니다.

선정준(광주대학교 대학원 건축학과) - 2012 BIM COMPETITION에서 All BIM Dream Team은 IPD를 라는 시스템을 적용시키며 기존의 패러다임을 벗어난 새로운 방식으로 프로젝트를 이끌며 다양한 경험을 할 수 있었고 이로 인해 자연스레 습득되는 BIM에 관한 통합적 프로세스의 output들은 아직 까지도 BIM이 생소한 학생들에겐 개념적 이해를, 매너리즘에 빠져있던 나에겐 크게 한 단계 더 도약할 수 있는 계기가 되었다. 학생들에게 BIM을 이해하는 방법은 IPD가 가장 효과적이다. 이 책이 BIM에 입문하는 학생들간의 네트워크 형성 방법과 대학 BIM 교육 방향 설정에 정석이 되었으면 한다.

박정하(울산대학교 건축학과) - 건축학과에 입학한 후부터 올빔당에서 자료를 도움을 받던 차에 우연히 BIM COMPETITION 멤버를 모집한다는 글을 보게 됐습니다. 그래서 이번이 기회다 싶어 참가하게 되었고 전국 각지의 많은 학우들과 교류를 할 수 있는 기회가 되었으며 대상이라는 큰 상을 받게 된 것도 저에겐 행운이었던 것 같습니다. 또 한번 이런 기회가 있으면 같이 해보고 싶은 마음입니다!

박승화(경희대학교 대학원 건축공학과) - "우리가 직접 발주자, 건축가, 시공자가 되어 IPD방식을 경험한다!"

지난 공모전 동안에 배우고 느꼈던 All BIM Dream Team의 Know-how가 책으로 집필된다니 감회가 새롭고 너무나 기쁘고 축하 드립니다! 이 책을 접하는 많은 분들에게 BIM과 IPD가 좀더 쉽게 다가오리란 확신이 드네요! 왜냐고요? 느낌 아니까~ 대상 받아봐서 그 느낌 제대로 살릴 수 있어요!

안두현(경희대학교 건축학과) - 제 공모전 참가의 계기는 아주 우연히 시작되었습니다. Revit에 대해 더 배우고자 찾아가게 되었던 올빔당 카페에서 우연히 공모전 신청 글을 보게 되었고 올빔당 카페를 주선해준 코디네이터 담당이었던 헌규형과 더불어 신청을 하게 되었습니다. 공모전에 10명 이상이 한 팀으로 참가하였기에 하나로 뭉치는 데 어려움이 있을 것이라고 생각하였지만 생각보다 이런 저런 이야기들과 함께 많은 대화가 오고가며 친목을 다질 수 있었습니다. 단순히 일반인으로서의 참가가 아닌 대학교라는 테두리를 두고 있는 10여명의 사람들이 하나로 뭉치기란 더욱 쉽지 않은 일이지만 때와 사람이 적절했는지 수월하게 어울리고 작업했다고 생각합니다. 이러한 작업들을 했던 결과와 그에 대해 부가적인 이야기들이 실릴 이번 책에 대해 처음 이야기가 나왔을 때부터 많이 기대했었는데 부디 알차게 짜여져서 좋은 교재 및 참고서로 이용될 수 있었으면 좋겠습니다.

채종환(경희대학교 건축학과) - All BIM 드림팀을 진행하며 B2R 이라는 철근(시공)회사를 가상으로 운영하는 CEO가 되었다. 오히려 직원들(학생들)과의 마찰은 없었으나, 각기 다른 엔지니어링, 설계, 건축주와의 회의 진행에 있어 서로의 의견에 대한 마찰이 발생하는 빈도수가 높았다. 의견을 조합하고 서로간의 타협점을 찾아 시간 내에 완성시켜야 하는 부담감이 컸으며, 문제를 해결하고 완성시켰을 때의 성취감은 고통의 몇 배 이상으로 신선하고 통쾌하였다.

이헌규(경희대학교 건축학과) - 안녕하세요. All BIM드림팀에서 주로 엔지니어 파트를 맡은 이헌규입니다. 전국 각지에서 같은 관심사를 가진 건축학도들이 모여 뜻 깊은 결과를 낸 것이 벌써 1년전 이야기라니 감회가 새롭습니다. 익숙하지 않았던 IPD 가상건설 방식을 익히고 따라 해보는 과정에서 여러 우여곡절이 있었지만 그런 과정 자체가 큰 배움이 되지 않았나 싶습니다. 이 책 속에 담긴 저희들의 이야기가 많은 분들께 조금이나마 도움이 될 수 있기를 진심으로 바랍니다.

김영우(한양대학교 건축공학과) - All BIM드림팀에 지원하기 전까지는 BIM을 단지 Tool로써의 BIM으로 접근하였는데, 공모전을 준비하면서 Tool도 배우지만 그것으로 끝나는 것이 아니고 IPD라는 건설계약방식을 심도 있게 배우고 BIM이 어떻게 발전해 나가야 하고 우리가 어떤 자세를 취해야 하는지 생각해 볼 수 있는 좋은 시간이었습니다. 아직도 주위에 저와 같이 미래에는 BIM이 단순히 CAD의 역할을 대신할 것이라는 생각만 가지고 Tool 위주로만 공부하는 친구들이 많은데 Tool 기능을 공부하는 것도 좋지만 시야를 넓혀 더 넓게 바라보는 자세를 가졌으면 좋겠습니다.

김진용(서울과학기술대학교 건축공학과) - BIM이라는 것에 대해서 아무것도 모르고 있었는데 공모전을 통해서 많은 것들을 배울 수 있었습니다. 특히, 협업이라는 포인트가 신선했습니다. 다만 아쉬웠던 점은 공모전을 하는데 있어서 BIM 이라는 것에 대한 체계가 부족하다는 점이 있었습니다. 특히, 적산을 하는데 있어서 통합된 코드가 없다보니 프로젝트를 하는데 있어서 애를 먹었습니다. BIM이라는 도구는 확실히 좋은 도구입니다. 그렇지만 사람들이 이것에 대해서 인식을 하지 못한다면 보물을 눈 앞에서 버리는 결과를 가져올 것 같습니다. 현재 BIM에 대한 많은 연구들이 진행되고 있다고 들었습니다. 앞으로도 더욱 많은 연구결과들이 나오고 저도 BIM 이라는 분야에 보탬이 되었으면 좋겠습니다. 그리고 책 출간 축하드립니다.

최원일(충북대학교 건축학과) - All BIM 드림팀을 할 때 많은 사람들과 서로 정보도 공유하고 정말 재미있겠다 했었는데 벌써 시간이 이렇게 흘렀네요. 각기 다른 학교, 다른 지역, 건축학과 건축공학으로 만나 서로 알지 못했던 내용을 배우고 공부하고 의견을 조율하고 프로젝트를 진행했던 그 기간은 저한테는 정말 대학 생활 동안 가장 즐거운 기간이었고, 그 어떤 시간보다도 값진 시간이었습니다. 이번에 저희가 했던 활동을 바탕으로 IPD에 관한 책이 쓰여진다니 정말! 믿기지가 않습니다. 처음에 IPD가 뭔지 몰라서 다들 고민하던 기억이 있는데 이번에 출간된 책으로 더 많은 사람들이 IPD에 대해서 정확하게 이해하게 되고 적용할 수 있는 하나의 길잡이로 거듭나길 기대합니다.

박병현(서원대학교 건축학과) - 작업을 한지 벌써 일년이 지났습니다. 지방에 거주하며 컴페티션에 참가하여 팀원에게는 많은 도움을 주지 못했던 기억이 납니다. 하지만 제 스스로에게는 짧은 시간이었지만 건축에 대해 더 많은 걸 알 수 있었던 시기였습니다. BIM이 전국에 자리를 잡고 현존하는 건축학도들이 하루라도 빨리 BIM을 경험해 볼 수 있었으면 좋겠습니다.

외 김보미(전북대학교 건축학과)님이 All BIM 드림팀에 참여하였습니다.

■ 머리말

이 책은 디지털 정보를 모델링할 수 있는 BIM기술을 기반으로 한 협업 디자인과 디자인을 넘어 우리가 할 수 있는 것들에 대해 정리한 이야기이다.

지금까지 우리들은 건설, 건축을 하면서 공학의 한 부분을 배우고 사회에 나아가 우리들 중 어느 누구는 도로를 설계하고, 단지를 개발하며, 상하수도 기반 시설을 건설하고, 건축을 통해 공간을 창조하여 사람들이 호흡하고 편안히 생활할 수 있는 것들을 배치했다. 그리고 오너는 운영하고 관리하는 메니저를 통해 이 모든 것들이 지속성이 있기를 원했다.

지금까지 현대 공학은 전체적인 목표 시스템을 분할하여 각 부분을 해결할 수 있도록 엔지니어, 건축가, 시공자, 관리자 등을 교육시키고 부분에 할당하는 방식으로 21세기 현대 문명을 개발하였다. 사용자의 요구사항이 복잡해지고 다양해지면서 이런 접근방법이 효과적이지 않는 프로젝트가 요구되기 시작하였고 이를 우리 공학도가 해결해 주기를 원하는 고객들의 압력이 가해지고 있는 상황이다.

우리들은 각 분야별로 쪼개지고 파편화되어 사일로(Silo)처럼 굳어져 버린 공학 각 분야, 예를 들어 토목이라면 지반, 토질, 기하구조, 포장, 구조, 재료, 토공, 수리, 교통, 시공 관리, 자산관리 등 우리가 대학교에서 배운 다양한 학문들, 건축이라면 스페이스 프로그래밍, 인테리어, 건축 재료, 디자인 공학, 도시 디자인, 친환경 건축, 에너지 관리, 환경 해석, 견적 등을 배우고 사회에 나와 조직에 소속되면 또 이와 유사한 한 분야의 일을 할 수 밖에 없게 된다.

이 책은 공간을 BIM과 같은 디지털기반으로 모델링하고 다양한 사람들과 협업할 수 있을 때 얼마나 많고 다양한 일들을 할 수 있는 지 다루고 있다. 이런 목적을 위해 저자들을 책을 BIM 기반 협업 디자인과 디자인을 넘어 할 수 있는 것들로 구성했다.

첫 번째, BIM 기반 디자인은 다음과 같은 문제의식에서 출발한다. 국내 건설 프로젝트 중 많은 것들이 계획, 기본설계, 실시설계, 시공, 유지보수, 운영으로 각각 구분되 선 설계 후 시공하는 분할된 절차 속에서 각 절차간 지식 공유와 협조가 없이 정해진 범위와 틀에서 엔지니어링하고 산출물을 발주자가 원하는 형태로 납품하는 방식이다. 이런 Design-Bid-Build 방식에서는 발주자는 디자인 후 산출된 도면과 수량 정보를 활용해 프로젝트 비용을 예측하고 시공사를 선택한다. 설계와 시공이 분리되어 있는 상황에서는 시공이나 고객을 고려한 최적화되고 혁신적이며 효율적인 디자인을 적용할 여지가 줄어든다. 특히, 국내 발주제도의 한계는 이런 필요성조차 생각할 필요가 없도록 만들어 버린다. 프로세스의 파편화로 인해 각 단계 이익이 전체 이익과는 상충되는 경우가 발생한다. 건축 디자인과 엔지니어가 기술을 실현하기 위해 존재하는 것이 아닌 파편화된 발주자가 원하는 형식의 도서를 만들어내기 위해 존재하도록 강제하며 고객을 위해 생각하지 않고 수많은 설계변경을 목표치 과업 달성을 위해 정해진 자원, 시간, 인력 내에 빠르게 생산하는 단순 작업자로 한정시켜 버린다.

이런 사일로(Silo)처럼 파편화된 건설 프로세스 방식으로는 다음 예와 같은 비정형적이고 요구사항이 복잡하며 리스크가 큰 프로젝트를 수행하기 어렵고 엔지니어링 기술도 발전되기 어렵다.

그림. 비정형 건축 프로젝트(디즈니 홀, 게리. 출처 - Talkcondo, A Closer Look at the Works of Frank Gehry. American Academy of Archivement, Architect Frank Gehry. Bloomberg Businessweek, 2007)

최근 DRP사에서 시공하고 있는 Apple 사옥, 삼성물산에서 시공 중인 동대문플라자(DDP), 영국에서 야심차게 개발하고 있는 유럽 최대규모 인프라 스트럭쳐 개발 Crossrail 프로젝트 등은 모두 요구사항이 복잡하고 제약조건이 많아 높은 리스크로 인해 기존 전통적인 건설 프로세스로는 개발되기 어려운 공통점들이 있다.

이런 프로젝트들은 디자인 단계에서 시공성이 확실히 검증되어야 하며, 사용자 관점에서 디자인된 정보들이 활용될 수 있도록 모델링되었다는 것이 프로세스 절차적으로 보장되어야 한다. 이는 관련 분야 전문가들이 모여 BIM 모델을 개발하고 각 분야에서 발생될 문제를 미리 협의하여 합리적으로 의사결정을 내릴 수 있어야 가능하다. 디자인과 엔지니어링에 대한 통합적 사고와 통찰이 필요하며 문제를 바라보는 관점이 내가 속한 부분만이 아닌 대상물의 완성도과 실현의 효율성을 함께 고려해야 한다.

이런 이유로 IPD(Integrated Project Delivery), ECI(Early Contractor Involvement)와 같은

통합을 지향하는 프로젝트 발주 방법이 적합한 발주방식으로 선진국을 중심으로 적용되고 있다.(*주: IPD를 실제로 적용하면서 저작권, 클레임 발생시 처리와 같은 법적 문제 등을 검토하고 있는 중이다).

영국의 경우에는 IPD 발주 방식은 없으나 계약 관계에서 Open Book을 통해 공사비용을 처리하며 이 내용은 모두에게 공개되므로 이와 같은 투명한 비용처리를 바탕으로 계약시 공사비를 절감하면 프로젝트 이해 당사자들이 절감비용을 이익으로 공유할 수 있는 제도가 있다. 영국의 Crossrail 프로젝트는 서로간의 신뢰를 바탕으로 한 IPD 철학이 적용되고 있다.

IPD는 건축 디자인 관점에서 말하면 협업적 건축 디자인이다. 이런 프로젝트의 세계에서는 시공이 디자인을 이해해야 하고, 디자인이 시공을 이해해야 한다. 그러므로 전통적 방식으로 구분하는 것은 큰 의미가 없다. 저자는 굳이 건축과 건설, 토목과 건축, 시공과 설계를 나누고 싶지 않다.

그림. Crossrail의 Tottenham Court Road 역 시공 현장(*주: 도심에서 공사가 진행되기 때문에 복잡한 건물/지하매설물을 피하기 위해서는 미리 3D 모델링을 통한 간섭체크 및 공정검토가 필수적이다)

두 번째, BIM과 같은 디지털 기반 모델링 기술들을 디자인을 넘어 다양한 분야에서 영향을 주고 있는 데 이런 현상을 보면 건축이 공간을 디자인하는 일뿐 아니라 실제 환경과 의사소통하고 자극에 반응하는 공간도 만들 수 있음을 알 수 있다. 공간을 창조하는 것은 건축과 건설의 업역 중 하나라고 보았을 때 이 기술을 잘 활용한다면 재미있는 무언가를 창조할 수 있다. 앞의 협업은 건축가, 구조 엔지니어, 오너, 시공업자 등 전통적인 건축 프로세스상에 알려진 참여자들이지만 이 장에서 협업은 컴퓨터 그래픽 아티스트, 프로그래머, 목공, 과학자, 주물제조업자 등 매우 다양한 분야 사람들의 협업으로 이뤄진다. 이런 콜라보 활동들은 서로 사용하는 도구, 기술뿐 아니라 직업 문화에 대한 이해와 더불어 상호 작업에 대한 신뢰와 존경이 있을 때 지속적일 수 있다.

최근 유행하고 있는 파라메트릭 기반 디자인, 알고리즘 디자인, 인터랙티브 미디어

아트, 3D 프린팅과 같은 정형화된 디자인과 틀을 넘어서 사람들의 감성에 좀 더 가까이 다가가려는 노력들은 최신 컴퓨터 기반 디자인 기술들 활용하고 있다. 이러한 비정형적이고 감각적인 디자인을 위해 그래스호퍼, 프로세싱, 아두이노뿐 아니라 직접 컴퓨터 그래픽 라이브러리나 게임 엔진을 활용하는 사례도 늘어나고 있다. 활용되는 각 기술들은 매우 방대하다. 이런 변화를 느낄 수 있도록 이 책에서 작게나마 다루고자 한다

건축, 건설과 같이 공간을 창조하는 세계에서는 프로세스를 통합적으로 바라보고 협업하여 신속하고 합리적으로 디자인을 조율하고 개발하는 것이 중요하다. 이 책을 통해 협업적 디자인이란 무엇이며 이를 위해 무엇을 해야 하는 지, 어떻게 하는 지와 여기서 얻을 교훈은 어떤 것인지를 느꼈으면 한다. 국내는 아직 IPD와 같은 발주제도가 없다. 그래서 쇼셜네트웍을 통해 IPD를 기반으로 가상역활게임 프로젝트가 진행된 적이 있다. 각 과정에서 참여한 분들의 경험과 느낌을 나누고자 All BIM 커뮤니티 IPD기반 가상건설 역할게임 컨텐츠, 한국 BIM학회에서 AWARD를 받은 팀의 컨텐츠 일부, 저자들이 개발한 컨텐츠들과 함께 공유함으로써 아카데미 차원에서도 강의나 실습을 할 수 있도록 하였다(*주: 참고로 공유한 컨텐츠에 대해 고마움을 표하기 위해 해당 프로젝트에 참여한 분들의 크래딧을 기록하였다).

본 책에서는 앞서 언급한 기술과 방법을 소개하고 실습을 하고 실습에 관련된 소스파일은 본 장의 부록파일로 제공되어 있으니 참고하길 바란다.

책이란 웹처럼 퍼져 있는 지식을 하나의 관점으로 모아서 정리하여 지식을 전달해 주는 매체이다. 그러므로 처음부터 끝까지 하나의 완결된 구조를 가질 수 있지만 열린 지식으로써 변화하는 것을 수용하고 진화시켜 나가는 것에는 한계가 있다.

관련된 가상 건설역할게임 컨텐츠 내용, BIM 활용 사례, 디지털 기반 협업 최신 사례, 실무적 관점에서 Revit, Vasari와 같은 모델러 프로그램 따라하기 동영상 컨텐츠, 역공학 등 건축에서 진화되고 있는 내용들은 다음 사이트와 Podcast를 통해 지속적으로 공유하고 있으니 참고하시길 바란다.

그림. BIM principle 와 All BIM 사이트(https://sites.google.com/site/bimprinciple/, http://allbim.kr/)

그림. Podcast 및 페이스북(https://www.facebook.com/groups/digestpodcast/)

* 참고 : 본 책의 전체 기획은 강태욱, 김호중이 함께 하였으며 강태욱은 전체적인 책 구성과 건축 협업 디자인, 기본 디자인 일부(공간분석 - ONUMA), 시공 디자인, 모델 품질 검증, 디자인을 넘어서 부분을 주로 저술하고 예제를 작업하였으며, 김호중은 BIM 개요, 기본 디자인, 상세 디자인, 프리젠테이션 장을 주로 저술하고 예제를 작업하였다. 예제는 참조된 레퍼런스의 디자인 의도만 활용하였으며 각 장의 의도를 이해하고 따라할 수 있도록 적절히 재모델링되거나 개발되었음을 밝힌다. 또한, BIM 기반 건축 협업 디자인을 학생들도 손쉽게 따라할 수 있도록 최대한 시험 버전 다운로드가 가능한 소프트웨어를 활용해 예제를 만들었음을 밝힌다.

"본 책의 실습 예제 및 관련 자료는 별도 압축 파일로 본 출판사의 자료실과 AllBIM.kr 자료실에서 제공하고 있습니다"

| 목 차 |

Collaborative architecture design with BIM

BIM 기반 건축 협업 디자인

1. BIM 개요

1.1 개념

1.2 미래 디자인 환경

1.3 교육방식의 변화

1. BIM 개요

1.1 개념

BIM은 본질적으로 가상 설계 및 건설(VDC-Virtual Design and Construction)을 위한 건설 정보 모델링 프로세스다. 그 동안 우리는 기존의 모든 건축설계 과정 속에서 가상 건설을 수행해 왔다. 도면이라는 것이 존재하지 않았던 먼 옛날의 고대의 건축가들은 머리 속 가상 세계에서 장차 지어질 건물을 끊임없이 상상하고 예측하면서 위대한 건축물을 세웠다. 개인의 머리 속에서만 이루어지던 가상 건설은 점차 여러 도구를 통해 밖으로 표현되기 시작했고, 종이에 펜으로 스케치하며 우리는 도면을 통해 가상 건설을 이어갔다.

컴퓨터의 발명 이후 가상 건설의 도구는 빠르게 대체됐다. 2차원 도면을 빠르게 그려낼 수 있게 되고 이제는 건물의 형상을 3D 모델로 만들어 최대한 실제와 가까운 '가상'의 건물을 미리 확인해 볼 수 있게 되었다. 다음의 그림처럼 건물을 짓기 위해 최종적으로 지어질 건물을 미리 예측해서 시뮬레이션하려는 노력 모두가 일종의 가상건설이었던 셈이다.

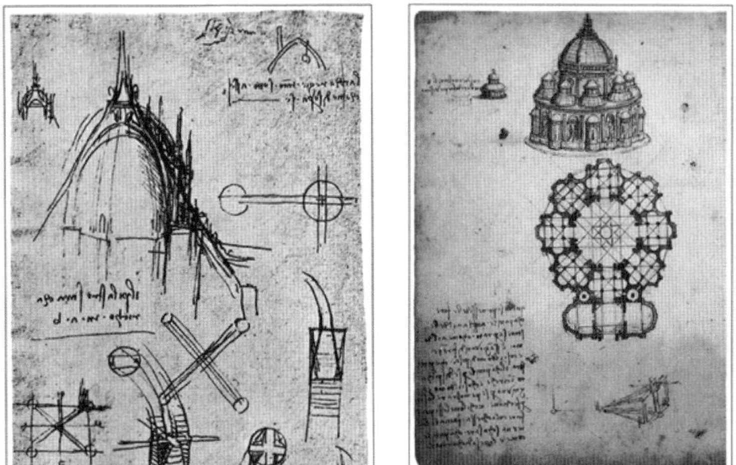

그림. 밀라노 대성당 재건축 설계 공모에 참여한 레오나르도 다빈치의 스케치
(출처: 레오나르도 다빈치, 돔을 위한 스케치, 성당 중심을 위한 연구)

다만, 한정된 2차원 면에 3차원인 형상 전체를 있는 그대로 표현하기란 불가능했다. 또한, 건설 관계자들이 서로 의사소통하기 위해 필요한 많은 데이터를 2D 도면에 전부

표현하기 위해서는 어쩔 수 없이 정보를 압축해야 했기 때문에 데이터는 생략되고 기호화되기 시작했고, 효과적인 의사소통을 위해 약속된 언어가 등장했다. 그렇게 도면은 학습된 사람들만 읽을 수 있는 전문가들만의 언어로 쓰여져 왔다. 일반인들은 읽을 수 없는 전문가들만의 코드가 탄생한 것이다. 그 이후 전문가 코드와 일반인 코드가 분리된 채로 오랜 시간이 흘렀다.

2D에서 3D 등으로의 건설관계자간 의사소통 수단으로서의 발전에 차이가 있게 되었고, 특히 다음 그림과 같이 2D로 설계를 진행할 때까지의 도면에서는 아직 건축 실무경험이 없는 학생들로서는 접근하기 어려운 코드들로 나열되어 있다는 것이 늘 한계로 작용했다.

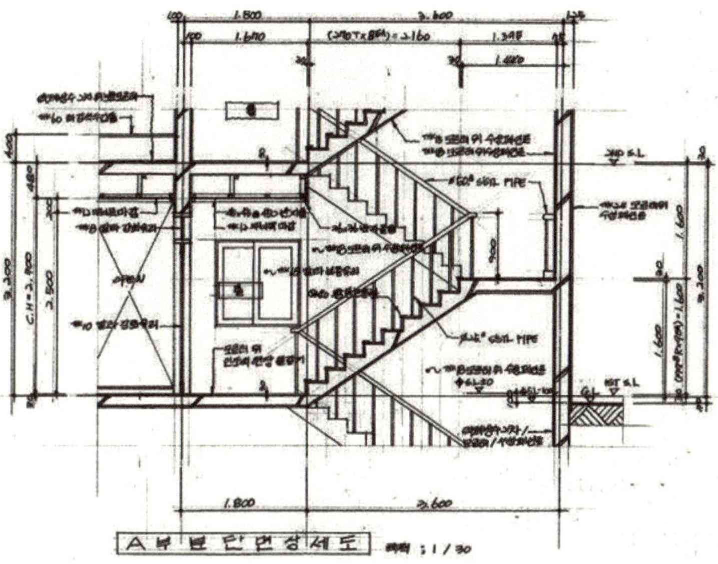

그림. 2D 단면도

IT 기술이 발달하면서 그 전문가들만의 언어가 디지털 공간 안에 구현되기 시작했다. BIM을 통해 위치, 시간, 물량 등 거의 모든 부재의 속성 정보가 현실 세계와 똑같이 가상공간에서 재현되어 디지털 목업(Mock-Up)이 가능해졌다. 실제 정보를 온전히 담으려 했으므로 정보량이 매우 크지만 그 형상이 직관적이기 때문에 누구도 쉽게 접근할 수 있다.

이제는 일반인들도 직관적으로 모델링을 이해할 수 있는 시대가 된 것이다. 건설관계자들은 BIM을 통해 즉, 2D도면을 거쳐 3D 형상구현으로 발전한 의사소통의 수단은 이제는 현장에 가지 않고도 실제와 똑같이 만들어진 BIM 데이터를 가지고 가상세계를 상상하면서 가상현장 실습을 할 수 있게 되었다.

1.2 미래 디자인 환경

미래에는 디자인된 도면을 읽는 것에서 그치는 것이 아니라 건설과정을 통해 엮여 있는 다양한 관계 분야와의 통합지식을 얻을 수 있게 된다.

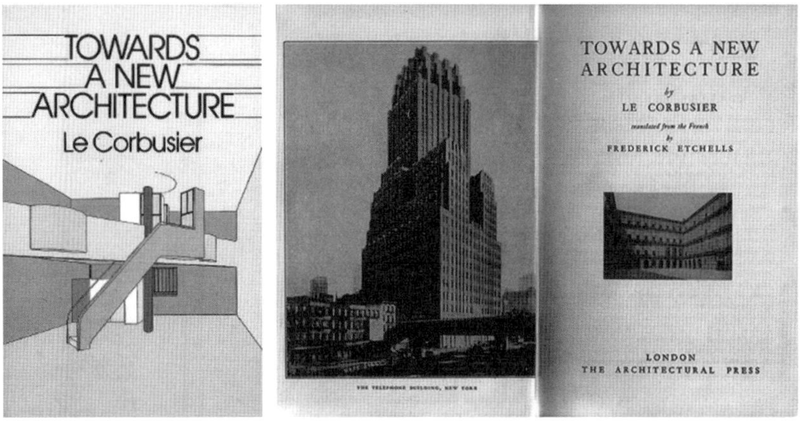

그림. Towards a new architecture(Le Corbuiser)

2D 시대에는 건설과정에 있는 각 분야가 분리되어 각각 독자적으로 이해됐던 양상을 보인 반면, 최근에는 이 모든 분야를 다시 통합하려는 시도가 진행되고 있다. 이를 IPD(Integrated Project Delivery) 발주 방식이라 부르며 통합된 설계 프로세스를 기반으로 한다. IPD는 BIM을 중요한 도구로써 활용한다. 가상으로 통합된 BIM 모델을 중심으로 건축설계, 설비, 구조, 견적, 친환경, 시공, 유지관리 등 건설의 모든 분야에 대한 시뮬레이션을 통합하여 다루어 보게 되었다. 이를 대학의 건축교육에서 활용하게 된다면 전 건축교과의 통합적 이해라는 변화를 가져다 줄 것으로 기대된다.

1.3 교육방식의 변화

BIM 교육 도입시 단계적 접근이 필요하다. 이에 대한 몇 가지 대안을 제안한다.

첫째, 기존 컴퓨터과목을 활용하여 BIM소프트웨어 교육만을 진행한다. 단, 기능교육

위주가 아닌 건축물을 완성해 나가며 BIM 툴의 효용을 함께 배울 필요가 있다. 기존 CAD를 예로 들면서 기능 학습의 폐해가 반복되는 것을 우려하는 목소리도 있지만 이는 BIM이 기존 2D와는 본질적으로 다르다는 것을 보지 못한 오류다. CAD는 범용툴이고 분야를 가리지 않고 의상디자이너, 가구전문가, 기계공 등 누구나 배워서 쓴다. 똑같이 선으로 이루어진 형상을 만들어 놓고 건축가는 벽이라 하고 재단사는 절개선이라 한다. 정말 벽이고 정말 절개선이어서가 아니라 무성격의 선들로 조합된 형상을 보고 그냥 각각 상상하는 거다. 기호화 되는 과정이다. 이에 반해 BIM 툴에서는 형상작성 과정이 본질적으로 다르다.

벽을 작성하기 위한 명령어가 벽이다. 창을 만들고 기둥을 만드는 명령어가 각각 창이고 기둥이다. 각각의 요소를 정의하는 정보가 서로 다르며, 구성방식도 고유하다. 형상을 작성하기 전에 무엇을 만들 것인지를 먼저 정하게 된다. 이렇게 기초를, 바닥을, 기둥을, 보를, 지붕을 현실에서와 같은 방식과 규칙대로 만들어 나가면서 다음 그림처럼 가상공간 속에 건축객체를 이용해 건축행위를 하게 된다.

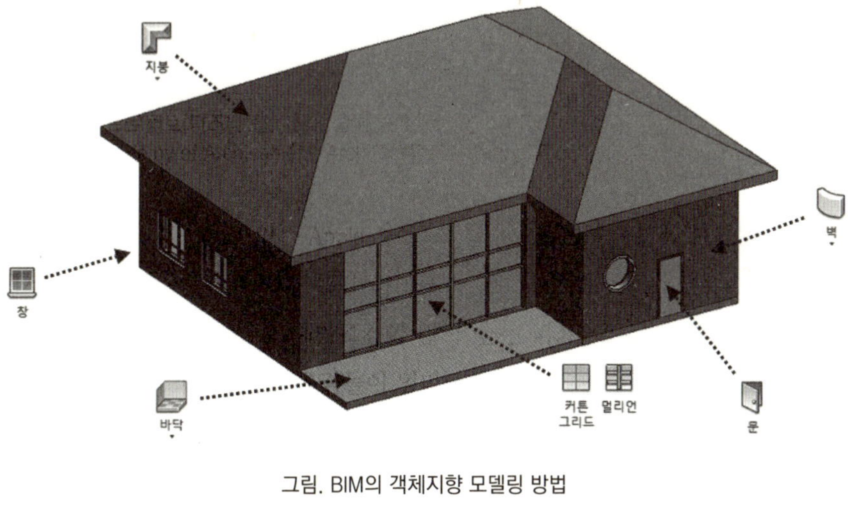

그림. BIM의 객체지향 모델링 방법

둘째, 학생들이 BIM툴에 익숙해질 무렵 차차 기존 설계수업에서의 과제제출에 BIM 툴 사용을 의무로 하는 것이 좋다. BIM툴을 배운 학생이라면 자발적인 선택에 의해 설계과제에 BIM툴을 자연히 사용하게 될 것이다. 설계과목에서 효과를 보인다면 그 다음은 시공, 친환경 등 타 과목에도 확대해 나가면 된다.

셋째, BIM툴 사용의 인식과 효용이 긍정의 성과를 보일 쯤에 와서 프로세스 통합에 기반한 협업 디자인 과목이 개발될 필요가 있다. BIM은 새로운 항목이 아니라 기존 건축 체질의 변화다. 기존에 각각의 영역을 담당했던 각 과목에 BIM이 스며 들게 하는 것이 중요하다.

마지막으로, 졸업설계를 협업 디자인 프로세스에 따라 BIM을 사용하여 완성한다.

설계 초기단계에서부터 평입단면도를 실시간으로 체크하면서 디자인하게 될 것이고, 디테일을 3D로 확인하면서 꼼꼼히 디자인하게 된다. 친환경 시뮬레이션을 체크한 결과에 따라 디자인을 개선하고 공정시뮬레이션과 비용체크를 하게 된다. 졸업설계는 더 이상 한두 학기의 디자인 결과물이 아닌 건축과를 수료하는 동안의 총체적인 결과물이 될 수 있고 건축의 본질에 좀 더 접근할 수 있다.

Collaborative architecture design with BIM

BIM 기반 건축 협업 디자인

2. 건축 협업 디자인

2. 건축 협업 디자인

2.1 개요

BIM 기반 협업 디자인은 프로젝트 이해당사자들이 프로세스 통합적 관점에서 디지털 정보 모델링 기술인 BIM을 활용해 고객 요구사항을 효과적으로 만족할 수 있도록 디자인 모델을 발전시켜 나가는 방법이다.

이를 통해, 이해당사자들이 프로세스 앞 단계에서 예상된 문제를 조율하고 오류가 있는 정보를 필터링하여 모델 시공 시 재작업으로 인한 생산성저하를 줄일 수 있다.

협업 디자인은 다양한 방식으로 진행할 수 있다. 이는 팀 문화와도 중요한 관련이 있다. 팀이 협업을 통해 얻는 것이 명확한 신뢰를 바탕으로 한 문화이면 창의적인 결과물과 진정 의미있는 사회적 가치를 만들 수 있다.

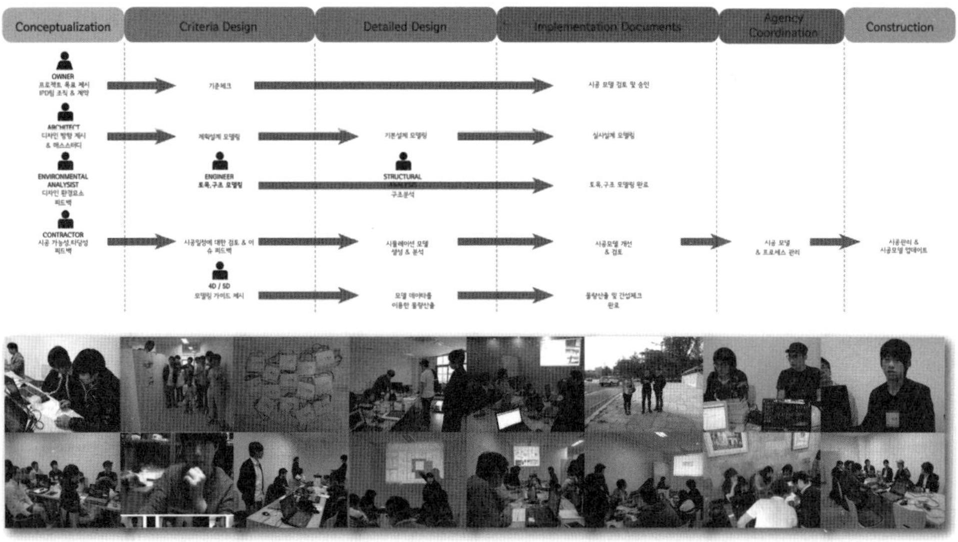

그림. 협업적 디자인 사례(출처 - 한국BIM학회 학생경진대회 수상팀 발표자료)

2.2 협업 디자인 방법

다음은 가상건설을 위한 협업 디자인의 일반적인 진행방법을 설명한 것이다.

일반적인 작업 흐름이므로 협업 디자인 팀과 비전을 설정한 후에 이 프로세스를 적절히 수정할 필요가 있다. 특히, 협업 디자인 팀과 BIM 수행 계획서를 작업할 때 디자인 프로세스는 수정될 필요가 있으며 이는 발주자 요구사항과 프로젝트 특성에 따라 정의한다.

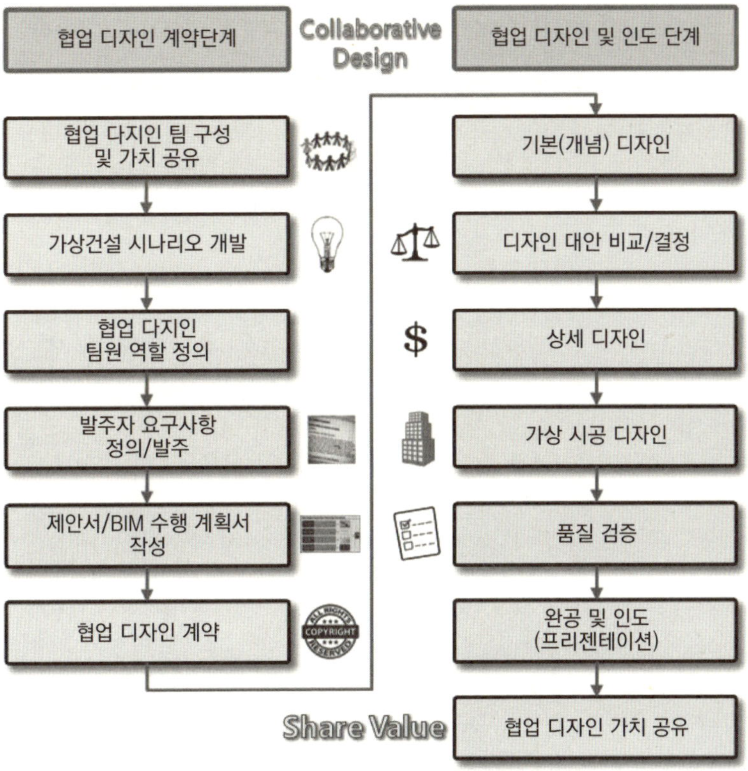

그림. 협업 디자인 작업 흐름

다음은 각 작업 단계에서 고려해야 할 부분을 나타낸 것이다.

표. 협업 디자인 작업 흐름 설명

No	작업 단계	내용
1	협업 디자인 팀 구성 및 가치 공유	협업 디자인에서 제일 중요한 단계로 서로 간의 신뢰와 작업에 대한 열정을 가지고 있는 협업 디자인 팀을 구성한다. 팀 구성 후에는 팀의 비전과 가치를 정하고 공감대를 마련한다.
2	가상 건설시나리오 개발	가상건설을 위한 배경 시나리오를 개발한다. 시나리오는 가능한 현실적으로 정의하며 Google earth 등을 이용해 실제 있는 대지 위에서 개발한다. 자연적, 사회적, 문화적 환경 등을 가정한다.
3	협업 디자인 팀원 역할 정의	협업 디자인 팀원을 결정한다. 발주자, 건축가, 엔지니어, 시공사 등 건설 프로젝트에서 필요한 역할을 팀원별로 정한다.
4	발주자 요구사항 정의/발주	발주자는 대지 위에 건설할 건축물의 공간, 형태, 기능적, 건설비용 등 필수 요건을 정의한다.
5	제안서/BIM수행 계획서 작성	협업 디자인 팀이 발주자 요구사항을 만족할 수 있는 제안서를 개발한다. 제안서에는 발주자가 원하는 건축물을 효과적으로 모델링할 수 있도록 BIM 수행 계획서를 함께 작성해 제출한다. BIM 수행계획서에는 모델링을 위해 필요한 활용목적, 절차, 정보교환내용, LOD, 담당자, 모델링 도구, 협업방법, 조율미팅방식, 네이밍, 건축부재 정보분류체계, 협업 디자인에 필요한 자원 등이 사전에 결정되어 있어야 한다.(이 내용은 다른 장에서 깊게 다루도록 한다.)
6	협업 디자인 계약	발주자와 협업 디자인 팀간 계약을 한다. 이 단계에서 Consensus DOC 301, AIA E202-2008과 같은 표준계약서를 적절히 수정해 사용할 수 있다. 계약서에는 얼마 정도의 건설비용 하에 발주자 요구사항을 언제까지, 누가 구현해 인도할 것인지 명확히 설명되어 있어야 한다. 계약서에는 협업 디자인 팀의 제안서와 BIM수행 계획서가 함께 포함되며 계약서와 동일한 효력을 가진다. 발주자를 대신해 진행상황을 감독할 팀원을 별도로 정할 수 있다. 가상 건설게임이므로 건설펀드는 다양한 방법으로 마련해 본다. 건설비용을 초과하지 않는 범위 내에서 BIM과 같은 디지털 기반 협업 디자인을 통해 비용을 절감하였을 경우 인센티브를 어떻게 나눠 가질 지 협업 디자인 팀 역할 별로 명확히 정한다. 만약 초과할 경우, 발주자 요구사항을 만족하지 못하는 경우 어떻게 처리할 지 계약서에 가능한 명확히 명시한다.
7	기본(개념) 디자인	발주자와 계약을 마치면 정해진 비용과 기간 내에 요구사항을 만족하는 가상 건축물을 시공해야 한다. 디자인 대안 비교를 위해 발주자 요구사항을 만족하는 모델 대안을 설계한다. 대안은 2개 이상을 디자인하고 각 디자인 안의 이익과 비용을 명확히 설명할 수 있도록 한다.
8	디자인 대안 비교/결정	협업 디자인 팀은 디자인 안의 각 대안별 이익과 비용을 발주자에게 설명하고 최종안을 선택한다.

9	상세 디자인	협업 디자인 팀은 최종적으로 선택된 기본 디자인을 상세화하여 엔지니어링을 고려한 건축 모델을 개발한다.
10	가상 시공 디자인	상세 디자인을 발전시켜 실제 시공이 가능한 모델을 개발한다.
11	품질 검증	실제 시공 전에 가상 건축 모델이 발주자 요구사항을 만족하고 시공성을 확보하고 있는 지 품질검증을 한다.
12	완공 및 인도	품질검증된 가상모델은 가상세계에 시공된다. 이 결과를 발주자에게 프리젠테이션한다.
13	협업 디자인 가치 공유	발주자의 요구사항을 만족하고 비용을 절감하였다면 계약서에 의거해 협업 디자인 팀 역할 별로 이익을 공유한다. 만약 만족하지 못하였다면 패널티를 공유한다. 협업 디자인을 통해 얻은 가치를 서로 간에 공유하고 나눔한다.

협업 디자인은 아직 국내에서는 실무적으로 적용되기 어려운 프로세스 개념을 가지고 있다. BIM과 같은 기술을 성공적으로 활용하기 위해서는 발주자와 계약자가 수평적이어야 하고 공사 시 오가는 모든 내역이 Open Book방식과 같이 공개되고 공유될 수 있어야 한다. 이런 방식에서는 처음 계약서에 보증한 공사금액을 계약자가 공사비용을 절감했을 때 그 과정이 투명하기 때문에 발주자가 계약자의 절감 노력을 신뢰하고 계약자가 이익으로 가져갈 수 있다. 해외 선진 발주자의 경우에는 이런 방식으로 건설공사를 계약할 수 있지만 국내의 경우에는 신뢰 문화가 정착되어 있지 못해 그렇게 하지 못하고 있다.

계약자가 절감한 건설비용을 이익으로 분배하기 위해서는 발주자와 계약자 간 신뢰를 바탕으로 해야 한다. 협업 디자인은 서로간의 신뢰를 바탕으로 한다. 해외는 상호 신뢰란 토양을 바탕으로 BIM과 같은 디지털 건축 기술이 성장하고 있는 것이다. 디지털 기반 건축은 모든 것이 숫자와 정보로 표현되어 투명하게 드러나기 용이하게 주변 업무 체계를 유도하는 특성이 있다. 바꿔 말하면 BIM기술을 통해 ROI를 얻기 위해서는 협업 디자인을 통해 얻은 비즈니스 가치를 공유할 수 있는 문화와 계약이 가능해야 한다는 것을 의미한다. 이런 문화가 바탕이 되지 않는 곳의 건축은 비용절감 과정과 결과를 부정적인 시각으로 바라보며 문제의 소지가 있는 지 제도적으로 감사하는 경우가 많다. 협업 디자인은 이런 관점에서 국내 건설문화를 개선시키는 작은 시작이 될 수 있다.

협업 디자인 작업 흐름에서 각 단계의 상세 내용을 이 책 전반에 다루고 있다.

협업 디자인의 철학과 원칙은 IPD를 통해 잘 살펴볼 수 있다. 발주자가 협업 디자인 팀 결과에 대한 신뢰성과 투명성을 얻기 위해서는 계약서에 BIM 수행내용 등이 명확히 설명되어 있어야 한다. 계약은 신뢰가 바탕이 되어야 의미가 있으므로 각자 신뢰하고 있음을 문서로 명확히 공증할 필요가 있다. 실제 프로젝트에서는 계약에 명시된 이익이 발생될 경우, 제3기관이 이익 풀을 명확히 보증하고 리스크는 보험을 통해 해결하는 등의 방식 등을 취하고 있다.

프로젝트를 수행하는 중에 프로젝트를 관리하는 역할을 맡은 팀원은 프로젝트의 요구사항 만족수준, 품질, 생산성을 각 단계마다 검토하고 문제가 있을 경우 조율해야 한다. 다음은 기본 디자인, 상세 디자인, 시공 단계 등에서 주기적으로 반복되는 조율 미팅 흐름을 나타낸다.

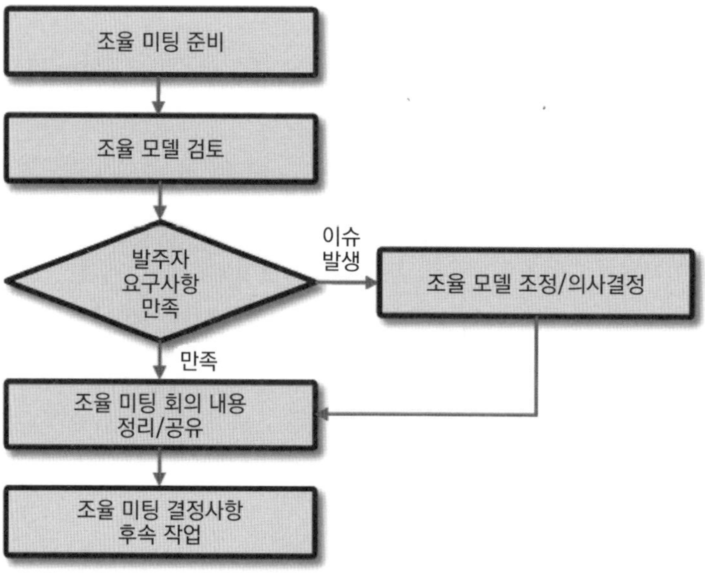

그림. 조율 미팅 작업순서

다음은 조율 미팅 작업 단계별 내용이다.

표. 조율 미팅 작업 내용

No	작업 단계	내용
1	조율 미팅 준비	기본, 상세, 시공 등 협업 디자인 단계별 조율 미팅 시 의논할 항목을 결정하고 미팅 전에 준비한다. 준비해야 할 것들은 의논할 항목에 대한 모델, 협의사항, 지난 번 조율 미팅에서 해결/미해결 사항 등이다. BIM 기술을 활용할 때 조율 미팅을 하는 장소는 조율 모델을 함께 보면서 서로간의 협의가 가능한 곳으로 해야 한다(*주: 보통 Big Room, iRoom이라 함). 미팅 주기, 미팅 참석자 등을 사전에 계약서에 명시하고 이를 지켜나간다.
2	조율 모델 검토	디자인 팀이 조율 모델을 함께 검토한다. 건축, MEP, 대지 등 조율에 필요한 모든 모델 객체들이 포함된 조율 모델을 미리 준비해 프로젝터 등을 이용해 검토하도록 한다. 이 과정은 가능한 캠코더 등으로 녹화를 하였다가 차후 회의내용 정리할 때 등에 활용하고 조율 과정 중 발생한 이슈에 대한 추적이 가능하도록 회의록을 별도로 정리하도록 한다. 회의록을 정리해 놓으면 차후 BIM 기반 협업 디자인 수행 시 ROI를 수치적/객관적으로 관계자에게 보여줄 수 있다. 이는 엔지니어링 생산성을 높이는 방법에 중요한 자료로 활용될 수 있다.
3	발주자 요구사항 만족 여부 판단	이 단계는 발주자 요구사항뿐 아니라 시공성(형상간섭체크, 공정간섭체크, 설치간섭체크 등), 현장 작업 안전성, 작업자 환경, 공기, 비용, 품질 등 모든 것을 검토해 이슈가 있는 지 확인한다. 이슈가 발생하면 이슈 리스트에 이슈와 내용을 올리고 다음 조율 미팅 시까지 해결되었는 지 꾸준히 체크해야 한다. BIM수행계획서를 작성하였다면 수행 단계별 어떤 정보가 모델링되어야 하는 지 명확히 정의되어 있을 것이다. 이 정보교환 정의는 이 단계에서 체크리스트로 활용할 수 있다.
4	조율 모델 조정/ 의사결정	조율 미팅 결과 의사결정이 필요한 부분은 디자인 팀 및 발주자(혹은 발주자 대리자, CM 등)와 협의해 의사결정을 한다. 협업 디자인에 발생하는 모든 의사결정을 발주자와 함께 할 수는 없으므로 의사결정 구조(스키마)를 정의해 단순한 의사결정은 현장에서 처리하고 공사 비용/공기/요구사항 불만족이 발생될 수 있는 중요한 이슈는 미리 대안을 준비해 발주자와 의사결정을 하도록 한다.
5	조율 미팅 회의 내용 정리/ 공유	조율 미팅 후 회의내용을 정리한다. 잘 정리된 회의록은 앞서 언급한 바와 같이 가치있는 자료나 품질/생산성 지표 등을 추출할 수 있다. 이슈 리스트를 정리하고 체계적으로 관리해 언제든 누가 필요한 내용이 있다면 신속하고 쉽게 해당 내용을 찾을 수 있도록 해야 한다. 정리된 내용은 협업 디자인 팀 모두 공유하고 해결된 이슈들은 해결 방법을 공유해 학습하도록 유도한다.
6	조율 미팅 결정사항 후속작업	조율 미팅의 결과 의사결정된 내용에 따른 후속작업을 진행한다. 각 역할에 따라 다음 조율 미팅까지 무엇을 해야 하는 지 정한다. 프로젝트 관리자의 경우 프로젝트 진행상황과 관련된 지표를 확인하고 관리할 수 있도록 한다.

지금까지 협업 디자인 방법에 관한 설명을 하였다. 모든 단계는 발주자와 프로젝트 유형에 따라 수정이 될 수 있음을 잊어서는 안 된다. 해외에서 개발된 BIM 수행 계획서나 BS-1192와 같은 프로세스를 국내에 도입할 때 가끔 그 프로세스 그대로 진행해야 하는 것으로 착각하는 경우가 있다. 프로세스는 수행 환경에 따라 수정(Tailoring)되어야 하는 데도 이를 간과해 불필요한 문서와 디자인 작업을 하는 경우가 종종있는 데 이는 작업 생산성을 악화시키는 원인이 된다.

이제 협업 디자인을 위해 살펴봐야 하는 부분을 다루어 보도록 한다.

2.3 협업 디자인 계약 방식

앞서 설명한 계약 방식에서 Consensus DOCS 301 등의 협업 기반 계약서의 경우 협업 디자인 상에서 발생할 수 있는 다양한 문제점을 계약서에 명시해 문제가 발생했을 때 어떻게 해결해 나가는 지를 기본적으로 명시하고 있다.

Consensus DOCS 는 AGC 를 추축으로 한 컨소시엄에서 개발되었는 데 이는 초기 Sutter Health 계약서를 근거로 개발되었다. 이 계약서는 협업 프로젝트 발주를 위한 3자 표준 계약서(Standard Form of Tri-Party Agreement for Collaborative Project Delivery)란 이름으로 사용자, 건축가, 계약자가 사인하였다. 이 계약서에는 체크 박스로 3자 계약자가 프로젝트 개발에 관련된 관심요소를 체크하도록 되어 있는 데 프로젝트 의사결정, 인센티브와 리스크 공유 등을 관리하는 프로젝트 관리, 협업 관리 등의 범위와 역할 구분 등이 포함되어 있다. 하지만, 이 초기 계약서는 100% 실시설계를 완료한 후에 이 결과를 목표 공사비용(Target Cost) 견적가로 하기 때문에 협업 디자인을 통한 최적 디자인을 얻기 어려워 협업 디자인 효과를 얻기 어려운 문제가 있었다. 그러므로 실시 설계 이후 단계부터 계약자들이 함께 목표 공사비용을 줄이도록 노력해야 한다(Lisa Dal Gallo, 2010, Comparison of Integrated Project Delivery Agreements).

의사결정은 계약서에 사인한 프로젝트 이해당사자들의 합의에 기초하나 합의(Consensus)를 이끌어내지 못하였을 경우 사용자가 최종적으로 결정한다. 결국 사용자가 프로젝트 전체의 의사결정권을 가지게 된다.

누가 무슨 모델을 어떻게 모델링할 지도 계약서에 포함되는 데 보통 BIM 수행계획서를 작성하면 이를 계약서의 일부로 취급하도록 한다. 다음은 AIA E203 계약서의 일부이다. 시공 모델 이후 작업에 대한 책임자 등을 명시하고 있다. 이런 내용들은 프로젝트 요구사항과 목적에 따라 발주자와 협의하에 준용 여부를 결정한다.

Post Construction Model		Applicability to Project *(Applicable or Not Applicable)*	Responsible Project Participant	Location of Detailed Description of Requirements and Services *(Section 4.10 below or in an attachment to this exhibit identified below)*
§ 4.9.1	Remodeling			
§ 4.9.2	Wayfinding and Mapping			
§ 4.9.3	Asset/FF & E Management			
§ 4.9.4	Energy Management			
§ 4.9.5	Space Management			
§ 4.9.6	Maintenance Management			

그림. AIA E203 Post Construction Model 책임 설정 테이블(AIA Document G201-2013)

모델링의 수준 또한 이런 방식으로 명시되는 데 AIA 계약서에는 다음과 같이 각 건축 모델링 부재에 대한 정보분류체계 하에서 각 디자인 단계마다 필요한 LOD와 모델링 책임자를 명시하도록 하고 있다(*주: 정보분류체계를 Omniclass 등을 사용하도록 명시하고 있다. 건축 모델링 결과물은 복잡한 객체들의 집합이므로 누군가 필요한 정보를 신속히 찾고 싶을 때 정보분류코드가 부재 객체에 속성으로 포함되어 있지 않으면 탐색이 불가능하다. 정보의 탐색/취합/재활용을 위해 분류체계는 필수적이다).

§ 3.3 Model Element Table *Identify (1) the LOD required for each Model Element at each Project milestone, (2) the Model Element Author (MEA), and (3) references to any applicable notes found in Section 3.4.* *Insert abbreviations for each MEA identified in the table below, such as "A—Architect," or "C—Contractor."*	**Schematic Design**			**Design Development**			**Construction Documents**												**Notes** *(See Sec 3.4)*
Model Elements utilizing Uniformat™	LOD	MEA	Notes	LOD	MEA	Notes	LOD	MEA	Notes	LOD	MEA	Notes	LOD	MEA	Notes	LOD	MEA	Notes	
B SHELL B10 Superstructure B1010 Floor Construction	100	A		200	S		300	S											
B1020 Roof Construction	100	A																	
Framing Elements				200	S		300	S											
Roof Openings				200	A/M		300	S											

그림. AIA LOD 적용 책임 명시(AIA Document G201-2013)

이 계약서에는 LOD의 의미와 활용에 대해서도 명확히 명시하도록 하고 있다. 이 내용 또한 BIM 수행계획서의 템플릿과 매우 유사한 표를 제공해 계약에 도움을 주고 있다.

Consensus DOCS 301은 모델 소유권의 경우 사용자에게 주지 않거나 각 참여자가 제약된 모델 소유권을 가지고 비독점적인 라이선스 권한을 가지도록 하고 있다(Consensus DOCS

301 BIM 부록 6.2 참고). AIA E202-2008의 경우 모델을 사용, 수정하고 이전할 권리는 특별한 프로젝트 디자인과 시공단계에서만으로 제한된다고 명시하고 있어 사용자에게 모델 소유권을 이전하지 못하도록 하고 있다(AIA E202-2008의 2.2 장 참고).

이런 계약조건은 계약시 조정할 수 있으며 사용자가 모델을 소유하고자 할 경우 계약서에 해당 조건을 명시하지 않으면 프로젝트 종료 후 소송 등 문제가 발생할 수 도 있다. 저작권에 포함되는 모델링 결과물의 범위도 실제로 명확히 정의하지 않으면 모호해 법적 분쟁 소지가 있는 데 단순히 도면, 수량 산출 보고서에서부터 BIM 모델링 파일, IFC 파일, 공동 저작 컨텐츠, 라이브러리 파일(Revit Family, Archicad GDL 파일 등), 견적 모델(VICO 모델의 경우 견적 계산식이 포함되어 있다) 등 지적 경험을 통한 결과물 등을 누가 소유할지 명확히 명시할 필요가 있다.

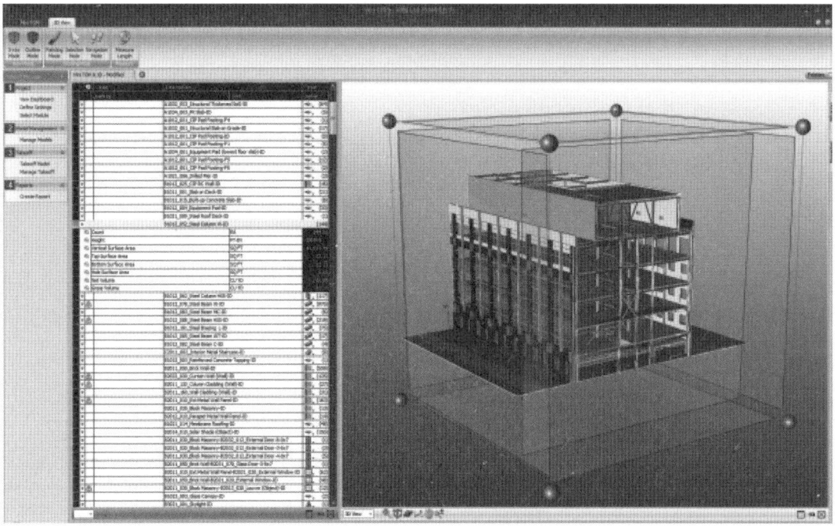

그림. VICO 의 견적 모델

IPD 계약방식은 발주자가 다음 그림과 같이 프로젝트 결과가 혁신과 창의성, 효율성, 프로젝트 공헌에 결과로 나오는 것이고 이를 인센티브로 보상/리스크 공유체계를 관리함으로써 결과를 통제하려는 것이다.

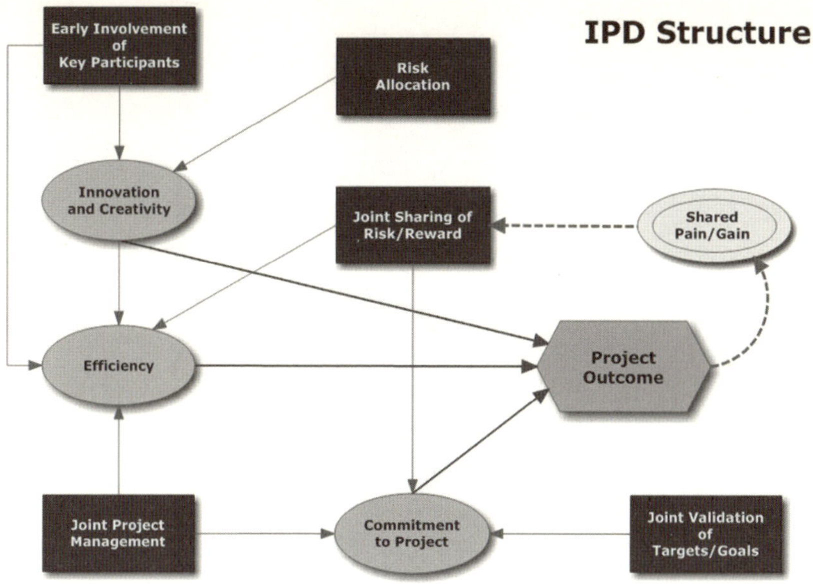

그림. IPD 계약 구조(HansonBridgett, Nogotiation an Integrated Project Delivery)

인센티브 보상구조는 Target Cost와 Final Cost를 근거로 계약자 들간 어떻게 이익이나 위험을 배분해야 하는 지 공정하게 미리 계약시 결정해야 한다(*주: 이와 관련해 상세한 내용을 확인하고자 한다면 HansonBridgett에서 발간한 Nogotiation an Integrated Project Delivery문서의 Sample Risk Sharing Compensation System을 참고하라).

건설 후 클레임이 발생할 수 있는 데 AIA C191에서는 1) 고의적 위법 행위 2) 보증 명시 3) 사용자 지불 불이행 4) 명시적 보상 5) 조달 보증 실패 6) 제3자의 유치권으로부터 발생된 손실 7) 보험에 의해 보증된 손상 등 7개에 대해 기본적인 책임을 정하고 있다.

계약서에 관련된 내용은 Google 에서 검색된 AIA나 Consensus 계약 문서를 참고하여 작성할 수 있고 간단히 이런 원칙과 내용들이 포함된 계약서를 별도로 만들어 활용할 수도 있다. 중요한 것은 협업 디자인 과정에서 발생할 수 있는 모호한 모델링 책임소재, 저작권 등의 문제를 명확히 명시해야 한다는 것이다.

2.4 협업기반 통합프로젝트발주(IPD)

농업을 제외한 기계, 조선, 전자와 같은 산업들이 큰 생산성 향상을 얻고 있음에도 불구하고 건설 업계는 1960년대 이후로 생산성 하락을 겪는다. 40년 동안 비농업산업의 노동생산성은 2배 이상 향상되었지만 건설산업 노동생산성은 10% 감소한다. 이는 스탠포드대학교 폴 타이콜(Paul Teicholz) 교수가 미 상공부자료인 계약비용과 노동통계청 자료인 현장노동시간을 나누어 도출한 결과이다.

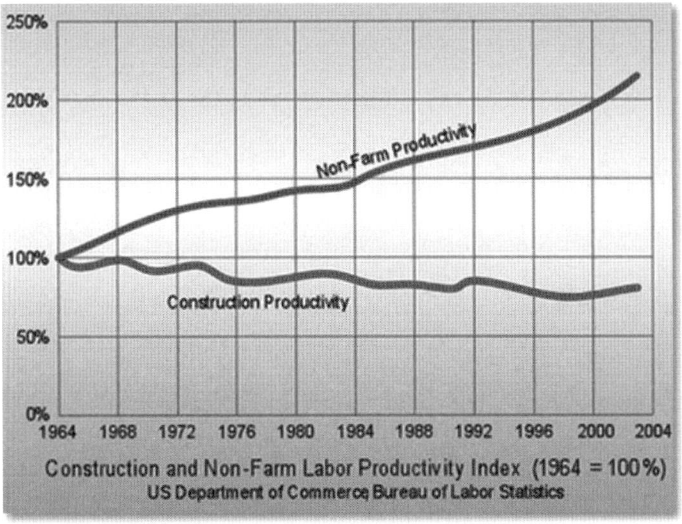

그림. 건설업과 비농업산업의 노동생산성 1964-2003(출처 - Paul Teicholz)

건축을 포함한 건설의 문제는 일정지연, 발주처, 건설업자, 아키텍트 간의 불공정한 관계, 상호 운용되지 않은 정보 등으로 발생한다. 하지만, 다른 산업 분야, 특히 기계, 제조, 조선과 같은 분야에서는 이런 문제들을 적극적으로 해결하고 있다. 예를 들어, 미국에서 비즈니스 프로세스 리엔지니어링(Business Process Re-engineering), 비즈니스 프로세스 관리(Business Process Management), 린 프로세스(Lean Process)와 같은 적극적이고 조직차원에서 통합적으로 프로세스를 만들어 가려는 계기가 되어 도요타 생산 시스템(TPS - Toyota Production System)은 1980년대 초반 많은 미국과 영국 등 선진국의 연구자들에게 반성과 통찰을 주었다(*주: 이를 바탕으로 Lean construction, BRP-Business Process Reengineering 등이 미국에서 연구 발전되었다).

2006년 이후부터 본격적으로 적용되기 시작한 통합 프로젝트 발주 방식인 IPD(Integrated Project Delivery)는 효과적인 발주자와 사용자를 위한 비즈니스 가치개발에 초점이 맞춰져 있다.

IPD는 신뢰 문화를 바탕으로한 제도이다. 신뢰를 바탕으로 협업을 할 수 있다. 협업을 통해 이익을 얻으면 각자 이익을 공유할 수 있다는 믿음이 있는 문화에서 시작할 수 있다.

국내의 경우에는 IPD 제도가 없기 때문에 2011년에 뜻을 모은 팀이 진행한 IPD 기반 가상건설게임(2011~2012, All BIM 커뮤니티)의 성과는 건설 생산성을 높일 수 있는 BIM과 같은 기술을 활용할 때 어떻게 비지니스 가치를 정렬하고 일을 해야 원하는 수준의 생산성과 품질을 얻을 수 있는 지에 대한 것은 통찰이였다. IPD는 인간 본성을 잘 파악한 인본주의적인 건설 발주 제도이다. 선진국에서 성공적으로 실행된 CM, VE, BIM은 신뢰를 바탕으로 실행되어야 성공할 수 있다.

IPD는 사람, 시스템, 비지니스 구조, 실천 사항을 통합하는 프로젝트 발주이며, 이는 프로세스 낭비를 줄이고 디자인, 제조(Fabrication), 건설 모든 단계를 최적화를 하기 위해 모든 참여자의 재능과 통찰을 협업을 통해 얻을 수 있도록 한다(Integrated Project Delivery, AIA California Council & McGraw Hill Construction, 2007.6).

IPD 원리는 공사계약시 활용될 수 있으며 IPD팀(통합팀)은 일반적으로 건축주, 디자이너, 시공업자 멤버를 포함한다. 최소한 이 팀을 포함한 통합된 프로젝트는 초기 디자인부터

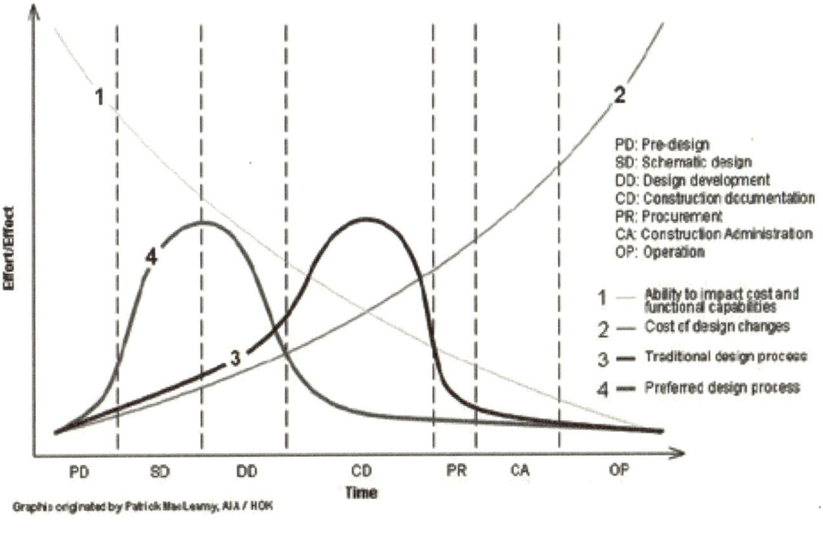

그림. 맥리미 커브(AIA, 2007)

프로젝트 이양까지 전 과정에 대한 프로젝트 완성책임이 있으며 계약서에 그 책임을 명시한다.

우리는 지금까지 건설 프로젝트를 수행할 때 전통적인 DBB(Design-Bid-Build. 설계-입찰-시공)를 건물, 교량, 도로를 만들어 왔다. 맥리미 커브는 건설 같은 프로세스 지향 비즈니스에서는 프로세스 앞단계의 변화가 프로세스 뒤단계로 가면 갈 수록 변화의 영향이 증폭된다는 것을 보여준다. DBB는 프로세스 뒤에 디자인 오류가 확인되는 방식이다.

DBB와 같은 전통적인 건설프로젝트는 사소한 디자인 실수 하나가 시공단계에서 매우 큰 문제가 될 수 있다. 만약, 초기 디자인단계에 관련 이해 당사자들이 모인 통합팀(IPD팀)이 가상 모델링 목업(Mockup)을 통해 실수를 미리 제거할 수 있다면 건설산업의 비즈니스 가치를 높일 수 있다.

그림. AEC 산업 - 설계변경, 재작업 그리고 비효율성(http://constructionpics.wordpress.com/)

잘못된 디자인을 통해 발생된 설계변경, 재작업, 안전 및 에너지문제 등 이슈들은 건설산업 생산성의 위기를 가져온다. 산업이라는 것은 발전하고 성장해야 사회적 가치를 인정받을 수 있으나, 건설산업은 아직 제조업처럼 미리 모델링하고 검증하는 시스템이 갖춰지지 않아서 생산성이 낮은 3D산업군 중 하나로 인식되고 있다.

이런 문제를 해결하기 위한 기술로 BIM(Building Information Modeling)이 활용되고 있으며 IPD는 도구로써 BIM을 바라본다. 다음 그림은 전통적인 프로세스와 IPD 방식 간 비용 투입 시기와 이해 관계자들이 참여하는 시점의 차이를 보여준다.

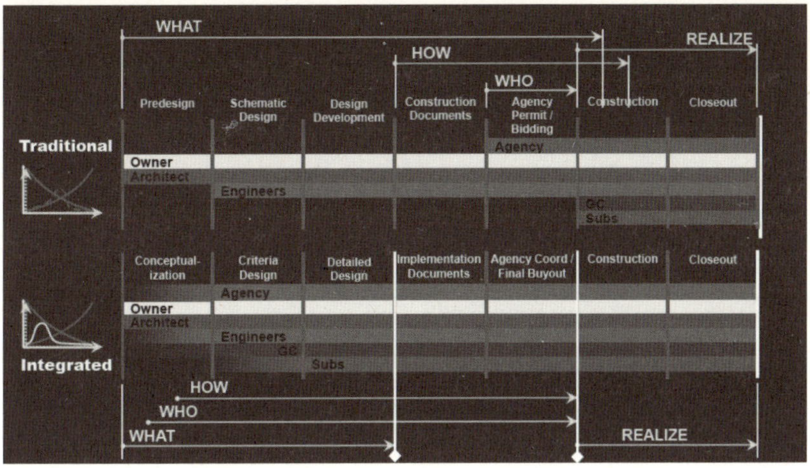

그림. Traditional & Integrated Process
(Integrated Project Delivery Frequently Asked Questions, AIA California Council, 2008.11)

그림에서 전통적 프로세스(Traditional), 통합 프로세스(Integrated)가 표현되어 있는 데 전통적 방식에 비해 통합 프로세스는 발주처(Owner), 설계사(Architect), 엔지니어(Engineers), 기관(Agency), 하청업자(Constractor - GC, Subs)의 개념화(Conceptualization), 기준 설계(Criteria Design), 상세 설계(Detailed Design), 실시 설계(Implementation Documents.), 기관 협의조정 / 구매조달(Agency Coord / Final Buyout), 시공(Construction), 인도(Closeout) 단계를 초기부터 모여서 모델을 디자인한다. 그리고 무엇(WHAT)을 누가(WHO), 어떻게(HOW) 만들지에 대한 결정이 이루어진다. 이를 통해 설계변경, 재작업과 같은 문제를 미리 제거하고 VE(Value Engineering)을 수행하며, Lean Construction 시공기법을 적용할 수 있도록 한다.

1. 문화와 제도

IPD는 신뢰를 바탕으로 한 문화이면서 제도다. 초기에 통합적인 디자인을 하여 시공사, 발주처, 아키텍트와 같은 이해당사자들이 모여 모델링을 한다면, 분명 초반에 문제점(Issue)을 미리 검토하고 대안을 모델에 효과적으로 반영할 수 있다. 다만, 통합적으로 여러사람이 모여서 하는 일이라 몇가지 이슈를 고려해야 한다.

첫째, 통합팀의 책임, 그리고 각자 협업해 일한 댓가는 어떻게 처리해야 하나?

둘째, 통합팀내 이슈 처리에 대한 우선순위, 권력 및 직위 차이에 따른 의사결정문제 및 갈등을 어떻게 해야 하나?

셋째, 모델링시 이슈가 발생하였을 때 어떤 기준을 중심으로 처리하고, 마무리할 때 어떤 기준으로 성공을 판단하며 책임과 보상을 결정하나?

이 내용은 ALL BIM 커뮤니티 가상건설게임을 하면서도 각자 실무경험을 바탕으로 언급되고 토론되었던 이야기이다(*주: 그때 아키텍트, 발주자, 시공사, 엔지니어는 모인 분들의 이력 및 관심도에 따라 정해졌다). 그때 내용을 더듬어 재현해 보면 이렇다.

아키텍트: 설계를 할 때 IPD 사례연구를 보면 합리적으로 이슈가 처리되는 듯 한데, 국내 현실은 전혀 그렇지 않는다(무엇보다 VE 결과 발생한 공사비 절감을 공식적으로 인정해 주고 이익으로 공유할 수 있다는 것이 정말 부럽다). 해외 IPD 사례를 보면 이슈는 이슈 관리 프로세스를 지원하는 시스템(*주: 여기서 시스템은 IT시스템을 의미하는 것이 아닌 제도나 지원체계를 의미한다)을 통해 진행되지만, 국내에서는 전화나 대면을 통해 이슈가 처리된다. 전화 건너편에는 흥분한 고객이 무엇이라 이야기하고 있는데 사실 그 의미를 파악하기 위해 직접 달려가야 하는 경우가 많거나 E-mail에 내용을 기술해 주면 그나마 다행이다. 게다가 처음 결정한 것과는 또다른 요구사항을 이슈로 이야기하는 경우도 많다. 이건 서로 협의 절차를 통해 이야기되어야 하는 것 아닌가?

발주자: 그래도 발주자(갑)가 해야 된다면 해야 되지 않나?(처음부터 요구사항을 완벽히 정의한다는 것도 불가능한 것이고... BIM 해야 한다고 해서 하긴 하는 데 솔직히 전달받은 BIM을 어떻게 활용해야 할 지도 감이 안 잡힌다. 시설물 관리를 한다고 하더라도 현재 관리 체계부터 제대로 잡혀있지도 않은 데 어떻게 활용하지. 투자비가 아까워 진다.) 인도된 건물을 책임지고 활용해야 하는 것은 오너이지 않나. 게다가 바쁜데 함께 의논하고 고민할 시간이 어디있나. 그리고 내가 왜 그래야 하지?

시공사: 발주자가 건내준 설계가 현장과 맞지 않다. 설계도에서는 파이프가 벽체 속을 지나간다. 샵드로잉을 다시 해야 한다. 하청업자들이 보내온 공조시설 도면을 보고 패밀리(Revit Family)도 만들어야 한다(BIM 교육, 구인, SW/HW 구입비용까지도 많이 들었는 데...). 다음 주 조율미팅까지 이 일을 끝내야 하는데... 이래서 어떻게 시공을 하나.

엔지니어: 정보가 서로 교환되지 않는 환경에서는 BIM을 해 보았자 보기 좋은 3D 모델이나 간섭체크 정도일 거다.(그나마 간섭체크 정도라도 제대로 하면 공사비 일부는 줄일 수 있다).

프로젝트 관리자: 기록이 없으니 무엇을, 언제, 누가, 얼마나 개선했는 지 알 수가 없다. 기록을 굳이 하려 하지도 않는다. 만약 VE를 통한 절감효과가 있었다면 발주자는 초기 건설 예산을 잘못 설정했다고 생각한다. 실제 공공발주에서 VE를 통한 절감액을 업체와 나누다 감사에 지적된 적이다. 국내 건설에서는 절감액을 비리로 생각하는 경향이 있다. 사업 이해당사자들의 조직 상황도 마찬가지다.

실제로 회의록과 같은 기록은 최소한 책임소재를 가리기 위한 용도로 만 남겨두는 정도이며 이마져 시공조율미팅 등에서 기록되는 경우도 많지 않다. 회의록이 재활용되는 경우는 별로 없다. 이는 DPR사 등 선진 건설사가 BIM 도입시 ROI를 계산하기 위해 생산성과 관련된 지표를 기록하는 것과는 대조되는 문화이다(ROI의 KPI지표가 설계변경, 재작업과 같은 실무에서 흔히 생각하고 측정할 수 있는 것들이다). 보통 국내에서는 회의시에 합리적 의사결정이 되지 않는다. 일반적으로 연공서열 순으로 발언권 있는 사람이 모든 의사결정을 내린다.

이런 국내 환경에서 모인 통합팀은 위 세 가지 질문에 대해 속으로 고민할 수 밖에 없다. 프로젝트 초반에 이 문제를 분명히 하고 가지 않으면 심각한 상황이 발생될 수 있다. 이 문제를 합리적으로 해결하는 방법은 BIM기술이나 IPD제도 이전에 서로 신뢰하는 문화 정착이다.

그림. 커뮤니케이션 문제(The New Yorker Magazine, 1976)와 발주자의 명확하지 않은 요구사항 (The New Yorker Collection, 2007, Tom Cheney From Cartoon Bank), 그리고 팀원의 노력과 얻는 대가의 불일치는 서로에게 나쁜 결과를 가져온다

갑과 을이 나눠진 조직에서 전통적인 프로세스 지향 프로젝트는 모두 공통점을 가지고 있다. 이슈처리에 대한 의사결정이 직위에 따라 좌우되고 떠넘겨지며, 역할 및 책임소재가 불분명한 환경이 환영받고, 커뮤니케이션이 서로 불편하고, 처음 단계에 의사결정이 잘못되면 프로세스 후반기로 갈 수록 모두가 보는 피해의 정도가 눈덩이처럼 커지고 마지막 큰 눈덩이는 이해당사자들에게 떠 넘겨진다.

이런 명확한 현실 인식과 함께 해야 할 가치공유 문화가 없다면, 아무리 좋은 엔지니어링 기법이나 기술이 있어도 효과는 제한적일 수 밖에 없다. IPD방식에서는 다음과 같은 공통 가치와 원리를 공유한다.

2. 상호존중

건설주, 아키텍처, 컨설턴트, 건설업자, 하청업자, 공급업자는 서로 이해하고, 프로젝트 성공을 위해 팀으로써 헌신한다. 통합된 팀 능력을 얻기 위해 모든 핵심 참여자는 의사결정과정에 포함되어야 한다. 역할은 엄격히 정의될 필요는 없으며 가장 적당한 사람이 할당된다(최적 인재 원칙).

3. 상호이익

모든 멤버는 IPD를 통해 이익을 얻는다. IPD는 프로젝트 참여자들의 초기 참여를 가정하기 때문에, 보상구조는 조기 참여시부터 결정되고 각 구성원까지 정렬되어 보상되어야 한다. 보상은 조직에 가치를 얼마나 주는가에 따라 결정되어야 하며, 리스크는 공정하게 할당되어야 한다. 이는 계약시 협의과정이나 참여자들의 프로젝트 수행기록을 반영해 결정할 수 있다. IPD는 혁신적인 시도를 장려하며 협업, 효율성을 권장한다(*주: 인센티브는 다양한 것들이 될 수 있다. 이는 IPD팀이 모여 계약시 결정할 문제이며, 미리 공유할 이익 풀-Profit Pool을 얼마 정도 할당해 놓고 IPD를 진행하는 것이 좋다).

4. 초기 목표 정의

프로젝트 목적은 초기에 결정되고 모든 참여자 간에 동의되어야 한다. 각 참여자의 아이디어나 통찰은 혁신을 촉진하고 뛰어난 결과를 유도하는 문화로써 작동된다. 진정 가치 있는 엔지니어링은 프로젝트 목표에 촛점을 맞추는 협업을 통해 얻는 것이고 건축물 생애주기를 통한 시스템 성능개선 등을 포함한다.

5. 개선된 의사소통

팀 성능에 초점을 맞추는 것은 모든 참여자의 개방성, 정직함, 행동력이 있는 모든 참여자 사이의 의사소통이 핵심이다. 책임은 비난하지 않는 문화 속에서 명확히 정해지며, 문제의 정의와 해결방법을 유도하는 방향으로 일이 진행되어야 한다.

6. 명확한 개방 표준 정의

개방적인 상호 운용 데이터는 잘 정리되고 투명성을 확보한 구조에 기반하며 IPD를 지원하는 데 필수적인 역할을 한다. 모든 참여자들 간에 개선된 의사소통은 개방 표준하에서 가능하며 통합 프로젝트에서 사용된 모든 기술은 모든 어플리케이션과 다른 버전의 어플리케이션을 통합하는 값비싼 시행착오를 줄이기 위해 개방 표준을 사용하도록 한다. 상호운용성은 투명한 비지니스 가치 교환을 위해 사람들간에 이뤄져야 한다(*주: 여기서 말하는 개방 표준은 참여자들 각자 방식대로 정보교환이나 의사소통을 하지 않고 계약시 어떤 방식으로 정보와 의사소통을 할 것인지 명확히 결정한 프로토콜을 말한다. 가장 편한 방식의 프로토콜은 하나의 솔루션 플랫폼 위에 서로 비슷한 수준의 경험과 언어를 활용하며 교환할 정보는 미리 문서를 통해 결정된 참여자들간에 의사소통일 것이다)

7. 적절한 기술

IPD는 종종 첨단 기술을 의존하게 된다. 기술은 프로젝트 시작 전에 미리 결정되어야 하며, 일반적이고 상호 운영성이 있어야 한다.

8. 높은 성능

IPD는 디자인 솔루션의 최적화, 높은 성능의 건축물, 지속 가능한 디자인을 이끌어내는 것을 목적으로 한다.

9. 리더쉽

비록 프로젝트 각 구성원이 프로젝트 목표에 헌신하더라도, 리더쉽은 사람이나 조직에 의해 얻어진다.

이런 원칙은 앞서 언급한 현실 인식에 근거한다. 직위나 권한을 따져 말단 실무

엔지니어의 의견이 무시되어 중요한 정보가 디자인에 반영되지 않거나 좋은 아이디어를 제안하기 어렵다. 참여자들간에 이익을 함께 나눌 의사가 없다면 굳이 VE를 애써서 할 필요가 없다. 명확한 목표와 성공기준의 정의 없이는 서로 신뢰를 가지고 일하기 어렵다. IPD는 상식적으로 매우 당연한 원칙을 이야기하고 있다(*주: 국내 건설은 군대식 상명하복 의사결정 체계인 경우가 많다. 건설 인프라가 부족한 시점에는 물량으로 밀어내는 이런 방식이 효과적이었지만 이런 경색된 문화와 제도로는 지금처럼 줄어들고 있는 국내 건설 시장과 BIM기술을 통해 발전하는 해외 건설 비즈니스를 따라가기 어렵다).

그림. IPD Teamwork

2.5 IPD 실행

IPD는 신뢰를 바탕으로한 협업을 통해 비즈니스 가치를 얻는 건설 프로세스이다. 성공적으로 실행하기 위해 앞서 언급한 원칙들이 지켜져야 한다. 실행을 위한 몇몇 해야 할 일들을 살펴본다.

1. IPD팀 구성

IPD팀은 초기에 구성되고 협업 프로세스에 공헌할 수 있는 팀으로 조직되어야 한다. 이 팀은 오너, 시공사, 설계사 등이 포함될 수 있고 프로젝트 성격에 따라 다른 이해 당사자들(예 - 보험사, 법률가, 부동산업자 등)도 참여할 수 있다. 이 팀은 통합 모델링시 IPD 원칙에 대한 약속을 지킬 의지가 있는 멤버들로 구성된다.

이 팀은 프로젝트 계약서를 정의하며 계약서에 발주자 요구사항, 참여자 역할과 책임뿐 아니라 프로세스 절차, 도면 표준, 정보교환 프로토콜, 활용될 시스템 및 소프트웨어, 리스크 할당, 시공 중이나 완료 후 클레임 발생시 보험처리, 이슈처리 프로세스,

ERP(Enterprise Resource Planning)와 같은 발주자 시스템 통합, 상호 운용성 등 협업 및 시스템 연동과 관련된 것들도 포함된다(*주: QATAR Redline 2012 입찰서류에는 이런 모든 것들이 300페이지 정도 기술되어 있다).

그림. IPD 계약서 사인 전 팀 모습과 계약서, 역할게임 명찰(All BIM 커뮤니티 IPD 가상시공 역활게임, 2011.8)

2. IPD 프로세스

IPD프로세스는 우리가 실무에서 주로 경험하는 개념 설계, 기본 설계, 실시 설계와 같은 식의 프로세스와는 개념이 다르다. 그러므로 여기에서는 적절한 용어를 의역하는 대신 그대로 기술하도록 하겠다.

1) Conceptualization(Programming)

발주자 요구사항과 관련해 무엇을 만들지 결정하는 단계이다. 프로젝트에서 개발될 모델에 대한 파라메터인 크기, 일정, 지속 가능성, 그린 디자인 기준 및 목표 정의, 경제적인 성능(기준은 운영을 포함해 건설 대상의 전생애주기에 기초), 데이터 교환, 상세 수준(LOD), 공장사전제작(프리페브리케이션. Prefabrication) 디자인 허용 오차, 정보상호운용 수행계획 등을 결정한다.

팀 협의를 통해 성공적으로 실현할 수 있는 비용, 일정, 품질이 정의된다. 개발될 모델은 예상 일정과 현실적으로 연관되어 시공될 수 있어야 한다. 이런 부분들을 미리 검토한다.

2) Criteria Design(Schematic Design)

어떤 모양으로 만들어질지 디자인을 시작하는 단계이다. 이를 위해 BIM이 효과적으로 활용될 수 있다. 모델 가시화는 비용모델과 연동되어야 하며, 프로젝트 파라메터(크기,

일정 등등)는 고정되며 디자인 개선 및 최적화를 위한 방법을 결정한다. 모델을 검토하면서 공장사전제작이 가능한 부분 등을 미리 검토한다.

3) Detailed Design

디자인에 대한 핵심사항은 모두 결정된다. 이 단계는 전통적인 프로세스보다 많은 노력을 들여 이후 단계에서 설계변경을 일으킬 만한 요인들을 미리 제거한다(*주: 사회적으로 상호불신하는 환경에서 발생된 DBB 발주체계에서는 비정상적인 설계변경을 통해 발주예산을 맞춰나가는 경우가 많다). VDC(Virtual Design Construction)를 구현하기 위해 BIM 기술 등을 활용하여 시공성 검증 등의 노력이 집중적으로 이뤄 진다. 디자인 의도가 모호함이 없이 정의되고, 고객의 설계의도를 완벽하게 반영시키도록 노력한다. MEP, 구조, 가구 등 이 포함되며 공학적으로 안전성이나 성능을 검토할 수 있는 수준의 정보가 정의되어 모델링된다.

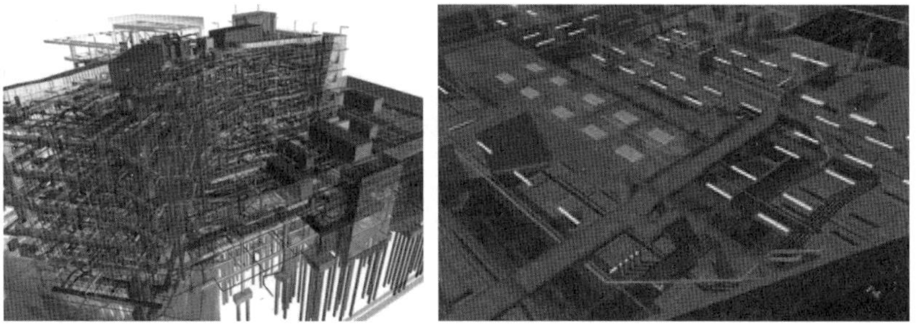

그림. MEP 디자인 모델(출처 - DPR사)

부재간 충돌, 간섭 체크를 수행하고 다른 영역(MEP, 구조, 친환경 엔지니어링) 모델 정보 상호 운용성을 위한 데이터 교환이 효과적으로 이루어져야 하며, 사전에 정의된 프로토콜에 따라 정기적인 미팅이 진행되기도 한다(*주 - DPR사의 예를 보면 다음 그림과 같이 2주마다 프로세스 맵을 통한 정보교환 방식을 정의한다).

또한 협업을 위해 협업 정보를 보관할 수 있는 서버(*주 - BIM 모델 서버, 파일서버, 모델 배포서버, 데이터베이스 등)가 필요하며, 이를 관리할 수 있는 조직이 있어야 한다.

견적은 디자인된 모델에서 직접 수량 추출을 통해 처리되고 BIM 모델은 시방서가 반영되어 모델링되어 있어야 한다.

그림. DPR의 Big Room 조율 미팅 및 프로세스 맵핑 예
(출처 - TEKLA, DPR, Sutter Medical Center - Castro Valley)

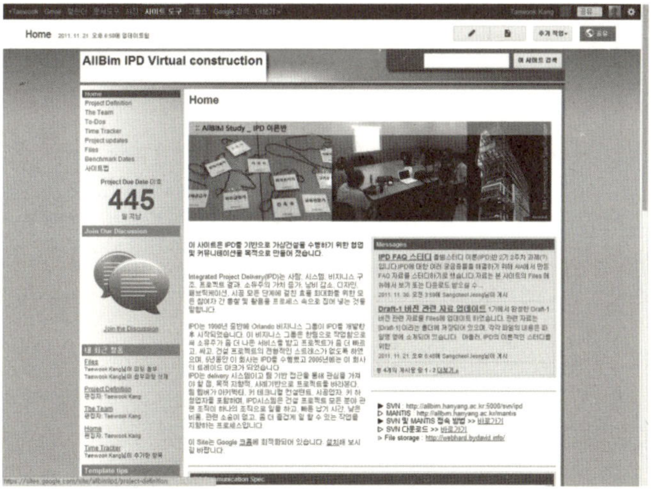

그림. 가상 시공역할게임 협업도구 중 하나로 사용했던 Google site(이외에 SVN, Google docs 등을 활용)

4) Implementation Documents

앞서 개발된 디자인 모델들이 어떻게 시공될 지에 대해 도면, 문서 등을 통해 정의한다. 만약 BIM기술을 활용하는 것이 충분히 협의되었다면, 문서화 대상 중 일부는 축소나 생략될 수 있다(*주 - 만약 시공에 대해 BIM기술을 사용할 수 있다면 4D, 5D 모델을 활용해 시공 시 대안을 비교할 수 있다). 이 문서화 대상은 시공을 위한 구매, 조립 및 시공을 위한 샵드로잉, 배치도, 상세 시공일정, 시공절차, 법적요구 사항 등이 포함되며 비용 모델, 공장사전제작 모델을 통한 시공 방법 등이 포함된다.

5) Agency review

Agency(기관, 청, 관공서)가 시공 시 사회적, 법률적 검토 및 허가를 하는 단계로 건축코드나 규제기준에 디자인 모델이 부합하는 지 체크하고 검토할 수 있는 정보를 Agency에 제공해야 한다. IPD에서는 디자인 단계에서 통합팀이 미리 이런 부분을 검토하고 조정해야 한다. 이 단계에서는 최종 부합 여부 승인만 처리되도록 해야 한다(주 - IPD에서는 전체 건설비용을 줄이기 위해 설계변경과 관련된 이슈가 초기 디자인 단계에서 최대한 검토될 수 있도록 한다. 이를 위해 Agency도 디자인 단계에 참여시키거나 관련 전문가를 통해 법규 등과 관련된 정보를 반영해야 한다. 다음 그림은 SMC-Solibri Model Checker를 통해 법규를 자동 검토하는 화면이다. 일부 규칙은 자동으로 체크할 수 있으나 해당 정보가 BIM 모델에 적절히 정의되어야 한다).

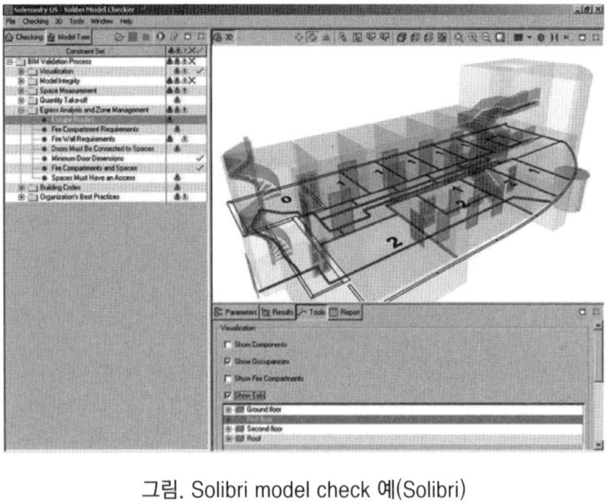

그림. Solibri model check 예(Solibri)

6) Buyout

하청업자가 사전제작 등과 관련된 자재 등 등을 결정하고 비용을 효과적으로 구매하도록 교섭하고 입찰하도록 한다. 만약 BIM 기술을 활용한다면 좀 더 효과적으로 디자인된 모델을 통한 수량정보를 제공하여 입찰할 수 있도록 공급체인을 시스템적으로 연계할 수 있다(*주: RIP사의 iTWO 솔루션 등은 기존 ERP 구매시스템과 연동되어 공급체인-Supply chain 정보를 통합적으로 제공할 수 있다. DPR사와 같이 시공사가 자재구매/조달부터 조립/시공까지 공급체인을 유기적으로 통합하고 유사 프로젝트에서 신속하게 재활용할 수 있다면 시공 생산성을 크게 향상시킬 수 있다).

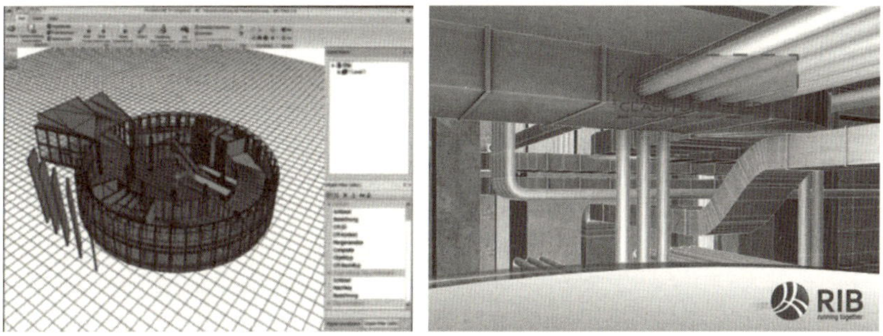

그림. iTWO solution(RIP사)

7) Construction

디자인 모델(Integrated model - 통합 모델)을 시공하여 실현한다. 시공성은 디자인 단계에서 최대한 검토되었다면, 이 단계에서 시공관리자는 시공품질과 비용에 대해서만 주로 신경 쓰면 된다. 디자인 단계에서 시공간섭이 제거되었다면 전통적 프로세스보다 시공관리에 적은 노력이 들어가게 되며 디자인 모델을 통해 시공방법 및 절차를 시각적으로 확인할 수 있으므로 시방서 문서를 보면서 애매모호한 표현을 이해하려고 노력하는 시간이 줄 것이다. 또한 어떤 디자인 의도가 모델에 반영되어 시공을 해야 하는 것인지 직관적으로 이해할 수 있다(*주 - 앞서 과정이 제대로 수행되었다는 가정하에 얻을 수 있는 이익이다).

디자인이 사전에 시공성이 검토되어 모델링 되었으므로 공장사전제작이 가능하다. 미리 제작해 현장 조립시공이 가능하다. 디자인 단계에서 가상으로 시공성을 시뮬레이션해 보았으므로 작업자 부상 등 안전사고가 줄어든다(*주: 나비스웍스 등 솔루션을 이용해 시뮬레이션이 가능하다).

그림. BIM 기반 현장 감리 및 품질 검증
(출처 - TEKLA, DPR, Sutter Medical Center - Castro Valley, *주: 최근 Field BIM으로 알려진 기술이 활용되고 있다. 기존 측량 기술에서 BIM을 접목한 형태이며 Trimble, VELA, Autodesk 등이 솔루션을 제공하고 있다)

만약, 시공순서나 기간에 변경을 디자인 모델에 적용하면 직관적으로 전체 공정 기간이나 공정간섭된 부분이 보여지므로 의사결정이 빨라질 수 있다(*주: VICO와 같은 솔루션은 LOB-Line Of Balance) 차트를 이용해 공정간섭을 효과적으로 표현한다. 이 책의 후반부에 이를 다루게 된다).

여기에 언급된 모든 BIM 기반 IPD의 이익은 시공조율미팅 등에서도 명확히 확인할 수 있다. 만약 미팅에서 회의록을 기록하였다면 투자된 BIM기술이 활용되어 공정산섭이나 재작업을 제거한 횟수를 파악할 수 있다. 각 시공이슈가 실제 발생되었을 경우 평균비용을 곱하고 적당한 할증률을 곱하면 BIM투자 ROI를 확인할 수 있다. 할증률은 경험자나 실무자와 의견조율을 통해 결정한다. 예를 들어 2D로도 충분히 확인할 수 있지만 BIM에서는 보다 신속히 확인해 현장실무자에게 정보전달이 가능하다면 할증률을 0.3으로 결정할 수 있다. 이런 할증률을 다음 표와 같이 단계별로 구분해 실무자간 합의하거나 3~5단계 정도로 구분해 통계적으로 평균을 내어 활용할 수도 있다. 이슈는 프로젝트 목적에 맞게 재작업, 설계변경, 안전사고, 성능개선 등을 지표로 삼으면 된다.

$$ROI_{BIM} = B/C$$
$$B_i = n_i \times c_i \times p$$
$$B = \sum_{i=0}^{n} B_i$$

c = BIM 비용 투입, n = 시공이슈 종류 개수
n_i = 시공이슈 종류별 해결횟수
c_i = 시공이슈 실제 발생시 지출비용
p = 할증률

표 2-1 시공 BIM활용시 할증률 표 예

시공BIM 활용 할증률	의미
0.1	개인이 2D도면을 통해서도 이슈를 미리 제거할 수 있었고 BIM은 의사결정에 약간 도움이 된 정도
0.3	개인이 2D도면을 통해서도 이슈를 미리 제거할 수 있었으나 BIM활용시에 더 신속히 확인할 수 있었음
0.5	참여자 협업을 통해 BIM이용하여 이슈 확인/제거에 도움을 받았음
0.7	참여자 협업을 통해 BIM을 활용해 신속히 이슈를 확인/제거할 수 있었음
1.0	참여자 협업을 통해 BIM을 활용하지 않았다면 이슈를 미리 제거할 수 없었음

이는 성과를 측정하고 개선하는 지표로 활용할 수 있으며 베스트 프랙티스(Best Practice)로써 특정 기법 적용의 효과를 지식 축척할 때도 매우 유용하다. 물론 신뢰를 기반으로 한 문화가 있는 조직이 활용가능하다. 부적절한 인사평가 반영 등의 네거티브 평가에 활용될 경우 신뢰성 있는 ROI를 도출하기가 어렵다.

이와는 별개로 설계변경 지시, 특히 건축주의 요구는 가능한 설계변경 프로세스 기반으로 정형적으로 처리되도록 노력해야 하는 부분으로 IPD가 이를 해결해 줄 수는 없다(*주 - 이는 협상의 문제이다).

8) Closeout

프로젝트 완공시 처음 계약서에 기술한 보상, 인센티브, 패널티 등이 통합팀의 구성원 책임/역할에 따라 결정된다. BIM기술을 사용하였을 경우 디자인 모델은 유지보수 모델로 활용되도록 제공될 수 있다. 또한 이 모델은 빌딩 운영체제(Building Operation System)과 통합될 수 있다. 이는 계약서 사인 전에 BIM 수행계획서에서 명확히 모델링 방법을 정의된 상황일 경우이다. 모델링이 문제가 없다면 Green Building을 위한 LCCA 기반 시설물관리 및 Active design시 Green 통합운영 모델로 효과적으로 이용될 수 있다.

2.6 BIM 수행 계획

2.6.1 개요

이 장에서는 협업 디자인시 어떻게 정보를 모델링하고 협업할지와 관련된 BIM 수행계획서(BxP - BIM Execution Planning)에 관해 이야기를 나눠본다. BxP는 건축뿐만 아니라 최근 토목 인프라 스트럭쳐에도 의무 제출되도록 강제하고 있다.

그림. Qatar rail 인프라스트럭쳐 개발
(출처 - Roxane McMeeken, 2010.9, Qatar launches £28bn rail mega project, Building.co.uk,
2012년 말 발주되었고 입찰서류에 BIM 수행계획서 의무제출하도록 하였다.
더불어 영국 협업 표준인 BS-1192를 준용하도록 하고 있다)

BIM은 시설의 물리적 기능적 특성에 대한 디지털적인 표현이다. BIM구현을 성공하기 위해서 프로젝트 팀은 상세하고 광범위한 계획을 수행해야 한다. 잘 문서화된 BIM 프로젝트 실행계획은 모든 참여자가 명확하게 기회와 책임을 인식할 수 있도록 도와주고, 이는 프로젝트 작업 흐름을 통한 BIM 통합과 관련된다.

BIM 프로젝트 실행 계획은 프로젝트(예 - 디자인 작업, 비용견적, 디자인 조정)에 BIM의 적절한 사용을 프로젝트 생애주기 동안 BIM을 실행하기 위한 프로세스의 문서화와 상세한 디자인을 정의해야 한다. 일단 계획이 만들어지면, 팀은 BIM 구현으로부터 얻은 최대 이익과 계획 사이에 진행상황을 모니터링하고 추적할 수 있다

2.6.2. 내용

BIM 수행계획서는 여러 가지 버전이 있지만 펜실베니아 주립대에서 개발한 BxP 가이드가 가장 유명하고 널리 사용된다. 발주시에는 계획서에 포함되어 지키지 않을 경우

발주자가 클레임을 제기할 수 있다. BxP는 다음 그림과 같이 네 가지 단계를 포함한다.

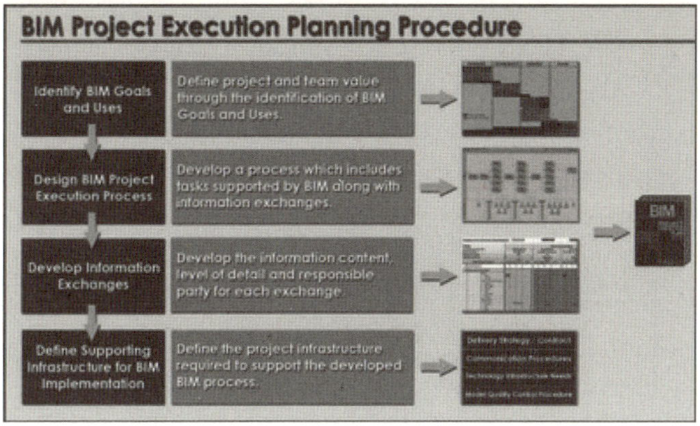

그림. BIM 프로젝트 실행 계획 절차

1) BIM 목표와 활용처 정의 - BIM목적과 사용을 명확히 한다. 프로젝트와 팀의 가치를 이를 통해 정의해야 한다. BIM기술 사용 시 가장 중요한 것은 프로젝트 가치를 정의하는 것과 BIM실행 목표를 정의하는 것이다. 이 목표는 프로젝트 실행 일정 기간단축, 생산성 달성, 변경에 관한 예산감소 등이 될 수 있다.

BIM 활용은 시공성 확보를 위한 공정간섭체크, 4D/5D 모델링, 예산견적, 공간관리, 유지보수 및 운영관리 등을 포함할 수 있으며 이는 발주자와 협의해야 할 요구사항이 될 수 있다.

본 장에서 참조한 BxP에는 가상으로 지은 대학 캠퍼스 연구실 건물에 필요한 BxP가 부록에 예제로 포함되어 있다. 다음 그림은 발주자 요구사항에 따른 BIM 활용 목적을 정의한 것으로 각 항목 별로 상세한 요구사항 기술서를 정의해야 한다.

Priority (1-3)	Goal Description	Potential BIM Uses
1-Most Important	Value added objectives	
2	Increase Field Productivity	Design Reviews, 3D Coordination
3	Increase effectiveness of Design	Design Authoring, Design Reviews, 3D Coordination
1	Accurate 3D Record Model for FM Team	Record Model, 3D Coordination
1	Increase effectiveness of Sustainable Goals	Engineering Analysis, LEED Evaluation
2	Track progress during construction	4D Modeling
3	Identify concerns accosiated with phasing on campus	4D Modeling
1	Review Design progress	Design Reviews
1	Quickly Asses cost associated with design changes	Cost Estimation
2	Eliminate field conflicts	3D Coordination

그림. 우선순위가 포함된 BIM 사용목적과 비지니스 가치(요구사항) 정의

2) BIM 프로젝트 수행 프로세스 설계 - 정보 교환을 포함해 BIM에 의해 지원되는 업무가 포함된 프로세스를 디자인한다. BxP에서는 BPM(Business Process Management) 방법에서 제안된 다음 그림과 같은 BPMN(Business Process Management Notification)으로 프로세스를 디자인하고 있다. BPMN은 작업순서도 표기와 유사하다. 이렇게 개발된 프로세스를 프로세스 맵이라 한다.

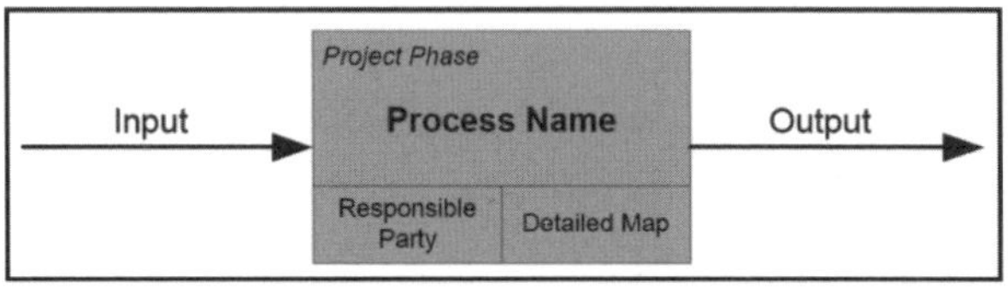

그림. BPMN 모델링 방법

프로세스 맵은 검증단계를 포함한다. 다음 그림과 같이 게이트웨이(Gateway)역활을 하는 마름모꼴 기호를 사용해 설계조건에 합당한 지 체크하는 부분을 정의할 수 있다. 이 게이트웨이도 누가 검토를 할 것인지 미리 정의하고 있어야 한다.

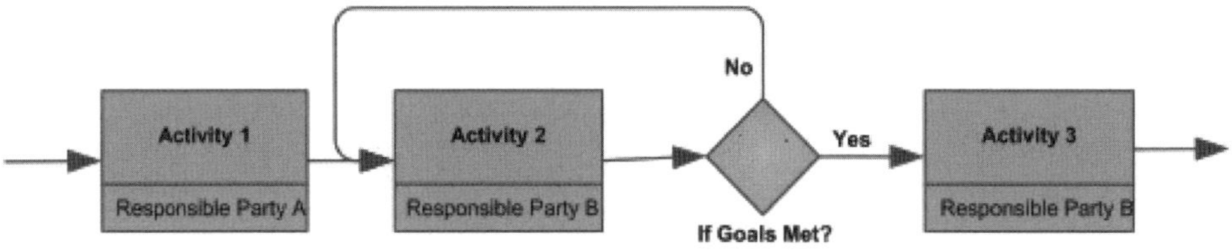

그림. Example Goal Verification Gateway

프로세스 맵은 전체 프로세스를 조망하는 Level 1부터 개발된다. 프로세스 맵 왼쪽에는 Lane으로 구분되어 있는 데 입출력되는 정보와 프로세스를 프로세스 참여자는 왼쪽 참여자 Lane에 표시된다. 각 참여자 Lane별로 해당 참여자가 책임지는 프로세스를 그려넣는다. 그리고 각 프로세스를 구성하는 단계별 프로세스 맵을 Level이 상세화된 프로세스 맵에 그려넣는다. 이때 세부적인 프로세스 단계는 그 단계를 수행할 팀 구성원들에 의해서 계획된다.

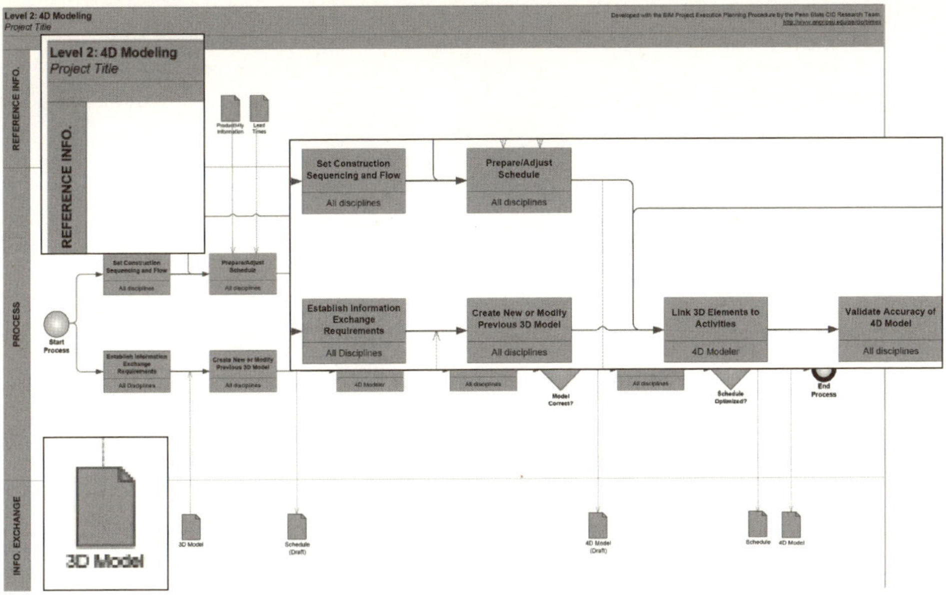

그림. BxP 프로세스 맵

3) 정보교환 방법 개발 - 일단 각 단계의 프로세스 맵이 개발되면 프로젝트 참여자들간에 무슨 정보를 어떻게 교환하는지 정의한다. 각 정보를 교환할 때 정보를 모델링하는 작업자와 모델된 정보를 받는 구성원의 정보가 표현되어 있어야 한다. 정의될 정보는 정보가 포함된 컨텐츠 파일, LOD, 각 정보교환 책임 등이다. LOD의 경우는 프로젝트 유형 및 목적, 프로세스 단계 별로 모델링해야할 형상 정보와 속성 정보의 종류를 정의해야 한다.

보통 정보교환은 다음 그림과 같이 참여자가 실행하는 프로세스 단계가 A, B, C, D가 있다면 A에서 B와 C로 정보가 전달되고 B단계에서 생성된 정보가 D로 전달되는 식으로 각자 동시에 전달되기도 하고 프로세스 단계에 의해 통합되 전달되기도 한다. 이 예에서는 A란 프로세스 출력이 B와 C프로세스 입력 정보의 합과 같다. 정보교환은 각 프로세스 단계와 단계 사이에 정보 흐름상에서 이루어진다.

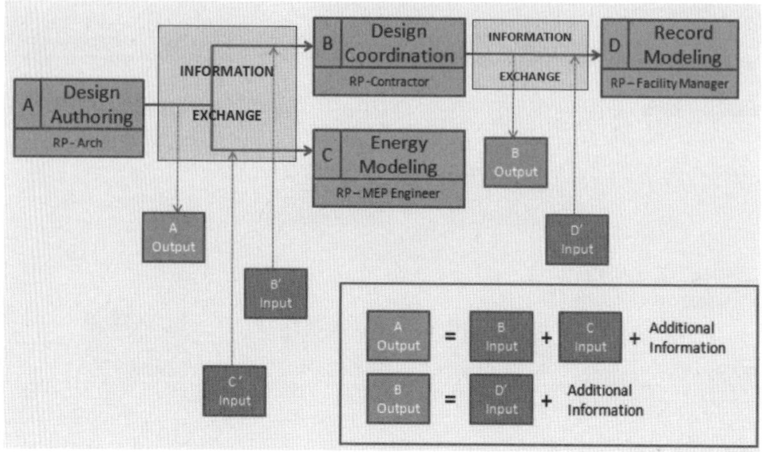

그림. 정보 교환 방식의 예

각 정보교환에서 누가, 언제, 무엇을, 어떻게 전달할 지 명확히 결정해야 하며 이는 다음 그림과 같은 정보교환 작업시트를 정의함으로써 정의할 수 있다.

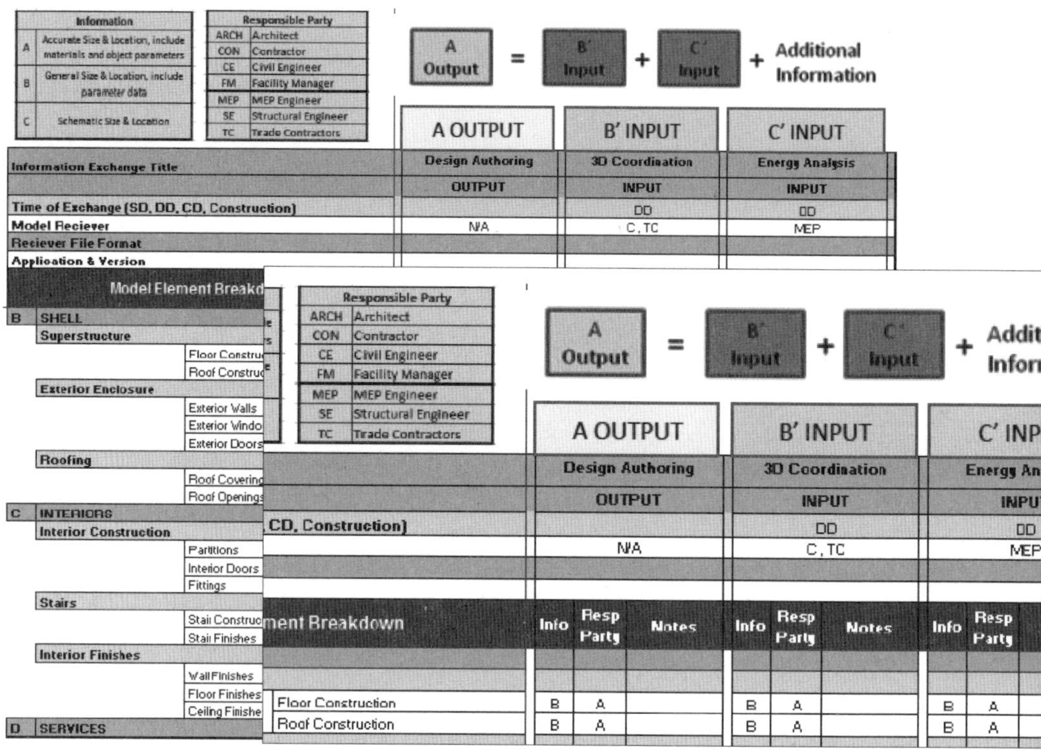

그림. 정보교환 작업시트 예

정보교환 작업시트는 크게 교환해야 할 정보를 정의한 Information 부분, 교환시 참여자를 정의한 Responsible Party 부분, 정보교환에 관한 일반사항을 기술한 Information Exchange 정보, 모델을 부재 단위로 분할한 MEB(Model Element Breakdown), MEB별 참여자간 정보생성(Output)과 정보사용(Input)의 책임을 정의한 참여자 정보교환 책임 메트릭스(Matrix)로 구성된다.

MEB는 객체정보분류체계에 관한 것으로 프로젝트 특성별로 개발하거나 표준을 사용할 수 있다. 본 예에서는 CSI(Construction Speciications Institute)에서 개발된 Uniformat II를 사용하고 있다.

Level 1 Major Group Elements	Level 2 Group Elements	Level 3 Individual Elements
A SUBSTRUCTURE	A10 Foundations	A1010 Standard Foundations A1020 Special Foundations A1030 Slab on Grade
	A20 Basement Construction	A2010 Basement Excavation A2020 Basement Walls
B SHELL	B10 Super Structure	B1010 Floor Construction B1020 Roof Construction
	B20 Exterior Enclosure	B2010 Exterior Walls B2020 Exterior Windows B2030 Exterior Doors
	B30 Roofing	B3010 Roof Coverings B3020 Roof Openings
C INTERIORS	C10 Interior Construction	C1010 Partitions C1020 Interior Doors C1030 Fittings
	C20 Stairs	C2010 Stair Construction C2020 Stair Finishes

그림. ASTM UNIFORMAT II Classification for Building Elements(E1557-97)

물론 이 시트는 프로젝트 유형과 목적에 따라 사용자화(Tailoring)되고 참여자간 합의되어야 한다.

4) BIM 구현을 위한 인프라 스트럭쳐 정의 - 개발된 BIM 프로세스를 지원하기 위한 운영 인력, 조직, 사무실 공간, 모델링 소프트웨어, 하드웨어 등 인프라 스트럭쳐와 활용방법을 정의한다. 만약 외부 시스템 연계와 같은 발주자 요구사항이 포함되어 있을 때 개발 방안도 정의될 수 있다.

2.6.3 BxP 개발 미팅

BxP 개발은 공동책임이다. 참여자간 몇 번의 미팅으로 BxP를 개발할 것인지 결정한다. 이는 펜실베이니아대 BxP에서 제안한 방법을 바탕으로 미팅 방식을 예시한 것이다.

1. BxP 개발 미팅

개발 미팅에서 해야 할 일들은 BxP 목차를 따라가면서 발주자의 요구사항을 고려하여 내용을 협의하고 정의하는 것이다.

예를 들어, 첫 번째 미팅에서 해야 할 일은 BIM 활용목적을 정의하는 것이 될 수 있다. 그리고 참여자들의 BIM 수행경험 등을 나눔함으로써 어느 정도 수준의 BxP 정의가 필요한지 논의한다. BxP의 템플릿 문서를 참고해 목표를 정의하고 최상위 Level의 프로세스 맵을 개발한다. 여기에는 참여자들의 역활이 최상위 수준에서 결정되어 있어야 한다. 이 미팅에는 발주자, 설계자, 계약자, 주요 하도급업자와 같은 참여회사, 책임경영진이 참석하고 있어야 협의한 내용이 효력이 있다. 참여자가 지금까지 진행된 내용을 모두 동의하면 미팅을 끝내고 다음 미팅 일자를 협의한다.

2. 프로세스 맵 개발

두 번째 미팅에서는 세부 프로세스 맵을 누가, 언제, 어떻게 개발할 지 정한다. 개발된 프로세스 맵대로 책임을 맡은 참여자가 수행할 것임을 합의해야 한다. 이때는 BIM 매니저도 참석해야 한다.

3. 정보 교환 방법 정의

각 프로세스 단계 별 정보 교환 방법을 정의한다. 주고 받을 파일 포맷, 컨텐츠, 형상 및 속성의 LOD, 정보생성 참여자 등 모든 것을 명확히 정의한다. 앞서 언급하였듯이 BxP는 계약서의 한 부분이므로 정의된 것은 반드시 수행되어야 한다.

4. BxP 개발 완성

이 미팅에서는 완성도 있는 BxP초안이 만들어져 있어 참여자들과 검토를 한다. 발주자 요구사항을 만족하면서도 효과적으로 프로세스 맵이 개발되었는지 검토하고 진행하면서 발생할지 모르는 법적 이슈 등 리스크도 확인할 필요가 있다.

2.6.4 결론

BxP는 초기 프로젝트 단계 동안 프로젝트 팀에 의한 계획과 직접적인 커뮤니케이션을 촉진한다. BxP 개발 시 프로젝트의 의미있는 역할을 가지고 모든 조직 팀원을 포함해야 한다. BIM 활용시 유일한 최고의 방법은 없기 때문에 반듯이 각 팀은 프로젝트 목표, 특성, 팀원의 능력을 이해하여 적합한(Tailoring) 실행 전략을 개발해야 한다.

2.7 활용 사례

2.7.1 개요

국내에는 IPD 발주제도가 없는 관계로 IPD는 해외 사례가 대부분이다. 국내에서 IPD기반 협업 디자인을 경험하기 위해서는 IPD 철학에 동의하는 팀별로 가상 역활게임을 먼저 해 보는 편이 좋다.

이 사례는 All BIM 커뮤니티에서 수행한 가상 건설역활게임에서 나온 것임을 밝힌다. 각 내용은 All BIM 사이트에서 자세히 얻을 수 있으므로 세부내용은 생략한다.

2.7.2 내용

가상 건설역활게임이므로 통합팀이 모여 다음과 같은 프로젝트 시나리오를 미리 정의해야 한다. 시나리오는 발주자의 요구사항이 충분히 고려되어야 한다.

『BIM 센터』
신축사업 계획
제안서

2012. 09 .01

프로젝트명: X-BIM CENTER
건축주: 박고운
주소: 서울 특별시 종로구 적선동 13-1

개요
시대의 요구로 BIM 붐이 일어나게 됨에 따라 평소 BIM의 전파에 힘쓰던 X-BIM사는 강남을 중심으로 점점 분사를 내며 전국적으로 약 30여개의 분사가 흩어져 있고 최근에는 BIM 관련된 모든 툴을 연계하여 교육하는 시스템을 구축하고자 한다...

IPD를 수행할 때는 상호존중, 상호이익, 초기목표 정의와 같은 철학이 있다. 이런 철학과 문화를 프로젝트에 적용해 보고자 몇 가지 방안을 제시했는데 상호존중을 통한 원활한 협업을 위해서 사회적 직위 및 연령에 관계없이 이슈에 대한 의견을 무시하지 않으며, 초기에 IPD execution plan을 통해 목표와 범위를 분명히 정하고, 상호 이익을 위해 남아도는 IH(Interpark Heart) 펀드를 출자해 분배하기로 하였다.

역할게임을 하기 위해 다음과 같은 역할을 전문성과 열정을 고려해 정하였으며, 역할과 관련해 우리에게 맞게 Tailoring된 BIM/IPD communication specification(Autodesk)에 따라 각 단계에서 필요한 정보를 협업 플랫폼에 만들어 넣고, 공유하였다.

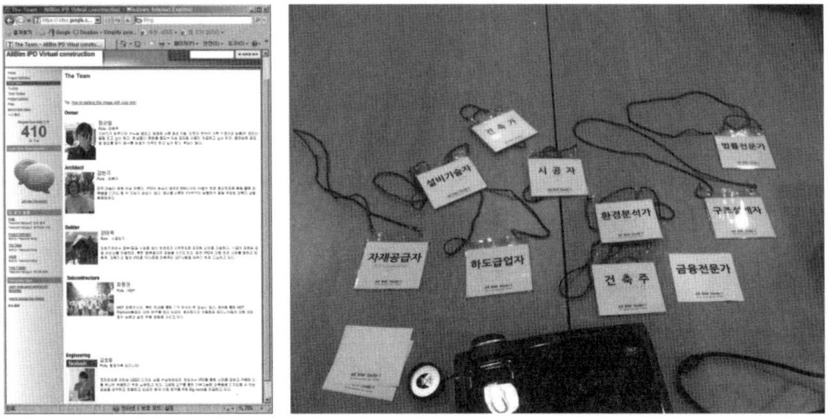

그림. IPD기반 협업(https://sites.google.com/site/allbimipd/home)

2.7.3 인프라 스트럭처

1.개요

가상 건설사례에서 활용된 인프라 스트럭쳐는 참여자들의 열정과 더불어 일반적으로 접근하기 쉬운 무료 도구들을 이용했다. 이 무료 도구들은 BIM학회 경진대회에서 배포되는 가이드북에 활용방법이 설명되어 있으므로 취사선택하면 된다.

가상건설을 위한 Big room은 All BIM 오피스로 하였고 일주일에 한 번씩 모여서 조율 미팅을 진행하였다.

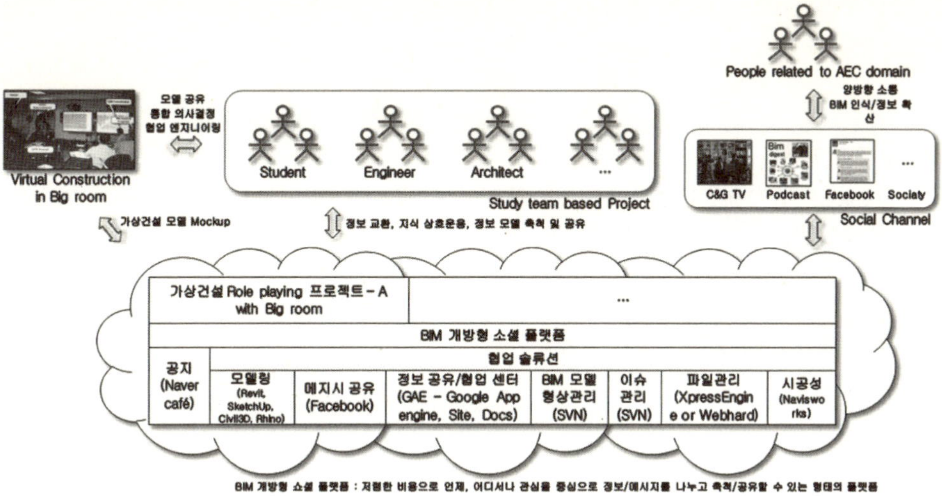

그림. All BIM 개방형 쇼셜 플랫폼(*주: 가능한 무료로 손쉽게 활용할 수 있는 도구로 구성하였다)

2. 메세지 공유

메시지 공유를 위해 Face book을 활용해 IPD 그룹을 만들어 활용하였다.

그림. Face book 그룹 만들기 및 메시지 공유

Email은 가능한 다른 개방형 플랫폼인 Google과 연동하기 쉽도록 Google email을 사용하였다.

3.모델링도구

가상 Mockup을 위해 Revit, Sketch up, Civil3D, Rhino 등을 활용하였다. Sketch up은 무료이나 나머지 프로그램은 30일 Trial version이거나 저장 횟수가 30번으로 제한되어 있다.

하지만, Villa Savoye 규모의 건물은 몇 시간 만에도 만들 수 있는 정도이라 소규모 건물은 충분히 가상 Mockup이 가능하다.

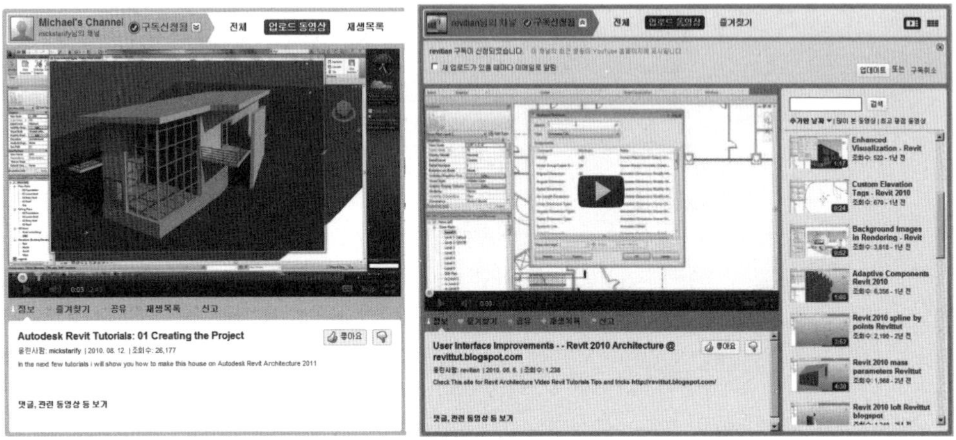

그림. YouTube Revit channel
(http://www.youtube.com/user/mickstarify#p/a, http://www.youtube.com/user/revitian)

간섭체크는 Navisworks를 활용하였으며, 시방(Specification)과 같은 경우 Big room에서 가상모델 Mockup을 통해 역할게임에서 담당하고 있는 분야별 참여자가 미리 가상 건설 시나리오 수행 시 발생할 만한 이슈를 몇 개 이상 준비해 Big room 안에서 제기하고 통합팀이 해결해 나가는 방식으로 하였다.

4. 공지사항 및 이슈관리

시공성과 같은 이슈들은 Google site와 Google doc의 Spread sheet 기능을 이용해 공유하였다.

No	Issue Level	Domain	Priority	Status	Issued Date	Confirmed Date	Resolved Date	등록자	담당자	Title
1	SMT	공정	1	Closed	10/28/2011	11/3/2011	11/6/2011	김현주	강태욱	공기지연 우려
2	PMT	시공	2	Resolved	11/18/2011	11/20/2011	1/10/2012	강태욱	정상철	지붕 공사 난이
3	SMT	설계	1	Resolved	12/23/2011	12/23/2011	12/28/2011	정상철	김현주	설계 변경
4	PMT	토목	3	Confirmed	1/2/2012	1/7/2012		정상철	강태욱	상하수도관 파열 우려
5	PMT	시공	2	Opened	2/6/2012			이정희	강태욱	연약지반 처리
6	PMT	시공	2	New	3/21/2012			정상철	강태욱	타워크레인 설치

그림. 이슈 관리(Google doc's spread sheet)

5. 컨텐츠공유

컨텐츠는 Google docs를 사용하면 저작과 공유가 쉽다. 그리고 컨텐츠를 Google 드라이브 클라우드에 영구히 저장 · 관리할 수 있다. 다만, 용량이 큰 모델링 파일 등은 별도 방식으로 관리해 공유하도록 주의한다. 아직 클라우드 기반 파일공유는 속도가 늦어 용량이 상대적으로 작은 MS-Office 파일 수준 등으로 활용 용도를 규정하는 것도 필요하다.

Google site는 표준 웹을 가장 잘 지원하는 Chrome(http://www.google.com/chrome) 프로그램을 이용하였다.

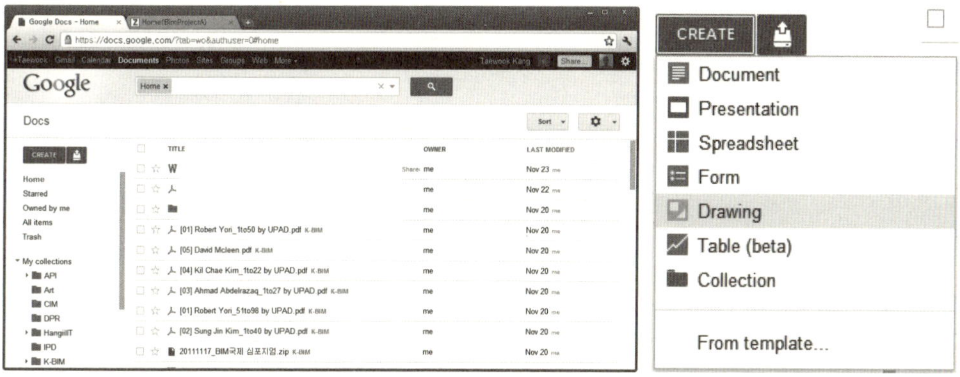

그림. Google docs

Google docs는 공유를 통한 협업에 강점이 있는데 다음과 같이 공유기능을 이용해 컨텐츠 작업을 협업하거나 Google sites 에 출판(publish)할 수 있다. File 메뉴에서 Share를 클릭하면 다음과 같은 화면이 나오는 데 협업하고자 하는 사람의 Google Email을 Add people 창에 입력하고 'Share & save'버튼을 클릭하면, 이 컨텐츠가 변경될 때마다 메일로 자동 공지 메시지가 보내지며 공동작업도 가능하다.

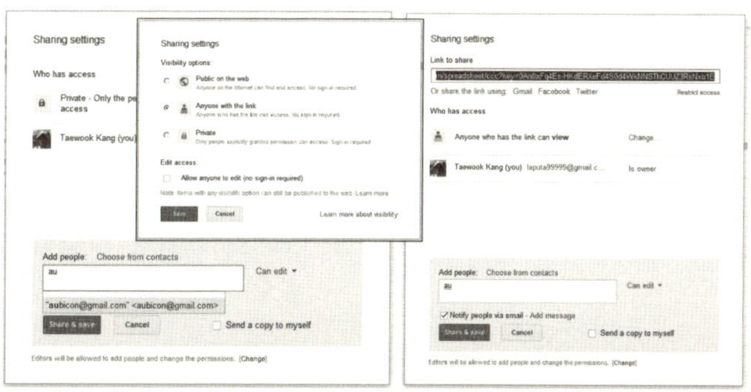

그림. Sharing setting - Anyone with the link

Google doc으로 만들어진 문서는 협업 과정 중에 발생된 모든 수정이 개정이력(Revision history)으로 저장이 되고, 특정 시점으로 되돌릴 수 있다.

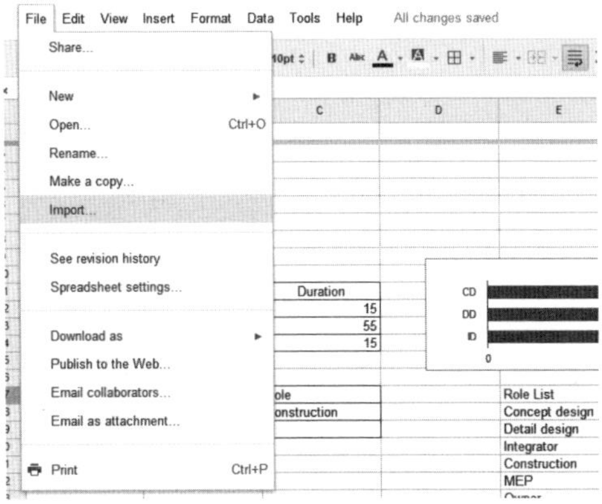

그림. See revision history

협업 솔루션은 다음과 같은 목적을 위해 Google site를 이용하였는 데 좀 더 여유가 있다면 Microsoft의 Sharepoint도 유용하다.

1) 모델 정보, 이슈, 프로젝트 목적과 같은 BIM execution plan과 관련된 모든 정보 공유
2) 협업 작업을 위한 문서 및 솔루션 링크
3) 프로젝트와 관련된 가이드 및 레퍼런스 파일 링크
4) 프로젝트 미팅 및 일정 정보 공지
5) 파일 이력정보 관리
6) 가상건설 프로젝트를 통한 지식 축척 및 재활용

Google site설치는 매우 단순하다. Site를 사용하기 위해서는 먼저 Google email을 가입한 후에 Google에 Google site 도구를 검색하여 제공되는 해당 링크를 클릭해 site를 생성할 수 있다. Google site는 만들때 다양한 테마를 지원한다. 테마는 디자인, 정보 접근구조를 포함한 템플릿으로 다양한 것을 지원한다. 사례에서는 프로젝트 기반으로 활용하기 쉬운 wiki 형식인 project wiki를 선택하여 사용하였다. 사이트 이름을 적절히 입력하고 만들기 버튼을 클릭한다.

Site가 만들어지고 다음과 같은 site를 볼 수 있다. 이제 이 site에 입력되는 모든 정보는

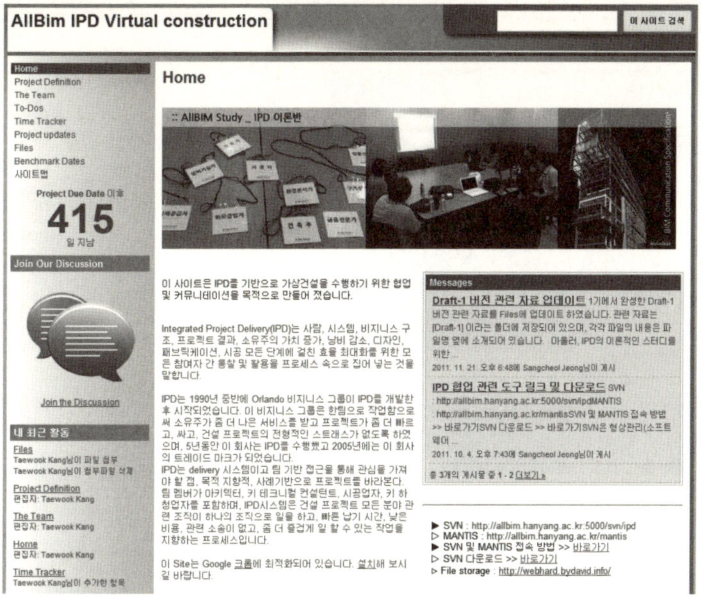

그림. 가상 건설 협업 솔루션 Google site

Google cloud에 영구히 보관된다. Google에 Login되어 있다면, 다음 그림에서 연필 아이콘이 포함된 Site 편집 도구를 볼 수 있다.

그림. 만들어진 Bim Project A Google site

추가작업 버튼을 클릭하면 다음과 같은 사이트를 편집할 수 있는 다양한 메뉴를 볼 수 있다.

그림. 편집 메뉴

현재 있는 페이지를 편집하기 위해서는 연필 아이콘(페이지수정)을 클릭한다. 그럼 다음 그림과 같이 편집을 지원하는 메뉴와 페이지 레이아웃이 표시된다. 이 메뉴를 이용해 현재 페이지에 그림, 동영상, 가젯(GAE 기반 UI를 가지는 프로그램 - Google 계산기와 같은 UI를 가지는 Google Web Application을 만들 수 있다.), Google docs 컨텐츠(spread sheet, chart, document, presentation 등) 및 다양한 Google application(YouTube, Picasa 사진 등) 컨텐츠를 페이지에 삽입하고 공유할 수 있다.

6. 형상관리 방법 마련

동대문 디자인 플라자(DDP)에서도 사용된 형상관리(Configuration Management)는 보이지 않는 정보 모델과 같은 컨텐츠를 관리하기 위해 필수적인 도구이다.

형상관리는 다음과 같은 역할을 한다.

1) 정보 모델의 변화를 History로 기록한다.

2) 특정 시점으로 정보 모델을 되돌릴 수 있다.

3) 누가, 언제, 어디서, 무엇을, 어떻게 수정했는지 알 수 있다.

4) 시간이 지나도 정보 모델을 재활용하기 용이하다.

정보 모델링 협업을 할 수 있다. 예를 들어 Commit, Checkout, Get, Tag와 같은 기능을 지원한다.

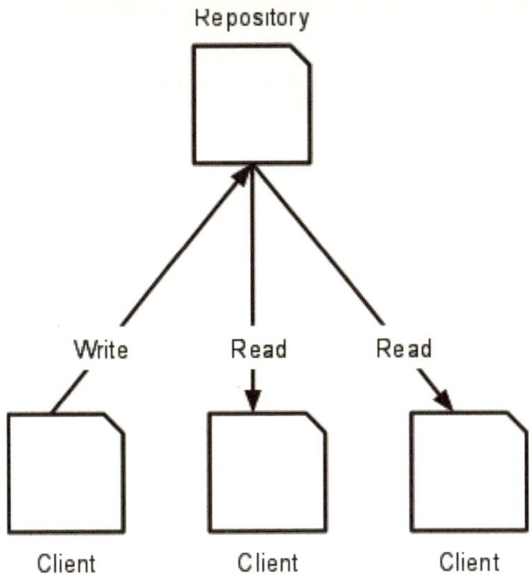

그림. 형상관리 도구를 이용한 협업

SVN(Subversion)은 형상관리를 위한 오픈 소스 기반 무료 솔루션이다. DDP(동대문 플라자 사업)에서도 활용된 SVN은 형상관리를 위한 대부분의 기능을 지원하며, 다양한 OS에서 사용할 수 있다. 윈도우 OS의 경우 설치할 경우 탐색기 메뉴가 확장되어 Commit, Checkout과 같은 협업 기능을 사용할 수 있다(*주: 영국의 Crossrail 철도 프로젝트에서는 벤틀리의 ProjectWise 솔루션을 동일한 목적으로 활용하고 있다. 이런 유료 솔루션의 활용목적은 대부분 현상관리를 포함한 서버 등 분산저장된 수천 개 이상의 컨텐츠 파일들을 신속하게 탐색하고 수집하여 수정한 후 수정내용을 관련자들에게만 자동으로 전파하는 것이다).

SVN은 오픈 소스이므로 다양한 프로그램 버전이 존재하는 데 현재는 서버는 VisualSVN, 클라이언트는 Tortoise SVN을 많이 사용한다.

사용순서는 서버와 클라이언트로 나뉘어지며 서버측 설정은 다음과 같다. SVN을 사용하기 위해서는 협업에 필요한 정보 모델 파일을 보관할 서버PC를 준비해야 한다. 네트웍은 공개 IP가 지원되어야 한다. 서버PC에 VisualSVN을 다운받아(http://www.visualsvn.com/server/) 설치한 후에 VisualSVN을 실행한다.

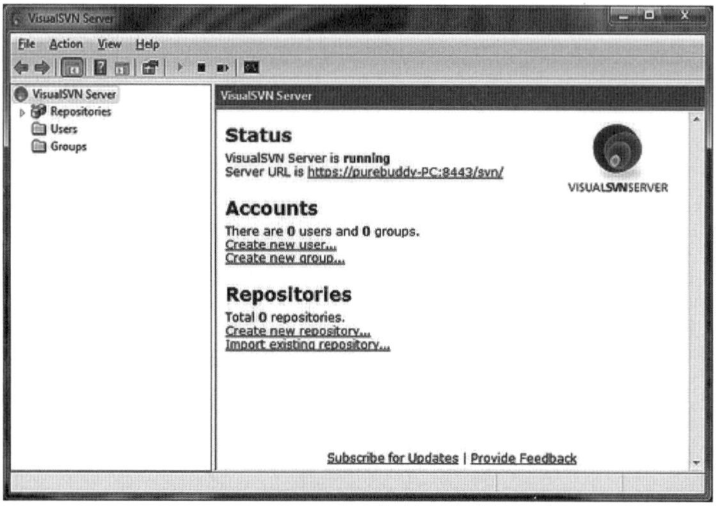

그림. VisualSVN

VisualSVN을 이용해 파일 저장소를 만든다. 파일 저장소(Repository)는 정보 모델 파일을 담는 논리적 저장소이며 다음과 같이 생성할 수 있다.

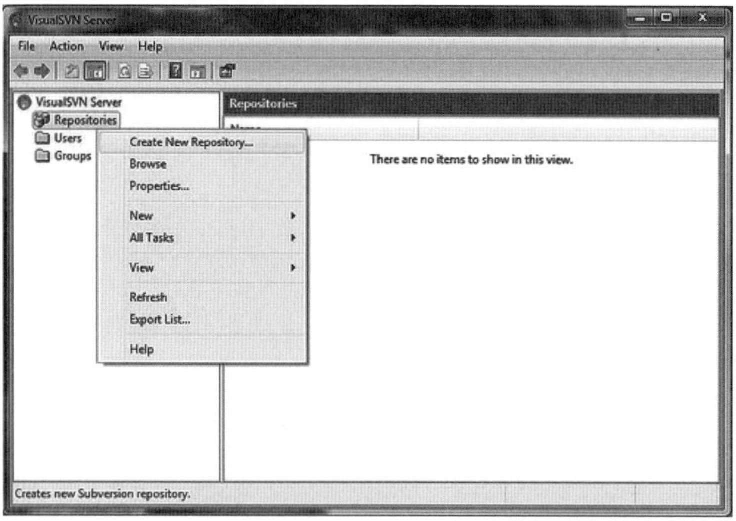

그림. VisualSVN - Create New Repository

생성된 Repository의 Properties 메뉴를 실행해 VisualSVN 접속권한을 가질 사용자 ID와 Password를 설정한다.

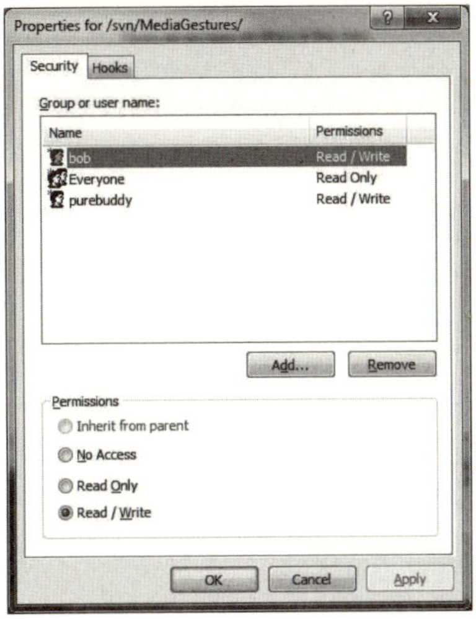

그림. VisualSVN - Properties

클라이언트측 설정은 다음과 같다.

Tortoise SVN을 다음 사이트에서 다운받아 설치하고 시스템을 재 시작한다.

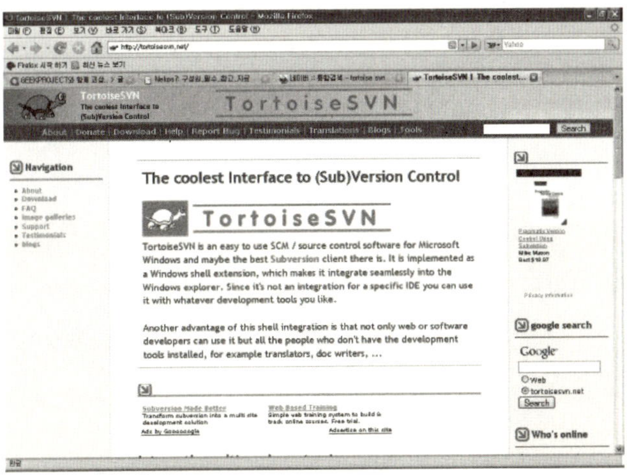

그림. Tortoise SVN(http://tortoisesvn.net/)

서버와 파일을 동기화할 작업 폴더를 하나 만든다.

폴더를 클릭해 컨텍스트 메뉴를 호출하고 이중, SVN 체크아웃 메뉴를 클릭한다. 저장소 URL에 SVN서버 IP주소를 입력한다.

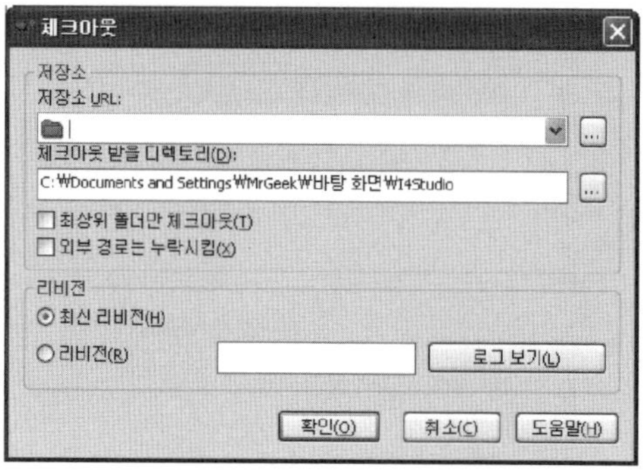

그림. Tortoise SVN - Setting

그리고 확인버튼을 클릭한다. 이때 다음과 같이 사용자명과 암호를 묻는 데, 이때 SVN서버에 등록한 ID, 암호를 입력한다.

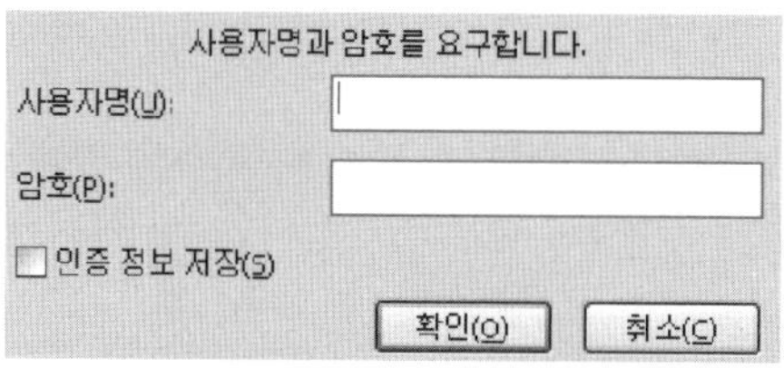

그림. Tortoise SVN - 인증 정보

만약 전송받을 파일이 있다면, 다음과 같이 서버에 있는 파일이 해당 작업폴더에 전송되는 화면을 볼 수 있다. 해당 작업폴더를 열어보면 전송된 파일이 복사되어 있음을 확인할 수 있다.

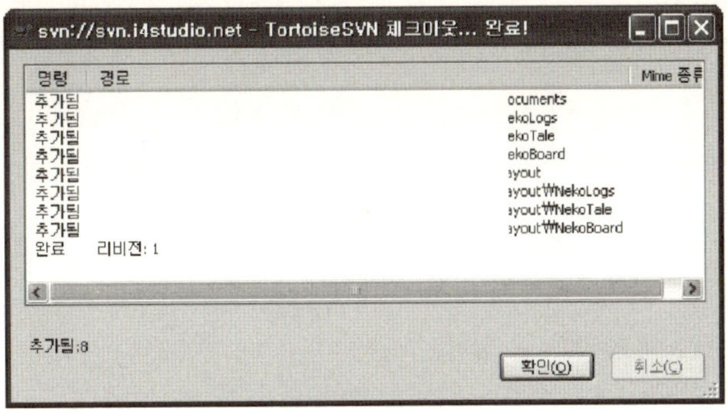

그림. Tortoise SVN - 체크아웃

추가할 파일들이나 폴더들을 선택하고 컨텍스트 메뉴를 호출해 다음 Add메뉴를 선택한다. 그리고 해당 폴더나 파일들을 SVN서버 저장소에 추가한다.

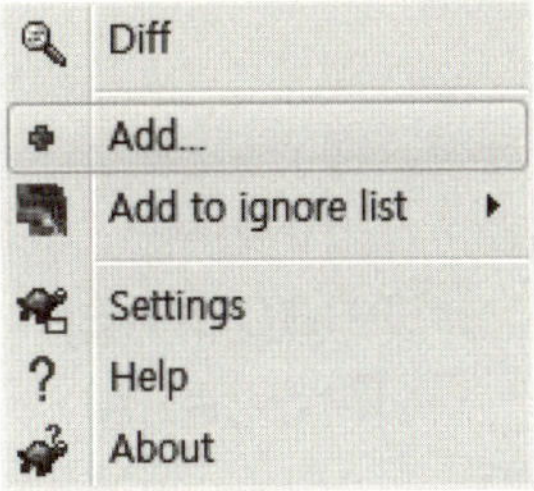

그림. Tortoise SVN - Add

이렇게 실제 형상관리 및 협업할 파일 및 폴더를 작업폴더에 넣어두고, 작업폴더를 클릭해 컨텍스트 메뉴를 호출하고, Add 메뉴를 클릭해 작업폴더 안의 모든 파일이나 폴더를 앞서 만들어진 SVN서버의 저장소로 전송할 수 있다.

이후 작업 폴더 내의 파일을 수정하기 위해 해당 파일을 클릭한 후, Checkout 메뉴를 클릭해 작업한 후, 서버와 동기화하기 위해 Commit 메뉴를 클릭해 서버로 파일을 전송한다.

만약 서버로부터 최신 파일을 얻고자 한다면, 해당 파일이나 폴더를 클릭한 후 Get 메뉴를 이용해 서버로부터 파일을 전송받을 수 있다. 협업 작업들은 모두 SVN서버에 History로 남아 있으며, 특정 시점으로 되돌릴 수 있다. Tag 기능을 이용하면 이런 컨텐츠나 폴더들의 버전관리가 쉬워지며, Tagging된 특정 버전으로 쉽게 되돌릴 수 있다.

7. 이슈관리 방법 마련

이슈는 건설 엔지니어링상에서 발생하는 모든 해결해야 할 문제점을 통칭하는 것이다. 건설 프로세스상에 발생하는 이슈를 관리함으로써 다음과 같은 이익을 얻을 수 있다.

이슈를 누가, 언제, 어떻게 해결했는지 알 수 있다. 책임소재가 분명해지며, 이와 관련된 모든 History는 기록된다.

발생된 이슈를 어떻게 해결했는지 지식이 축적되고, 재활용된다.

이슈를 우선 순위별로 처리할 수 있다.

프로젝트 단계별로 이슈가 정량적으로 평가되어, 프로젝트 메트릭스 지표로 활용될 수 있다. 이는 프로세스 성숙도 지표로도 평가될 수 있다.

이슈는 다음 그림과 같은 처리순서를 가진다.

그림. Issue Management Process(출처 - http://www.noweco.com/issuee.htm)

이슈는 발견(Identification), 분석(Analysis), 평가(Evaluation), 처리(Action Implemantation), 검토 및 모니터링의 프로세스로 관리된다. 이런 이유로 이슈는 다음과 같은 상태를 가진다.

Status	Description
New	새로운 이슈
Opened	기존에 같은 이슈가 다시 발생함.
Confirmed	이슈 확인함
Resolved	이슈 해결함
Closed	이슈 종결함. 차후 같은 이슈가 발생하면 Opened 처리함.
Feedback	이슈 기술 정보가 부족함

사례에서 이슈는 2개 레이어 스키마로 관리되고 있다.

Issue Level	Description
PMT	관리자 협의 이슈
SMT	최고 결정자 협의 이슈

우선순위는 다음과 같이 정의하였다.

Priority	Description
3	급하지 않은 이슈
2	일반적으로 처리해야 하는 이슈
1	매우 중요한 이슈로 반드시 처리해야 함

다음은 Spreadsheet를 이용한 이슈관리의 예를 보여주고 있다.

No	Issue Level	Domain	Priority	Status	Issued Date	Confirmed Date	Resolved Date	등록자	담당자	Title
1	SMT	공정	1	Closed	10/28/2011	11/3/2011	11/6/2011	김현주	강태욱	공기지연 우려
2	PMT	시공	2	Resolved	11/18/2011	11/20/2011	1/10/2012	강태욱	정상철	지붕 공사 난이
3	SMT	설계	1	Resolved	12/23/2011	12/23/2011	12/28/2011	정상철	김현주	설계 변경
4	PMT	토목	3	Confirmed	1/2/2012	1/7/2012		정상철	강태욱	상하수도관 파열 우려
5	PMT	시공	2	Opened	2/6/2012	1/7/2012		이정희	강태욱	연약지반 처리
6	PMT	시공	2	New	3/21/2012	1/7/2012		정상철	강태욱	타워크레인 설치
7	PMT	시공	2	New	3/21/2012	1/7/2012		정상철	김현주	A-1 지점 간섭 발생
8	PMT	시공	2	New	3/21/2012	1/7/2012		정상철	김현주	B-2 지점 간섭 발생
9	PMT	시공	2	New	3/21/2012	1/7/2012		정상철	김현주	C-1 지점 간섭 발생

Issues Help Sample

열기 Issue Management System

그림. Google spreadsheet - Issue management system

8. 대용량 파일공유 방법 마련

대용량 파일공유는 웹하드나 여러 가지 방법으로 가능하다. 웹하드 같이 파일공유가 필요한 경우는 대용량 파일을 임시로 주고 받을 때이다.

프로젝트와 관련해 이력이나 협업관리되어야 할 필요가 있는 파일들은 모두 형상관리 서버에 체계적으로 보관되어야 한다. 파일이나 폴더가 어떻게 형상관리 서버에 포맷팅되어 저장되는지 네이밍규약(Naming convention)도 미리 계약 전에 결정해야 하며 BxP에 정의되어야 한다.

대용량 파일을 공유하는 목적도 분명히 할 필요가 있다. 만약, 현장확인과 같은 커뮤니케이션 용도라면 PDF나 나비스워스 같은 경량 파일포맷으로 변환해 모델 배포 서버를 통해 사용자가 활용하도록 하는 것이 훨씬 편리하다. 그렇지 않고 협업을 통해 모델링해야 하는 파일이라면 미리 대용량 파일공유 방안을 마련할 필요가 있다.

2.8 BIM 수행성과 측정방법

2.8.1 개요

BIM 성과평가도구는 효과적인 BIM 활용을 위한 지표로서 각 BIM 프로젝트 성과를 측정하고 프로세스 환경을 개선하기 위한 도구로 사용될 수 있다.

성과는 생산성, 품질, 성능을 개선한 결과를 말하며 성과는 지표화되어 정의될 수 있다. 예를 들어 재작업은 시공생산성과 관련된 지표이다. 성과에 핵심적인 영향을 미치는 지표를 핵심성과지표(KPI - Key Performance Index)라 한다. KPI는 프로젝트 유형, 목적마다 다르다. KPI는 정성적이거나 정량적일 수 있는 데 정성적이더라도 수준을 구분해 점수화시켜야 데이터베이스로 축척해 차후 유사한 프로젝트 수행 시 KPI를 통한 ROI를 도출할 수 있다. 데이터베이스로 축척된 KPI 이력들을 통해 성공한 프로젝트의 핵심 성공요인(CSF - Critical Success Factor)을 추출하고 베스트프렉티스로써 교훈을 얻을 수 있다. 점수가 높을 수록 조직이 BIM을 이용해 성과를 얻는 기술을 익숙히 활용하는 것이므로 조직성숙도(Maturity)와 연계될 수 있다. 이는 조직성숙도 수준에 따른 BIM 기술 적용 전략을 합리적으로 개발할 수 있는 근거로써 활용할 수 있다.

성과평가도구의 예로 친환경 건물인증제도인 LEED(Leadership in Energy and Environmental Design)의 경우 USGBC(U.S. Green Building Council)에서 1993년부터

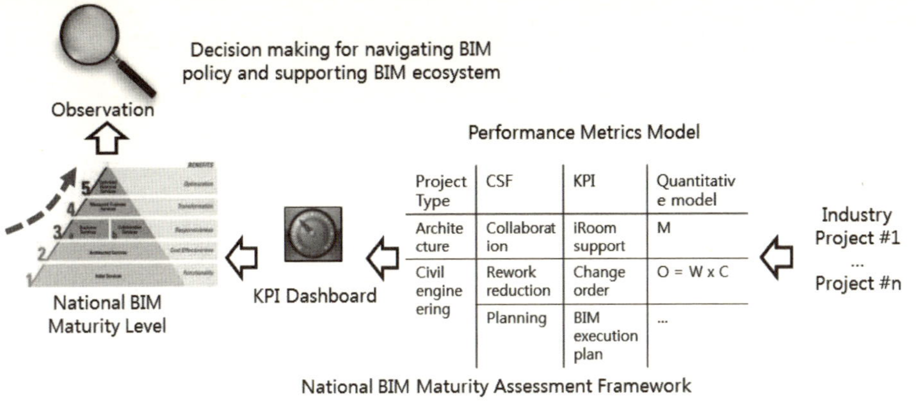

그림. 성과평가도구 개념(출처 - 건설기술연구원)

지금까지 개발되어 널리 적용되고 있으며 지속가능한 대지 개발과 같은 KPI가 정의되어 있다.

세계적으로 다양한 BIM 성과평가도구가 개발되고 있는 데 미국의 BIM I-CMM(Interactive Capability Maturity Model)(McCuen and Suermann 2007), bimSCORE(Kam and Rinella 2012), BIM Proficiency Matrix(Indiana University Architect's Office 2009) 등이 대표적이며 국내는 개발 중인 상태에 있다.

2.8.2 성과평가도구 일반적 구조

대부분의 성숙도나 성과 측정도구는 다음 그림과 같이 CMM과 BSC를 기본 참조 모델로 개발되어 있어 있으며, 도구개발 방법도 유사하며 다만, 성과를 바라보는 관점, CSF, KPI의 차이가 있다.

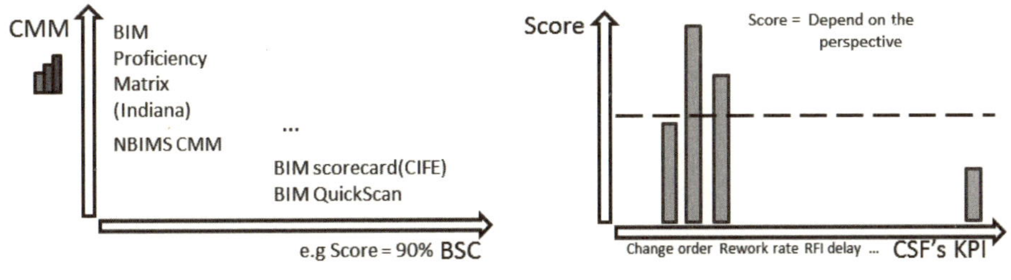

그림. BIM의 객체지향 모델링 방법

CMM은 다음 그림과 같이 조직의 성숙도 수준에 따라 초기, 반복, 정의, 관리, 최적화 수준으로 나누고 각 수준을 측정할 수 있는 준비된 질의 항목을 CMM 평가 자격이 있는 평가자가 조직에 방문하여 질의와 관련 증거를 수집하여 평가한다.

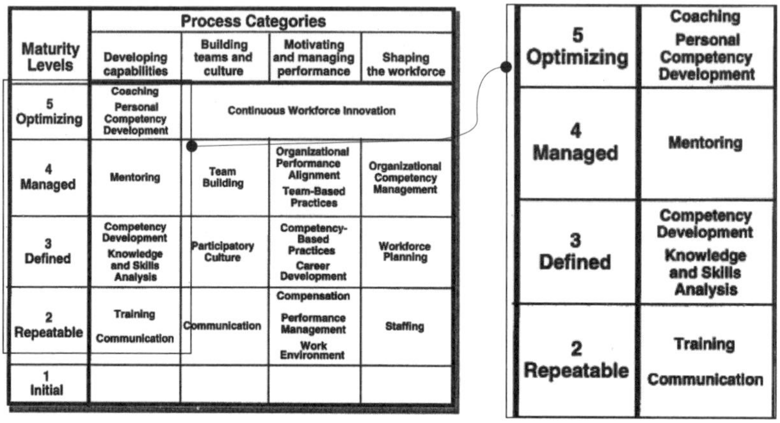

그림. CMM 모델의 구조 – 초기, 반복, 정의, 관리, 최적화(Bill Curtis 등1995)

CMM이 가장 대중적으로 알려진 것은 카네기멜론대 소프트웨어 공학센터에서 개발된 CMU SEI CMM이며 이때 5개의 성숙도 단계가 정의되었다.

어떤 평가도구들은 BSC(Balance Score Card) 방법을 사용하는 데 BSC는 경영공학에서 개발된 성과관리도구이며 비전과 전략에 따라 재무, 고객, 비즈니스, 훈련 관점을 나누고 각 CSF와 KPI를 정의하도록 하였다. 각 4가지 영역은 건설분야나 프로젝트 목적에는 맞지 않을 수 있다. 그러므로 사용자화할 수 있다.

CSF와 KPI를 개발하는 순서는 보통 관련 이해당사자들 간 의견수렴을 통해 성과를 보고자하는 관점과 CSF를 결정하고 AHP등을 통계적 기법을 통해 측정지표 가중치를 계산하는 방식으로 개발된다.

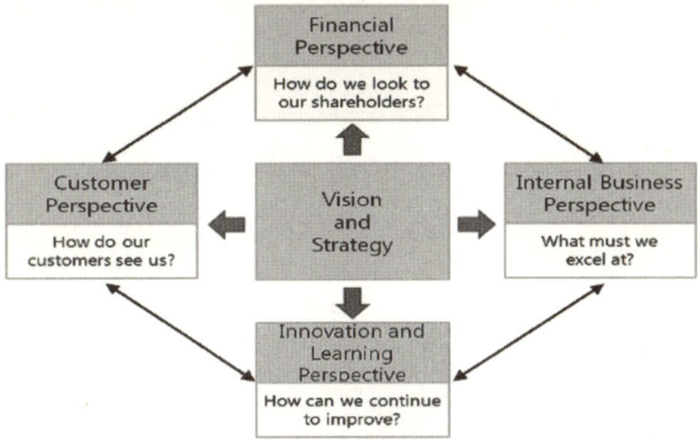

그림. BSC의 비전에 따른 4가지 관점(재무, 고객, 비즈니스, 훈련) 구조

2.8.3 사례

미국 NBIMS에 포함된 I-CMM은 2007년 BIM요구사항 만족 수준에 따라 10개 수준으로 구분해 성숙도 모델을 개발하고, BIM 프로젝트에 참여하는 모든 주체에 Minimum BIM 수준 평가해 발주제도에 활용하고 있다(McCuen, Suermann, 2007). 총 11개의 평가영역으로 구성되었으며 각 영역을 10단계로 나누어 평가자가 평가할 수 있도록 단계별 수준을 정의하고 있다.

총점에 따라 BIM 도입 성숙도가 평가되어 등급을 받을 수 있으며 제공되는 엑셀파일에 평가항목별 점수를 입력하면 성숙도 수준이 자동 계산된다.

The Interactive BIM Capability Maturity Model

Area of Interest	Weighted Importance	Choose your perceived maturity level	Credit
Data Richness	84%	Expanded Data Set	1.7
Life-cycle Views	84%	No Complete Project Phase	0.8
Change Management	90%	Initiation	1.8
Roles or Disciplines	90%	Two Roles Partially Supported	2.7
Business Process	91%	Separate Processes Not Integrated	0.9
Timeliness/ Response	91%	Most Response Info manually re-collected - Slow	0.9
Delivery Method	92%	Network Access w/ Basic IA	2.8
Graphical Information	93%	NCS 2D Non-Intelligent As Designed	2.8
Spatial Capability	94%	Not Spatially Located	0.9
Information Accuracy	95%	Initial Ground Truth	1.9
Interoperability/ IFC Support	96%	Forced Interoperability	1.9
	National Institute of BUILDING SCIENCES Facilities Information Council National BIM Standard	Credit Sum	19.2
		Maturity Level	Not Certified

그림. NBIMS CMM 계산 엑셀 시트(McCuen, Suermann, 2007)

스탠포드 CIFE(Center for Integrated Facility Engineering)는 2009년부터 BSC 기반 vdcScore란 BIM성숙도 모델을 개발하기 시작해 2011년부터는 bimSCORE란 이름으로 세계 각국의 BIM 프로젝트 수집, 성과측정 메트릭스 정보를 모델화하여 상품화하고 있음. DPR과 같은 자국의 건설 업체에 관련 기술을 제공해 자국 건설산업 브랜드 경쟁력을 강화하는 효과를 얻고 있다.

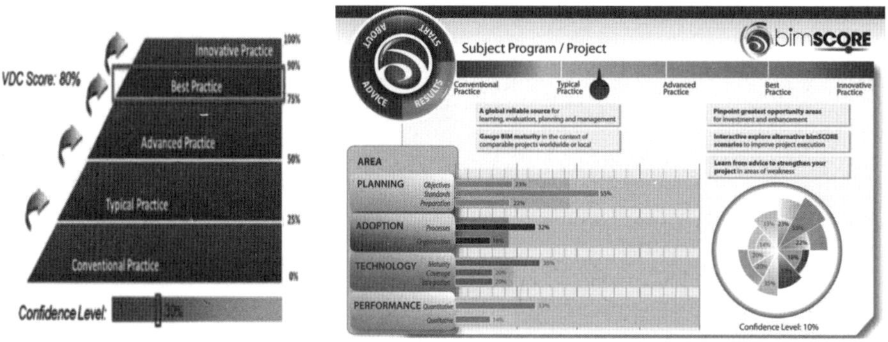

그림. BSC 기반 bimSCORE 성과평가도구(Dr. Calvin Kam, bimSCORE)

BIM 계획, 적용, 기술, 성과 등 4가지 영역으로 구분해 성과를 측정하고 스코어를 계산해 본인의 성숙도 수준을 알 수 있으며 BxP 흐름과 유사한 질의 항목으로 구성되어 있고 의사소통, 비용개선, 공기단축, 시설물 성능향상, 안전성 개선, 프로젝트 품질, 기타 등 7개 CSF에 대한 KPI가 정의되어 있다.

성과평가 과정은 BIM 전문가로 구성된 평가팀이 프로젝트에 대한 규모, 투입인원, BIM 활용여부, 투자비용, BIM 수행인력, 협업 수준, 발주처 활용 수준, 사용자 만족도, 실질적 효과, 성과지표 등에 대해 1시간 정도 1차적으로 질문하고, 2차적으로 질문양식을 통해 세부자료를 얻는 방식이다. 자료는 신뢰성 확보를 위해 증빙자료제출을 요구하며 BIM 수행인력 수준에 따라서도 신뢰성이 달라지도록 하고 있다.

현재 세계 40개 이상 BIM프로젝트 데이터베이스를 구축해 분석하고 있으며 Lite버전과 Full버전을 제공하여 각각 20개, 60개로 구성된 인터뷰 항목을 제공하고 있다.

2.8.4 협업 디자인 성과지표 개발

협업 디자인시 BIM투입 대 효과 ROI를 측정하기 위한 핵심지표는 설계변경율,

재작업율과 같은 명확한 것부터 결정해 활용할 필요가 있다. 조직의 기술 성숙도가 낮을 경우, bimSCORE처럼 지표가 많은 경우 이를 입력하고 관리하는 데 어려움을 겪을 수 있다.

이런 지표를 측정할 수 있는 적당한 시기는 다함께 모여 협업 디자인 조율을 할 때이다. 보통 조율미팅으로 불리며 Big Room이라고 불리는 큰 방에서 프로젝터를 통해 BIM 모델을 조율하는 것이 일반적이다.

조율미팅 시 각 참여자간 디자인한 모델을 통합한 통합 BIM 모델이 프로젝터 화면을 통해 공유되고 간섭제거를 위한 디자인 협상들이 이루어진다. 시공간섭뿐 아니라 작업자 안전, 기계 운영에 따른 문제, 시공 시 법규적인 문제, 환경문제 등도 검토된다. 앞서 언급된 지표는 외부적으로 바로 들어나는 것이기 때문에 기록이나 관찰을 통해서 쉽게 확인할 수 있는 것들이다.

이렇게 확인되고 팀간의 조율된 결과를 재작업제거와 같은 지표를 만들어 엑셀시트에 횟수를 입력하면 된다(*주: 본 장의 부록으로 제공된다).

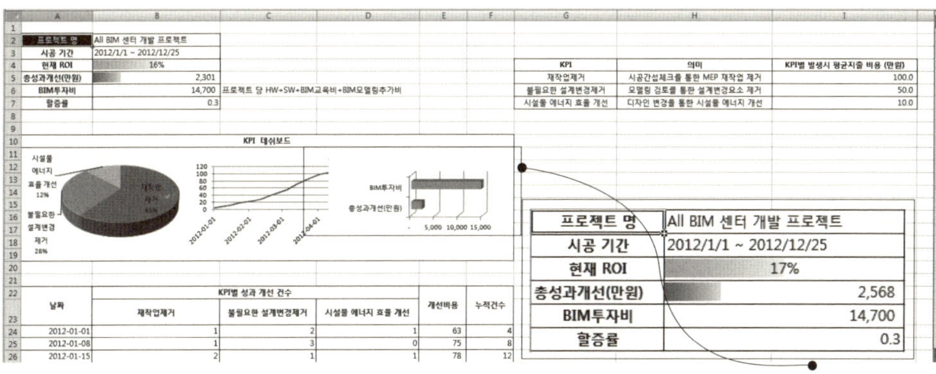

그림. C-Design 성과측정도구

이 지표로 ROI를 계산하는 방법은 전 장에서 “시공 BIM활용시 할증률 표 예”를 통해 설명하였다. 이를 참고해 다음과 같은 간단한 성과평가도구를 개발하고 미팅 시 측정해본다. 측정된 것은 이력정보로써 기록을 남겨야 차후 데이터베이스로써 활용을 할 수 있다.

현장의 상황은 매우 급하게 돌아가기 때문에 이런 지표를 기록할 시간이 없는 경우가 많다. 회의록이라도 기록하면 이런 지표는 회의록을 통해 추출할 수 있고 그것도 어렵다면 캠코더, 녹음기로 녹음하는 것도 도움이 된다. 다만 수집된 정보를 현장여건이나 생산성 개선에만 활용할 것이라는 믿음이 바탕되어야 가능하다.

Collaborative architecture design with BIM

BIM 기반 건축 협업 디자인

3. 기본 디자인

3. 기본 디자인

3.1 개요

지금까지 교재를 따라 진행하였다면 BIM 수행계획서가 제출되고 BIM 기반 협업적 디자인에 대한 이해를 바탕으로 BIM 수행팀이 준비되었을 것이다.

발주자의 요구사항을 분석하여 건축 디자인에 관한 구상을 다양한 방법을 이용해서 한다. 그리고 기본 디자인을 시작해 본다.

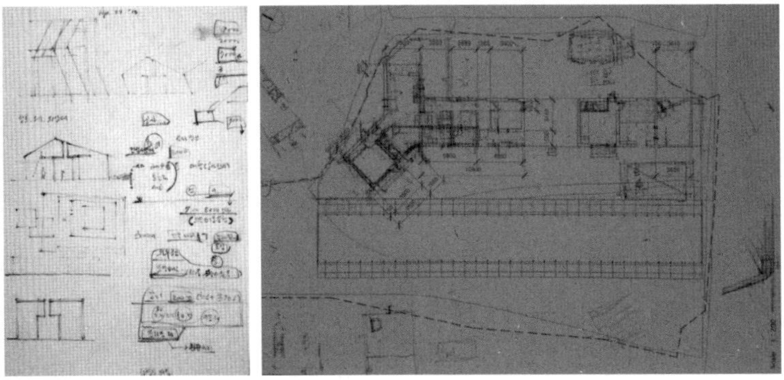

그림. 디자인 전 스케치를 통한 구상(발주자 요구사항과 건축가의 디자인 철학을 반영한다. 김호중. 2011)

기본 디자인에서는 발주자 요구사항에 따라 다음과 같은 것을 디자인한다(*주: 건축 프로세스는 발주방식, 사업 주체 등에 따라 다를 수 있다). 디자인은 발주자의 요구에 맞춰 몇 개의 대안으로 만들어 효과적으로 프리젠테이션하거나 제안할 수 있도록 해야 한다. 이 과정에서 기본적인 수량산출과 견적이 도출되고 건설비용의 타당성을 예측할 수 있다. 이런 작업은 보통 발주자 요구사항 만족을 위한 많은 협의 과정을 포함한다.

1. 스페이스 프로그램
2. 지형 디자인
3. 매스 디자인을 포함한 건축화 작업
4. 공간분석
5. 환경분석

가장 먼저 접할 BIM 소프트웨어는 가상건설의 사실상 플랫폼 역활을 하는 Revit Architecture(이하 Revit)이다. Revit은 건축설계사무소에서 다루어질 내용 전반을 맡게 되며, 건축설계사무소에서 만들어진 도면을 갖고 시공을 하듯이 Revit을 통해 구축된 BIM 모델링 기초데이터는 가상시공 과정 전반에 거쳐 활용될 다양한 BIM 관련 툴과 상호연계된다. 이 과정에서 후속 프로세스가 진행될 때마다 Revit은 해당 툴과의 상호연계를 위해 끊임없이 업데이트되며, BIM 데이터의 생애주기를 따라 건물의 철거까지 관여하게 된다.

이러한 이유에서 플랫폼으로서의 BIM툴이라는 성격상 전 프로세스에 거쳐 Revit이 설명되어야 옳겠으나, 책에서는 설명의 편의를 위해 '3장-기본디자인'에 일괄하여 설명하는 것으로 대신한다. 즉, 3장은 Revit을 다루는 장으로서 대지분석, 매스모델링, 건축화작업, 도면화 등 Revit이 건축설계사무소에서 하는 일들의 대부분을 설명하였다.

이어서 4장-상세디자인에 엔지니어링, 또는 샵드로잉에 대응하는 프로세스로 배치하였으며, 실제 시공 단계에 해당하는 바를 5장-시공디자인으로 구분하였다.

본 프로젝트의 지역, 지구는 도시지역, 제2종 일반주거지역(7층이하)로 하였으며 최고고도지구(16m), 제1종 지구단위 계획구역으로 하였다. 이외 요구사항은 다음과 같이 가정하였다.

표 3-1 면적 요구사항

항 목	내 용
대지면적	3055㎡(약1000평)
용도	업무시설
구조	철골 + 철근콘크리트
규모	지상 6층, 지하1층
건축면적	1826.54㎡
연면적	6081.65㎡
건폐율	59.7%(법정 60%)
용적률	198.1%(법정 200%)

공간계획은 설계단계에서 마스터 플랜 작성과 초기 디자인 작업, 에너지 분석을 위한 사전 데이터, 스케줄링 검토, 물량산출, 공간 프로그램, 비용 등 보고서 작성용 BIM 데이터로 활용, 동선 검토(Path-Finding) 등을 위해 활용한다. 이를 모델링하기 위해 Onuma Planning System, ECotect, dRofus 등을 활용할 수 있다.

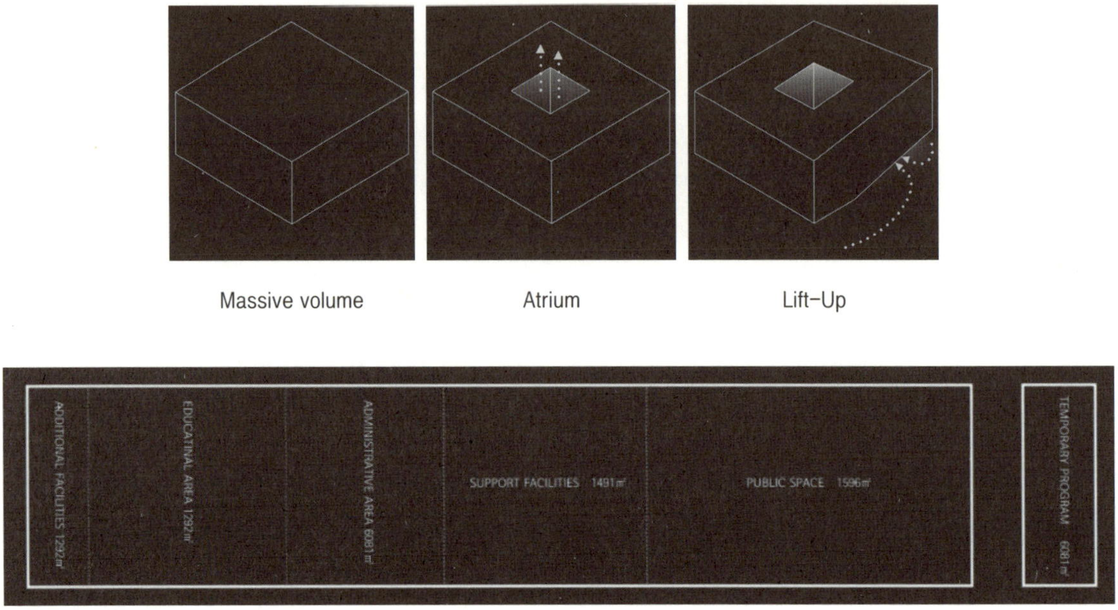

그림. 매스디자인 개념 스케치

3.2 지형생성

개요 정리가 되었다면 지형부터 모델링을 시작해 보겠다.

Revit으로 지형을 생성하기 위해선 CAD 지형파일이 필요하다. 따라서, 다음 그림처럼

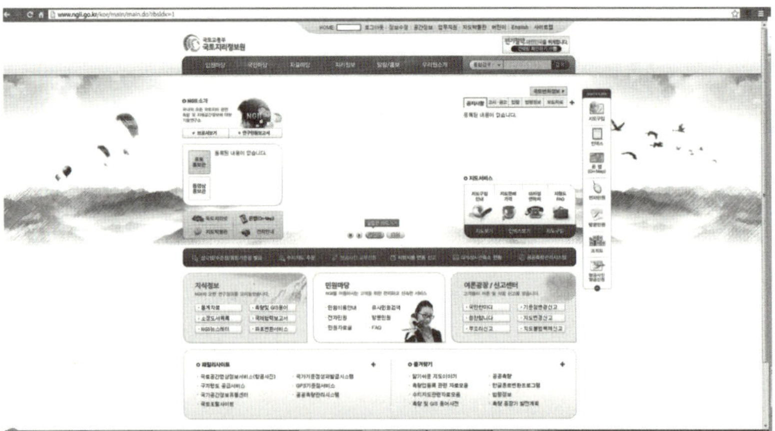

국토지리정보원(www.ngii.co.kr)에 접속해서 수치지형도를 다운받아보도록 하겠다(*주: 업데이트를 통해 시스템 화면이 변경될 수 있다. 대부분 메뉴는 변경되지 않으므로 화면이 달라졌을 경우 확인해 시도하도록 한다). 홈페이지에 지도서비스에서 인덱스 보기를 클릭한다.

그리고 인덱스 서비스 바로가기를 클릭하면 다음 그림과 같이 창이 뜨게된다. 여기서 대지주소인 '서울특별시 종로구 적선동 13-1'이라고 입력하고, 지도선택에서는 수치지도를 선택, 인덱스 부분에는 1:5000의 축적을 선택하고 검색한다. 그러면 화면에 서울069 / 37608069 라는 숫자가 보일 텐데 이 숫자를 잘 기억해 두면 된다.

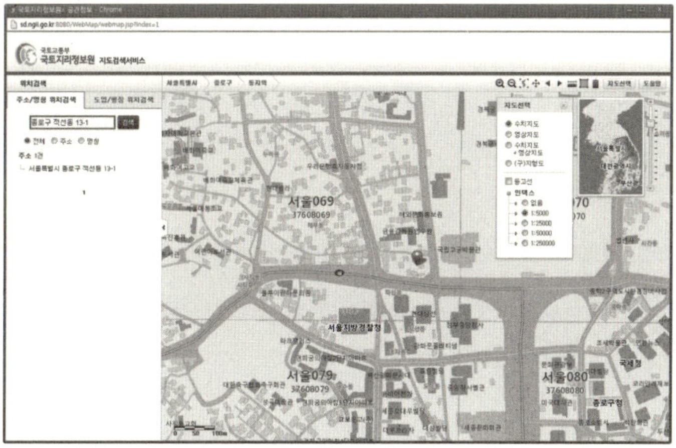

그리고 다시 국토지리정보원의 홈페이지 첫 화면에 수치지도 주문을 클릭하면 다음의 창이 각각 뜨게 된다. 그때 수치지도를 클릭하고 축적은 1:5000을 선택한다. 추가선택사항에서는 직접 도엽선택을 클릭한다.

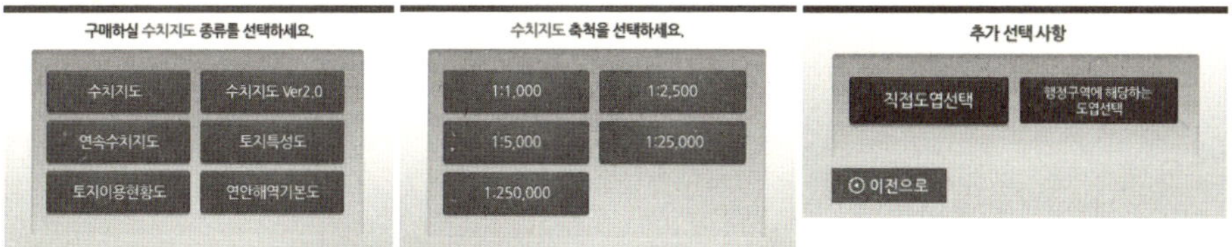

그리고 난뒤 행적구역에 시도는 서울특별시 시군구에는 종로구를 선택한 뒤 다음단계를 클릭한다. 지도를 줌인해서 도엽선택을 클릭한뒤 서울069 / 37608069 부분을 드래그한 뒤 주문서 작성 클릭후 주문등록을 한다.

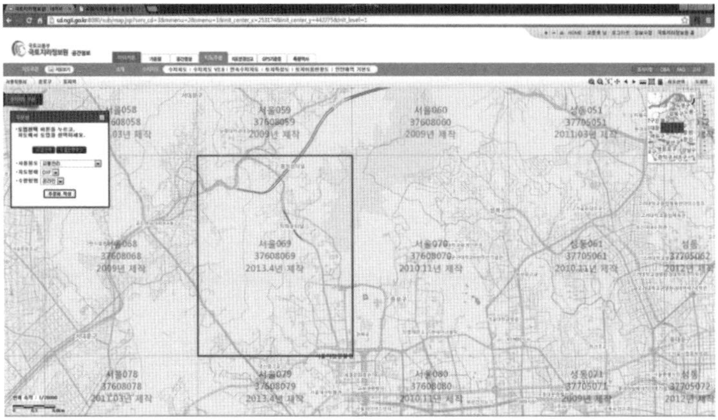

주문서 작성 후 결제가 완료되면 다음 그림처럼 처리내역에서 수치지형도를 다운받을 수 있다. 단, 결제 후 다운로드가 바로 되진 않고 일정 시간이 지난 뒤에 다운로드가 가능하다. 상황에 따라 다르지만 보통 30분 내외이다.

국토지리정보원에서 구매한 수치지형도를 캐드로 열면 다음 그림과 같이 되어있는 것을 볼 수 있으며, 캐드파일에서 등고선 레이어, 도로 레이어의 이름을 미리 확인 하도록 한다. 이유는 이후 다뤄지는 내용에서 알 수 있으며, 등고선 레이어 이름은 F0017111 , F0017114 도로 레이어의 이름은 A0013110 이다.

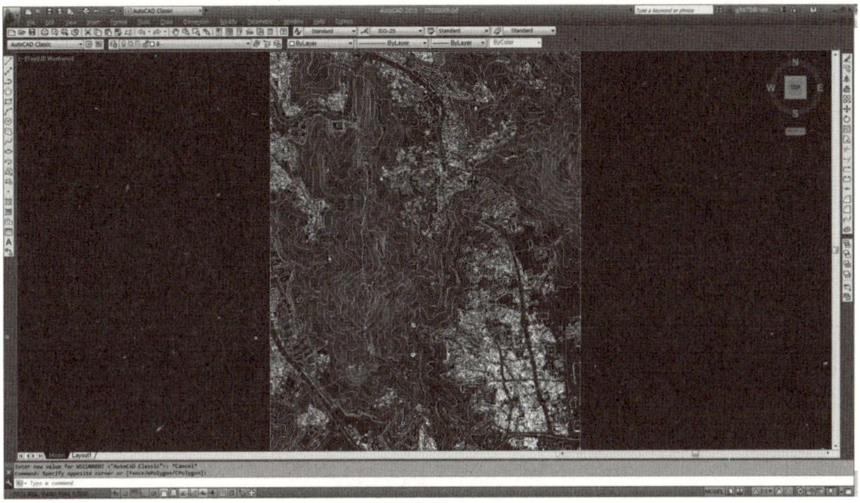

이제는 수치지형도를 레빗으로 불러오는 작업을 해 보겠다. 먼저 Road_Topography Start.Rvt 파일을 레빗으로 실행한 뒤에 다음 그림을 참고해서 상단메뉴의 삽입에 CAD가져오기를 클릭한다.

다음 그림과 같이 창이 뜨면, 수치지형도가 있는 폴더에서 파일형식은 DXF, 가져오기 단위는 미터로 설정하도록 한다. 항상 가져오기 단위는 캐드파일의 작성 단위와 똑같이 설정하도록 한다.

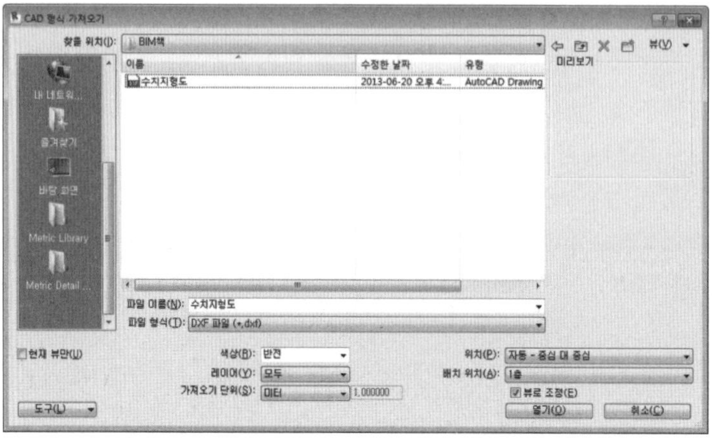

다음 그림은 캐드파일을 레빗으로 불러온 모습이다.

이제는 불러온 캐드파일을 가지고 지형을 생성해 보도록 하겠다. 다음 그림에서처럼 상단메뉴의 매스작업 & 대지에서 지형면을 클릭한 뒤 가져오기에서 작성에 가져오기 인스턴트 선택을 클릭한다.

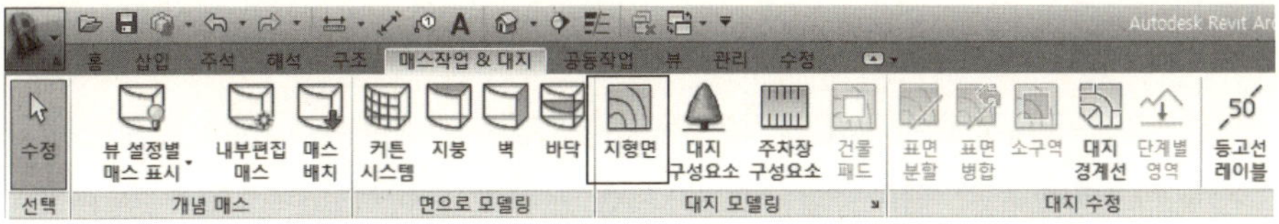

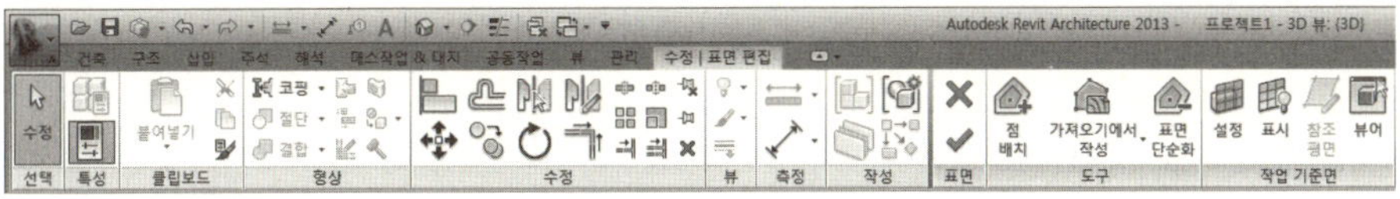

다음 그림과 같이 창이 뜨게 되면, 앞서 설명한 내용에서 캐드파일의 등고선 레이어의 이름만(F0017114,F0017111) 선택하고 확인을 누르면 지형이 완성되는 것을 볼 수 있다.

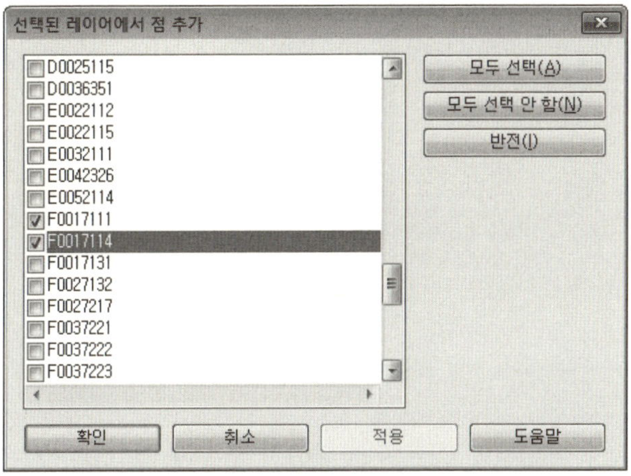

이번에는 생성된 지형 위에 도로를 만드는 방법에 대해 알아보도록 하겠다. 먼저 1층 평면도 뷰로 이동한 뒤, 다음 그림을 참고하여 상단메뉴의 뷰에서 가시성/그래픽을 클릭한 뒤, 가시성/그래픽 재지정 창에서 가져온 카테고리 탭을 선택한다. 그리고 수치지형도.dxf 하위 카테고리에서 도로 레이어인 A0013110을 제외한 나머지를 체크해제 하고 확인을 클릭한다.

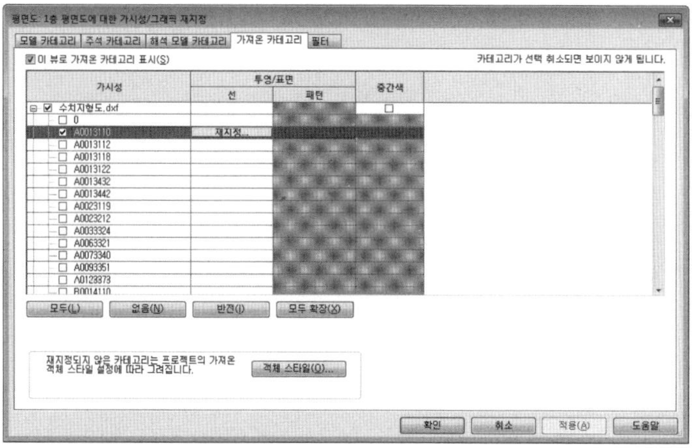

다음 그림처럼 도로 레이어만 남고 모두 숨겨진 것을 볼 수 있다. 매스작업 & 대지에서 소구역을 선택한다.

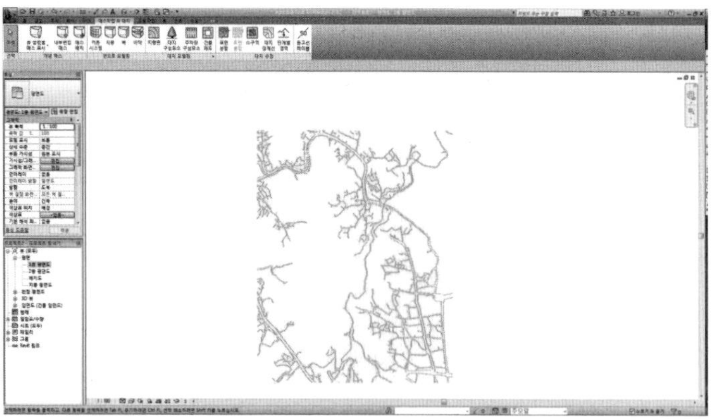

그리기 도구에서 선 선택모드를 클릭한뒤 도로선에 마우스를 갖다 대고 Tap키를 눌러서 선을 선택한다. 같은 방법을 이용해 필요한 부분까지 선택한다. 선 선택이 끝난 후 다음 그림처럼 선과 선이 끊어진 부분은 그리기 도구를 이용해 이어준다.

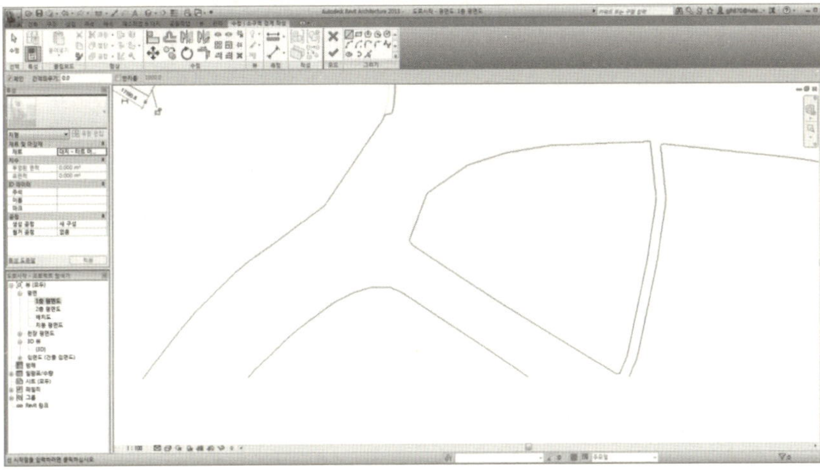

이어서 도로의 재료를 설정하겠다. 재료 및 마감재에서 재료를 클릭해서 재료탐색기를 열고 다음 그림처럼 아스팔트로 검색한 뒤 재료를 선택하고 확인을 눌러준다. 그리고 소구역 경계작성을 완료한다. 완료를 클릭한 뒤 경고창이 뜨는 경우 표시를 클릭해서 문제가 있는 위치로 이동하여 선이 끊어져 있는지 겹쳐 있는지 등 문제점 확인 후 수정한 뒤 완료할 수 있도록 한다.

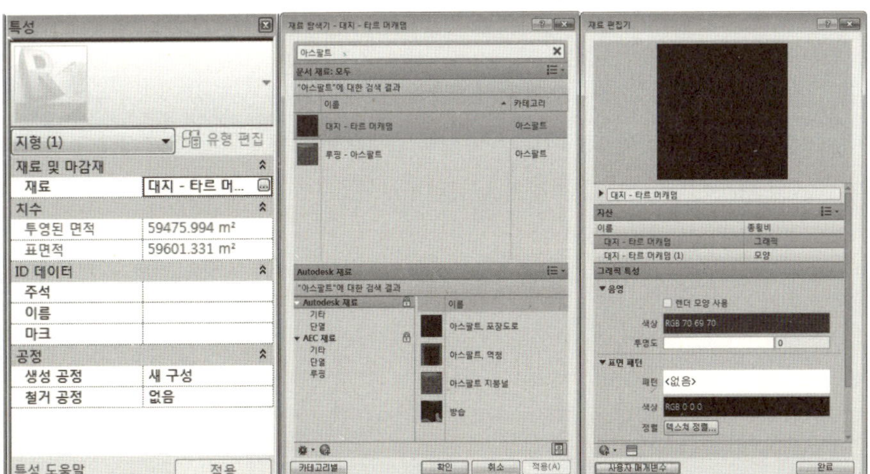

다음 그림은 사이트 '서울특별시 종로구 적선동 13-1' 일대에 도로를 작성한 결과물이다.

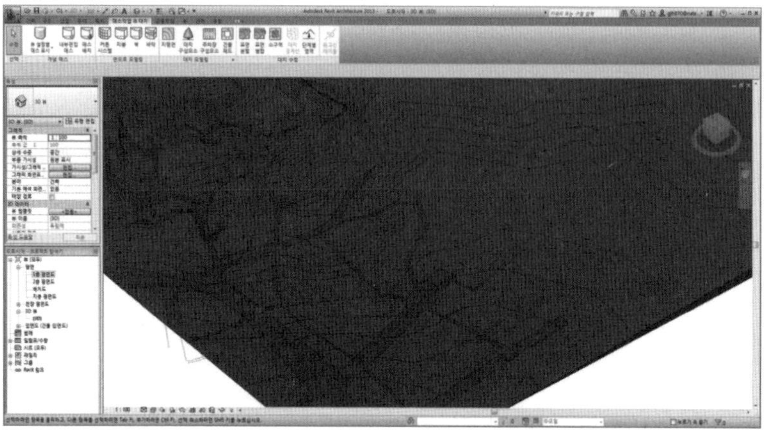

3.3 매스 디자인

이번에는 건물 매스를 다양하게 만들어보고 설계옵션을 통해 여러 가지 대안을 검토해 보도록 하겠다. 먼저 Mass Start.Rvt 파일을 열고, 다음 그림처럼 관리탭에서 설계옵션을 클릭한다.

다음 그림과 같이 창이 나타나면 옵션세트 1의 이름을 'Mass Design'이라고 수정하고 창의 오른쪽에 옵션에서 새로만들기(W)를 클릭해서 옵션3까지 생성한뒤 옵션 1,2,3 의 이름을 'Alt-1, Alt-2, Alt-3'으로 수정하고 닫기를 클릭한다.

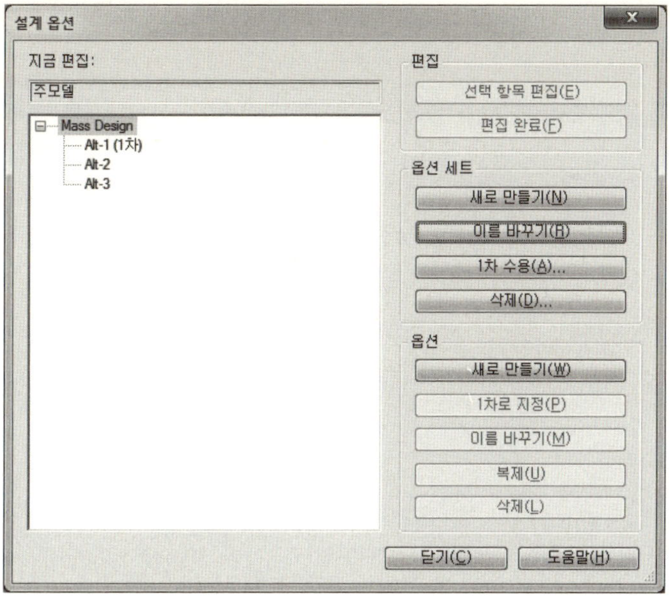

다음 그림처럼 관리탭에 설계옵션에서 Alt-1(1차)를 클릭한 뒤, 매스작업 및 대지 탭에서 내부편집 매스를 클릭하고. 이름을 'Alt-1' 이라고 설정한다.

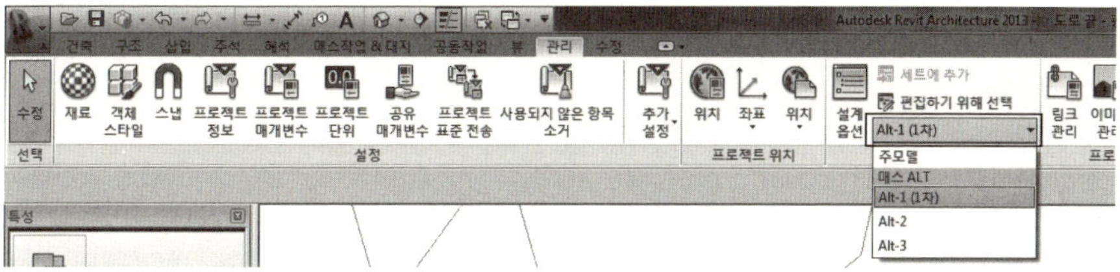

다음 그림을 참고하여 평면에서 그리기 도구툴로 이용하여 원을 그린 뒤에 3D 뷰에서 원을 클릭한 뒤 양식작성을 클릭하고 솔리드양식을 선택하면 원기둥으로 생성된다. 이어서 같은 방법으로 평면에서 원기둥 안에 작은 원을 그린 뒤 원을 선택후 솔리드양식 작성을 클릭한 뒤 매스완료를 클릭한다. 그러면 도넛형태의 매스가 만들어진다.

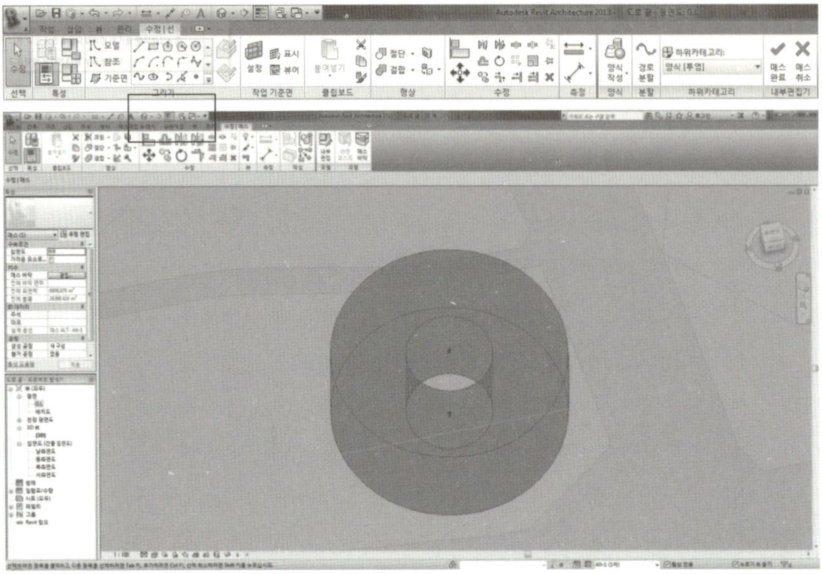

위와 같은 방법으로 설계옵션의 Alt-2와 Alt-3 각각 매스를 만들어주면 된다. 그리고 마음에 드는 형태의 매스 Alt를 설계옵션에서 1차로 지정해 준다. 다음 그림은 설계옵션을 이용한 다양한 매스형태를 스터디해본 결과이다.

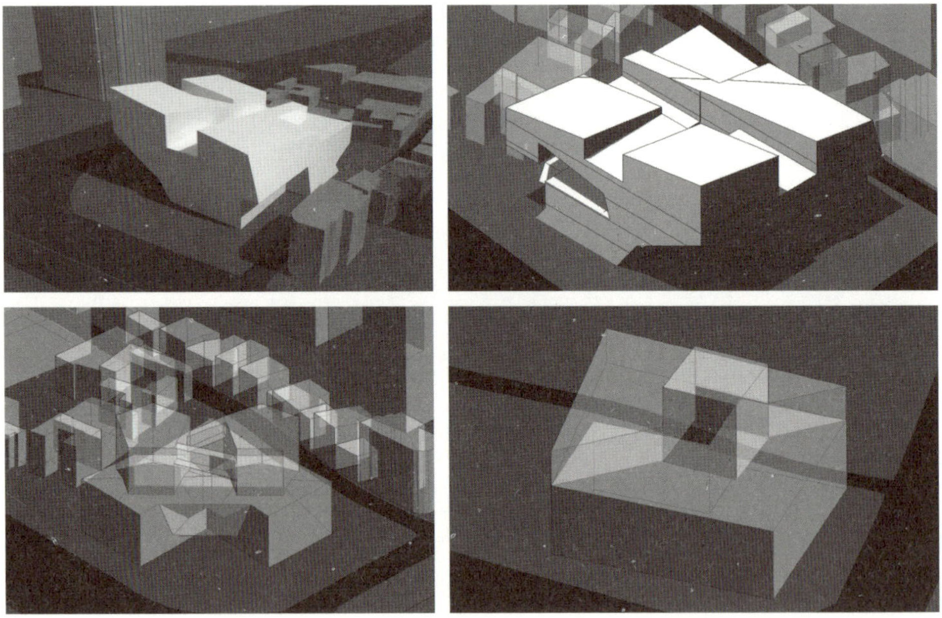

다양한 매스 형태중 하나의 디자인을 완전히 결정했다면, 설계옵션에 옵션세트를 1차로 수용을 클릭한 뒤 결정된 매스만 남기도록 한다. 그리고 다음 그림의 매스를 를 바탕으로 건축화 작업을 진행하고 더 나아가 Onuma와 Vasari를 활용할 수 있다.

입면도에서 레벨을 추가 해보겠다. 다음 그림을 참고하여, 건축탭에서 레벨을 클릭해서 입면도 뷰에서 추가 하고 레벨 이름을 수정한 뒤 높이를 4000mm 간격으로 복사해서 총6층 바닥까지 생성한다.

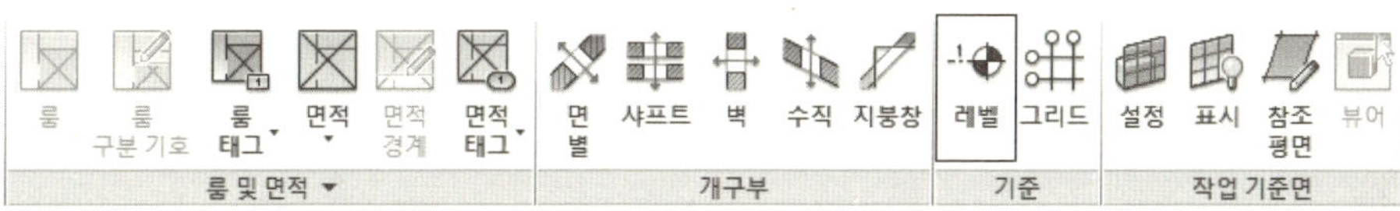

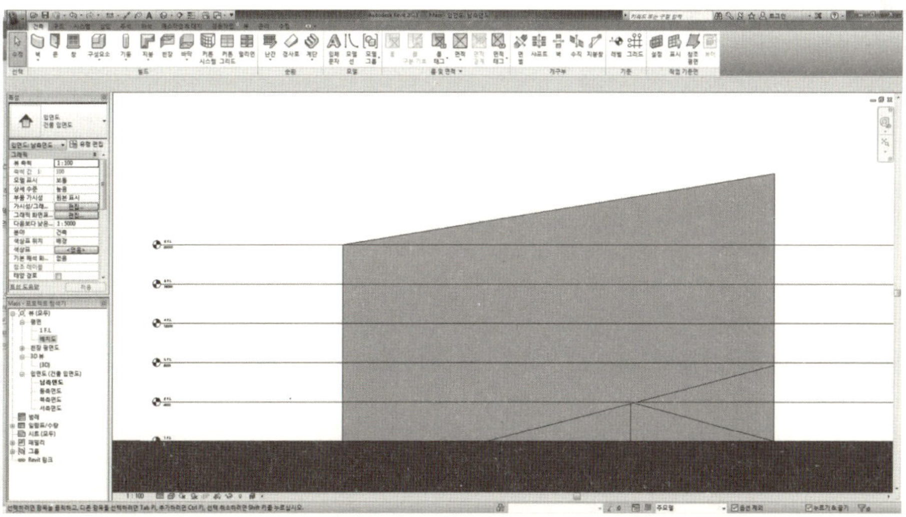

이번에는 평면도 뷰를 추가해 보도록 하겠다. 뷰탭에서 평면뷰에 평면도를 클릭하면 다음 그림처럼 창이 나타나면 모든 레벨을 선택후 확인을 클릭한다.

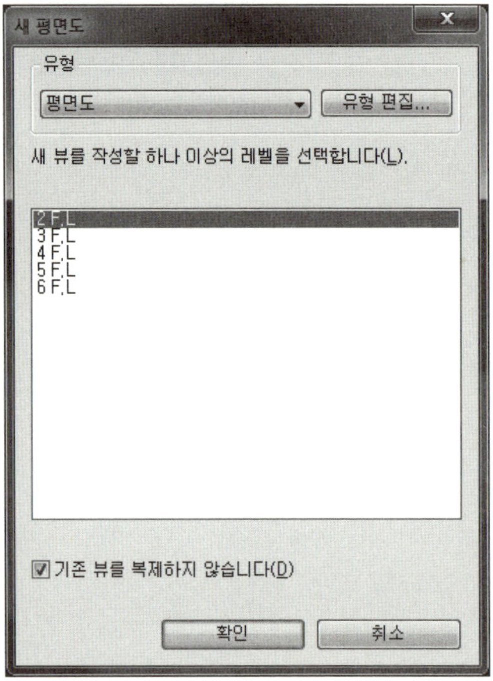

이제 매스바닥을 작성해 보도록 하겠다. 먼저 매스를 클릭한 뒤 화면 상단에 매스바닥을 클릭한 뒤 1층부터 6층바닥까지 체크한 뒤 확인을 누르면 각층의 레벨에 맞게 바닥이 생성된다.

이번에는 다음 그림을 참고하여 면적검토를 위한 매스바닥 일람표를 생성해 보도록 하겠다. 먼저 화면 왼쪽에 프로젝트 탐색기에서 일람표/수량에 마우스 오른쪽 버튼을 클릭하고 새일람표/수량..을 클릭한다. 새 일람표 창이 나타나면 카테고리에서 매스의 매스바닥을 선택한 뒤 확인을 클릭한다.

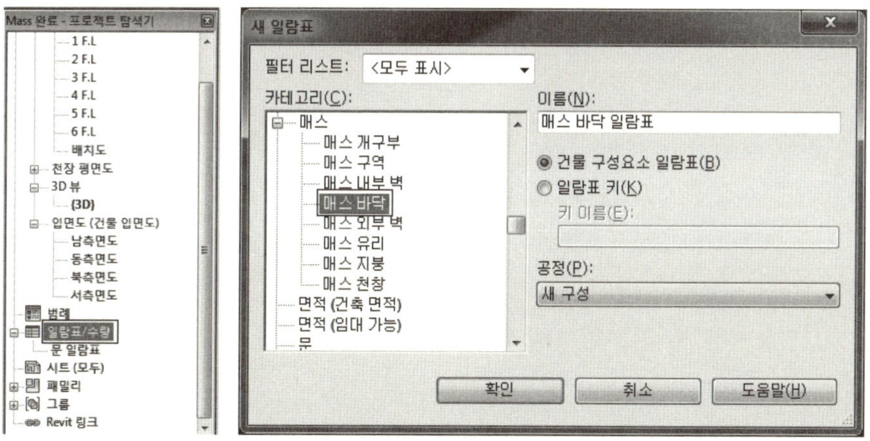

이어서 일람표 특성창에서는 사용 가능한 필드에서 레벨과 바닥면적을 선택해서 추가를 클릭한 뒤 확인을 누르면 다음 그림과 같이 매스 바닥 일람표가 생성되며 각 층의 바닥 면적을 확인 할 수 있다.

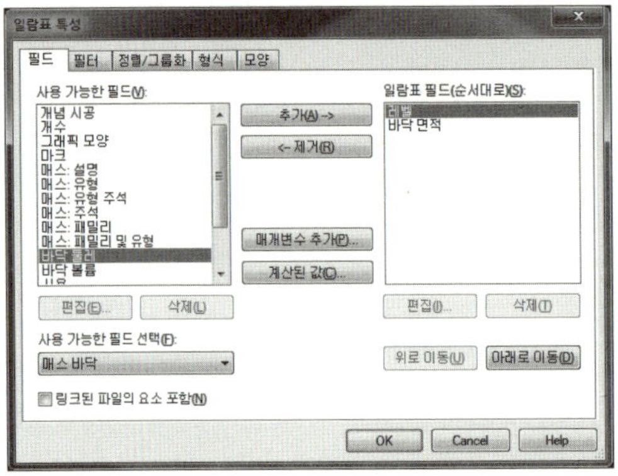

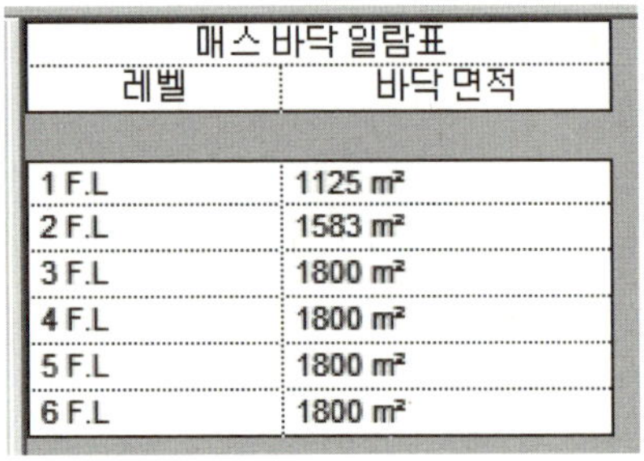

매스 바닥 일람표	
레벨	바닥 면적
1 F.L	1125 m²
2 F.L	1583 m²
3 F.L	1800 m²
4 F.L	1800 m²
5 F.L	1800 m²
6 F.L	1800 m²

3.4 건축화 작업 – Revit

3.4.1 실습

이번에는 앞에서 만든 매스를 바탕으로 건축화 작업을 진행해 보도록 하겠다.

먼저 Architecture Modeling Start.Rvt 파일을 열고, 매스작업 & 대지 탭에서 바닥을 클릭한다.

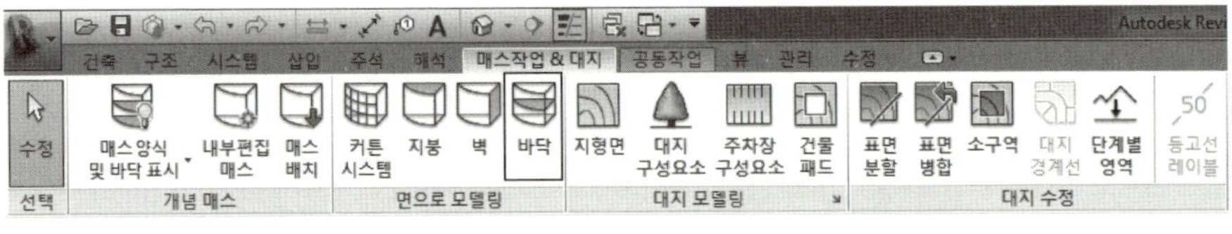

다음 그림을 참고하여, 화면 왼쪽의 특성창에서 유형편집을 클릭한 뒤 유형특성에서 복제를 한 뒤 이름을 일반200mm로 바꾸도록 한다.

이번에는 다음 그림을 참고하여 생성될 바닥의 두께와 재료를 바꿔보도록 하겠다. 유형특성에서 구조에 편집을 클릭한뒤 조합편집에서 두께를 200으로 바꾸고 재료는 콘크리트로 설정한 뒤 확인을 클릭한다.

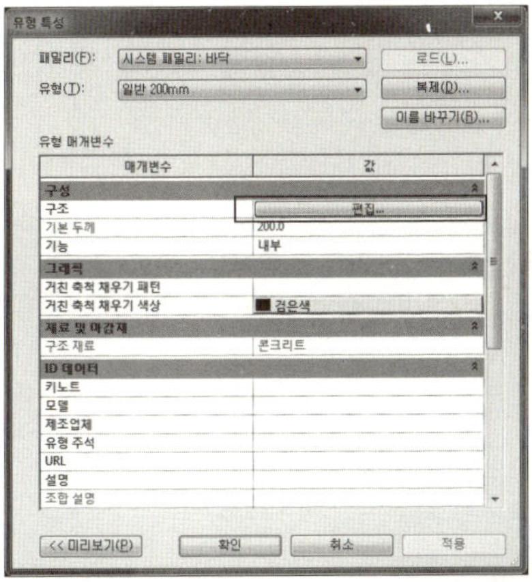

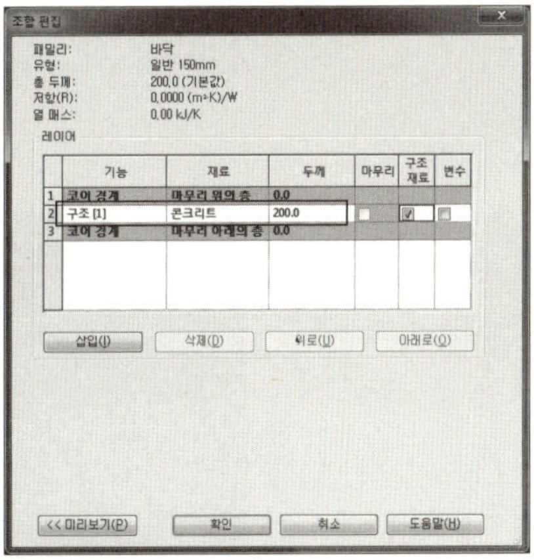

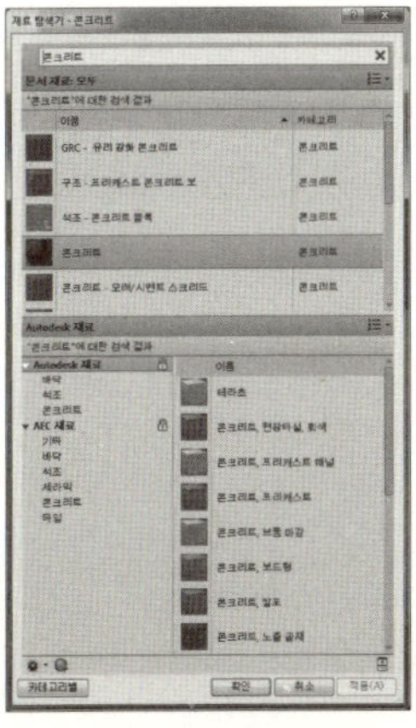

3D 뷰에서 다중선택을 이용하여 매스 바닥면을 모두 선택한 뒤에 바닥작성을 클릭하면 다음 그림처럼 면으로만 되어있던 바닥이 200mm의 두께를 가진 바닥으로 생성된다.

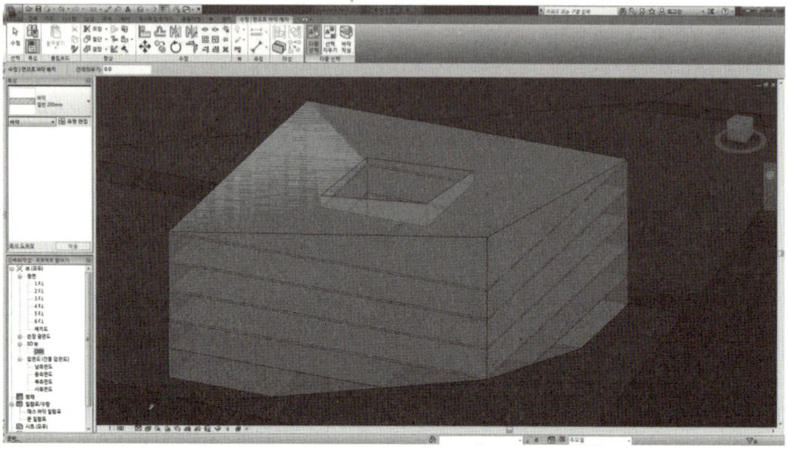

이번에는 커튼월과 벽을 생성해 보겠다. 매스작업 & 대지 탭에서 벽을 클릭한 뒤 화면 왼쪽 특성창에 벽을 커튼월로 바꿔준 뒤 면을 선택하면 다음 그림과 선택한 면이 커튼월로 바뀌게 된다.

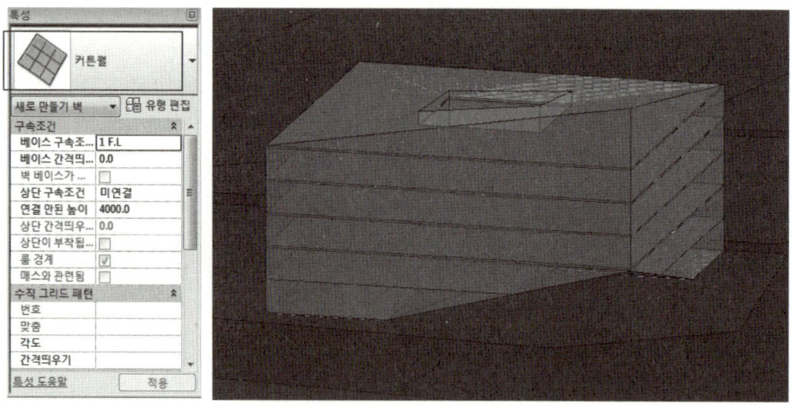

다음 그림을 참고하여 생성된 커튼월의 일부분에 콘크리트 벽체 생성 및 커튼 그리드를 이용하여 커튼월 멀리언을 생성해 보도록 하겠다. 건축탭에서 커튼 그리드를 클릭한 뒤 입면도에서 커튼월의 3 F.L 위치에 그리드를 생성한다.

다음 그림을 참고해 커튼월면의 하부 모서리에 마우스커서를 가져다 놓고 키보드의 Tap 키를 이용해서 커튼월의 하부면 만을 선택한다.

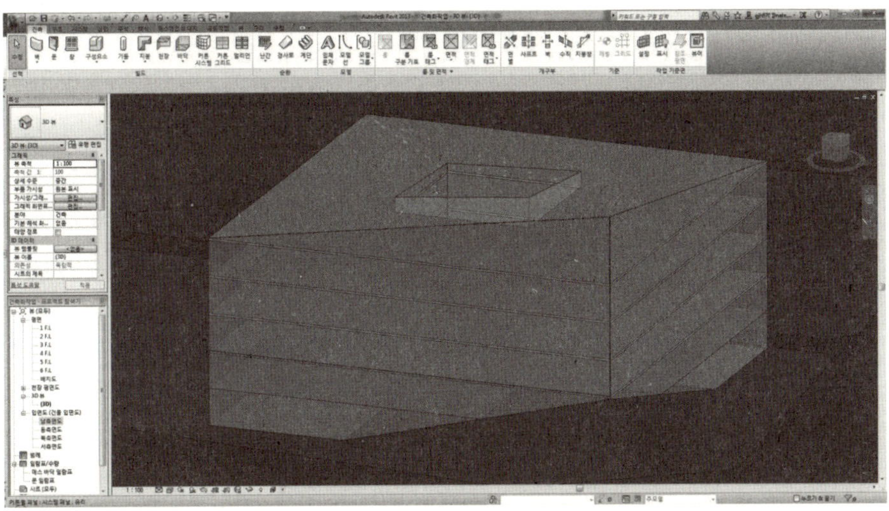

선택된 커튼월의 면을 콘크리트 벽체로 바꾸도록 하겠다. 화면 왼쪽 특성창에서 시스템 패널 유리를 기본벽 일반- 200mm로 바꾸면 다음 그림과 같이 벽체가 생성된다.

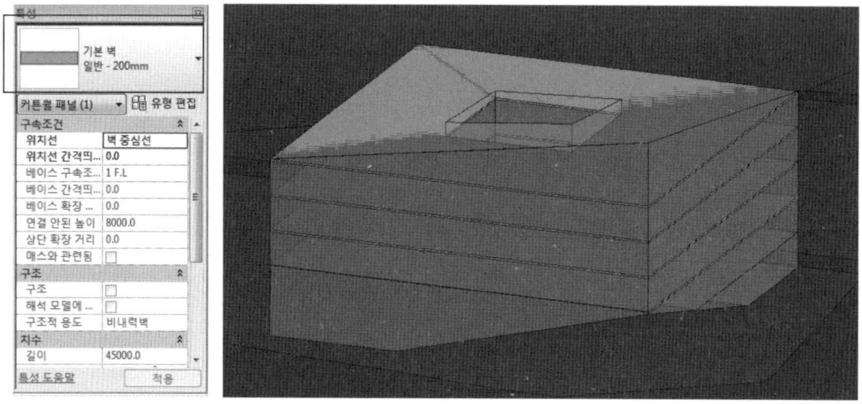

이전과 마찬가지로 이번에는 커튼월면의 상부면을 클릭한 뒤 시스템 패널유리를 커튼월로 변경한 뒤 유형편집에서 커튼월 900x2100이라는 이름으로 복제를 한다. 그리고 수직 그리드패턴에 배치는 고정거리 간격은 900 , 수평그리드 패턴도 배치는 고정거리 간격은 2100으로 설정하고 확인을 클릭한다. 그러면 커튼월면에 커튼그리드가 900X2100 간격으로 생성된 걸 볼 수 있다.

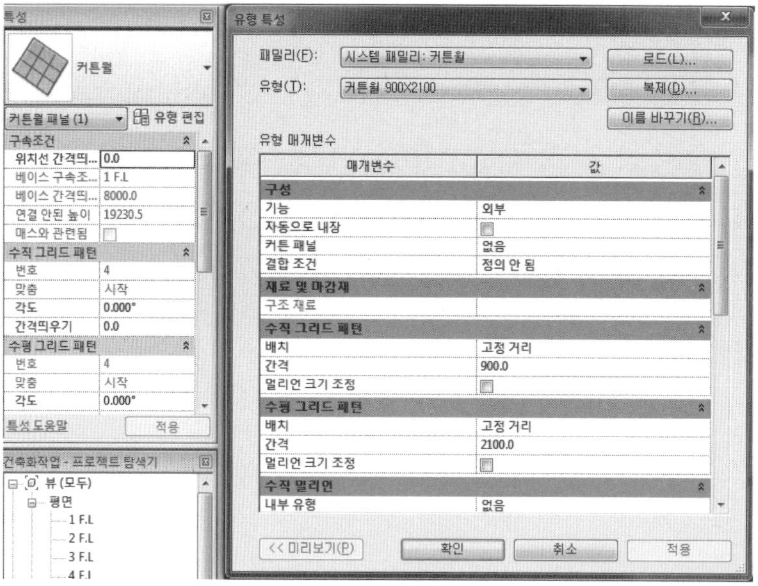

이번에는 생성된 커튼그리드에 멀리언을 생성해 보도록 하겠다. 건축탭에 멀리언을 클릭한뒤 모든 그리드선을 선택하고 화면에 커튼그리드를 선택하면 다음 그림과 같이 멀리언이 생성된 것을 볼 수 있다. 그리고 위와 같은 방법들로 매스의 나머지 면들도 완성해 준다.

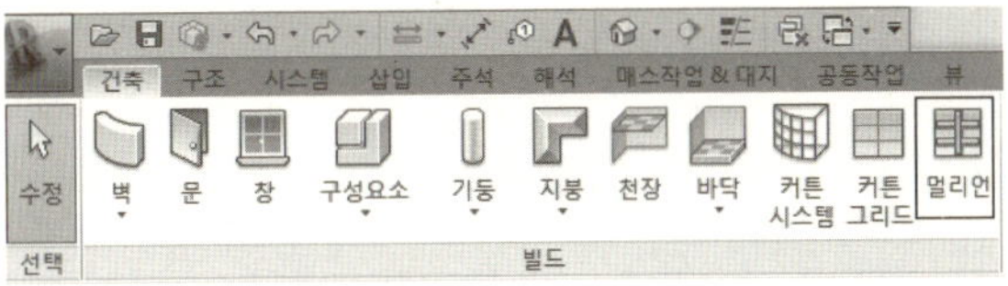

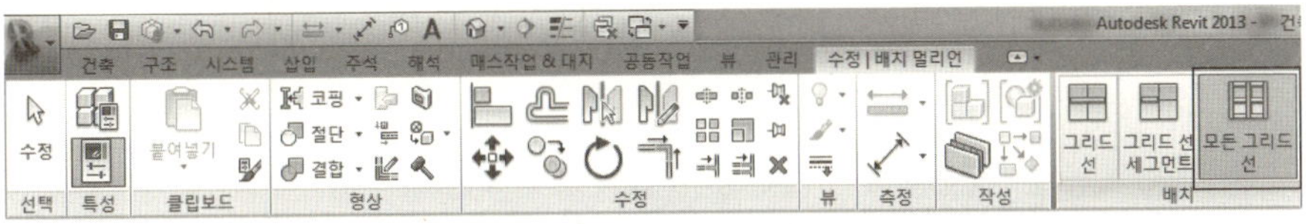

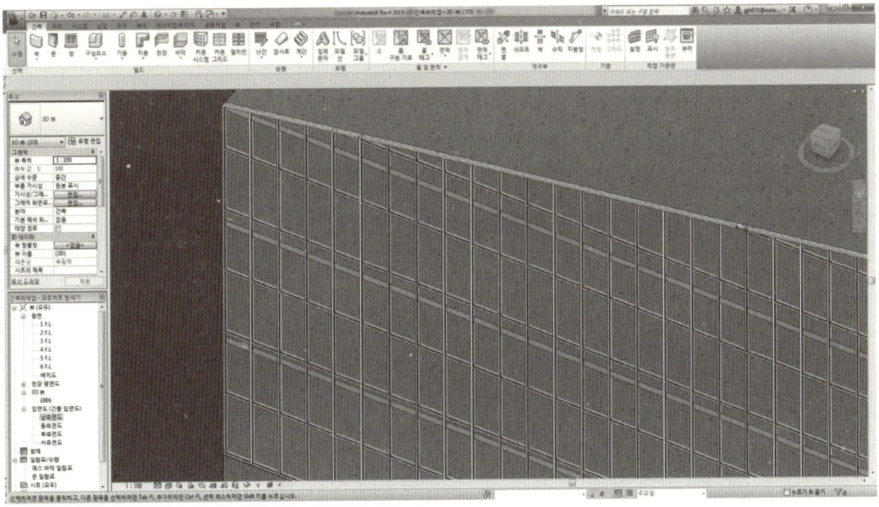

이번에는 지붕을 생성해 보도록 하겠다. 매스작업 & 대지 탭에서 지붕을 클릭한다. 화면 왼쪽의 특성창에서 유형편집을 클릭한 뒤 지붕-500mm 라는 이름으로 복제를 한 뒤 구조에 편집…을 클릭하고 조합 편집창에서 삽입을 이용해 마감재와 하지재를 추가한다. 그리고 재료 및 두께는 다음 그림과 같이 설정한 뒤 확인을 누르고 지붕면 선택후 지붕작성을 클릭해서 지붕을 생성한다.

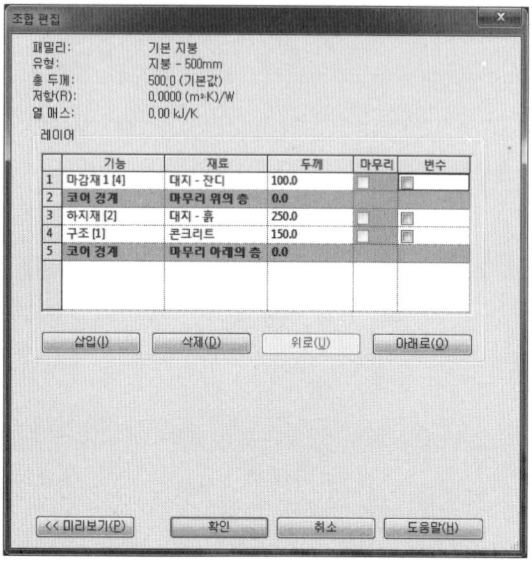

다음 그림은 매스를 이용한 건축화작업을 진행한 결과이다. 매스를 통한 건축화 작업이 완료되면 매스작업 & 대지 탭에서 매스양식 및 바닥표시를 클릭해서 매스를 숨겨 주도록 한다.

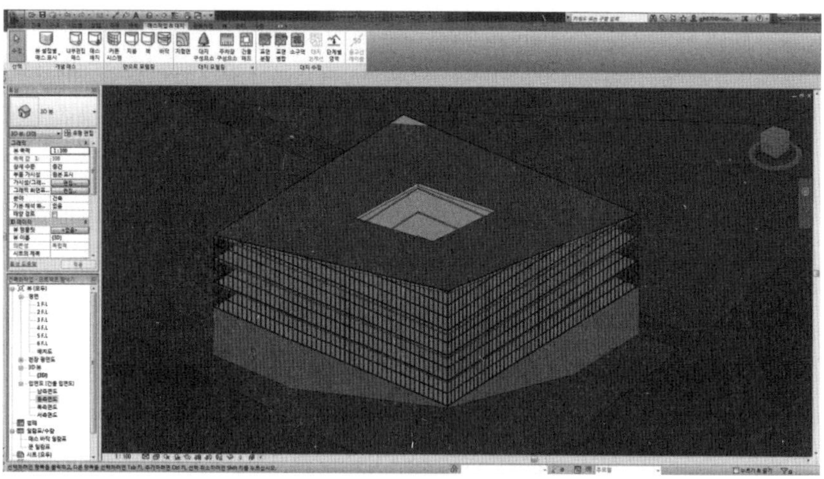

이와 같은 방식으로 기둥, 보, 기타 창과 문, 계단 등을 작성하는 것으로서 건축 기본 구성요소를 간단히 만들어 볼 수 있다. 이렇게 만들어진 건축 모델링은 이어지는 장에서 소개되는 다양한 툴에서 다루어질 작업의 기초자료로 활용된다.

3.4.2 결론

이밖에도 Revit에는 간섭체크, 일조검토, 공정, 수량산출, 렌더링, 동영상추출 등 다양한 기능을 갖고 있다. 이런 추가 기능들은 사실 Revit의 주 역할은 아니고, 해당하는 각각의 전문 BIM 툴이 별도로 존재한다. 예를 들어 ONUMA, NavisWorks, Vasari, Vico, Lumion 등이며 이를 다음 장부터 다루어 보도록 한다.

3.5 공간 분석 - ONUMA system

3.5.1 개요

ONUMA는 Kmon Onuma가 설립한 건축 커뮤니티이며, 1972년에 시작되었고 미 정부를 위한 서비스와 민간 컨설팅 서비스를 제공하고 있다. 이 커뮤니티는 10년 전에 커뮤니티 철학을 '건축과 기술의 통섭'으로하여 시작되었으며 건축과 소프트웨어 공학 기술의 융합을 통해 발전되기 시작하였다.

ONUMA 커뮤니티는 건축에 필요한 유용한 도구를 만드는 것 뿐 아니라 이 도구를 직접 실무에 활용해 실무적으로 통합적 건축 디자인 개념으로 확장하고 이런 서비스를 지원하고 있으며 건축 사무소로써 컴퓨터와 같은 기술을 사용해 간소화되고 연속적인 작업 흐름을 만드는 방법을 찾고 있다.

ONUMA System은 2005년도 쯤에 개발되었으며 GSA(미국 조달청) BIM 지침에 사용되는 BIM 소프트웨어이다. 참고로 OGC(Open Geospatial Consortium)에서 진행된 OWS4 프로젝트를 통해 ONUMA System이 상을 받았으며, BIMStorm이란 세계적인 BIM 경진대회에서 핵심 엔진으로 사용되고 있다.

실시간으로 대규모의 BIM협업을 지원하며, ONUMA R&D팀은 건축과 프로그래밍을 융합하고 고객에 사용자화 된 솔루션을 지원하고 있다.

ONUMA 시스템 발전 순서를 살펴보면, 1990년에 Claris CAD란 건축 캐드 엔진을 개발하고, 2000년에 GDL Allliance를 만들었으며, 2001년에 웹기반 온라인 건축 부재 카탈로그 시스템 개발(BIM 라이브러리와 유사)하였다. 2002년에 AIA에서 'Out of the Box' 명예상을 수상하였고, 2004년 ONUMA system 런칭. 2005년 BIM 모델 서버 및 포털 개발을 하였다. 2006년 OGC에 가입, 2006년 GSA BIM 지침에 포함되고 2006년에는 BIM과 GIS통합 시험을 OGC에서 시연하였으며 이후 GSA, US Coast Guard 등 다수 기관에서 수상 및 활용되고 있다. SaaS 개념으로 웹서비스 오픈 API를 제공하고 현재 BIMStorm이란 세계적 BIM경진대회의 핵심 플랫폼으로 사용되고 있다. 현재까지 - BIMStorm② Hong Kong , Washington DC13514, Build Hospital Live Washington DC 등 30개 이상의 프로젝트 진행 중이다.

ONUMA 개발 이력을 보면 특이한 점이 있는 데 1990년대에 건축가들을 중심으로 컴퓨터 기반 솔루션, 예를 들어 캐드엔진, 계획 프로그램 등을 개발하면서 시작되었다는 점이고 또 다른 점은 플랫폼 개념을 지원하고 있다는 점이다.

2007 Onuma System -- the Industry's First Service-As-A-Software(SaaS) BIM

2007 Fiatech CETI Award for BIMStorm® Rotterdam

2007 Two AIA TAP BIM Awards for US Coast Guard Web Enabled BIM Projects and for Integrating BIM and Geospatial Data

2006 Fiatech CETI Award for USCG Planning System

2006 ONUMA Open Architecture™ defines open standards focus of ONUMA, Inc.

2006 Demonstrated BIM and GIS integration using Onuma System at OGC Testbed

2006 Implemented Web Feature Services using OGC Standards for BIM Models and data

2006 Onuma System included in GSA BIM Guide Appendix alongside Autodesk, Bentley and Graphisoft

2006 Added IFC out features to Onuma System

2006 Joined the Open Geospatial Consortium

2006 Published "AIA Report on Integrated Practice" chapter on "21st Century Practioner"

2006 Merged Onuma and Associates and Webscape to form ONUMA, Inc.

2006 Onuma System Import and export to various formats including Google Earth™

2005 Joined the Autodesk Developer Network

2005 Onuma BIM Model Server and Portal created

2004 Created link from ONUMA System™ to Desktop BIM using XML

2002 Object Genome Project receives AIA "Out of the Box" Honor Award

2001 Develop web-enabled online product catalog systems

2000 Formed the GDL Alliance

2000 Started the Web Enabled Planning System - ONUMA System™ School Planning System

1990 Implemented 2D CAD, Claris CAD

1991 Started using databases to manage information

ONUMA system의 장점은 웹기반 상호운용성(IFC, BIMXML, ARCGIS, REVIT, ARCHICAD 등 지원), 클라우드 환경을 지원한다는 것으로 다양한 이기종 데이터베이스(ODBC - Open Database Connectivity) 및 파일 연동(IFC, BIM XML 등)을 지원하고 GSA 등 정부조직 및 여러 회사에서 리포팅, 모델 정보 검토 등 용도로 활용되고 있다는 것이다. 단점은 단순한 모델링 및 검토만 가능하며 속도가 느리다는 것이다.

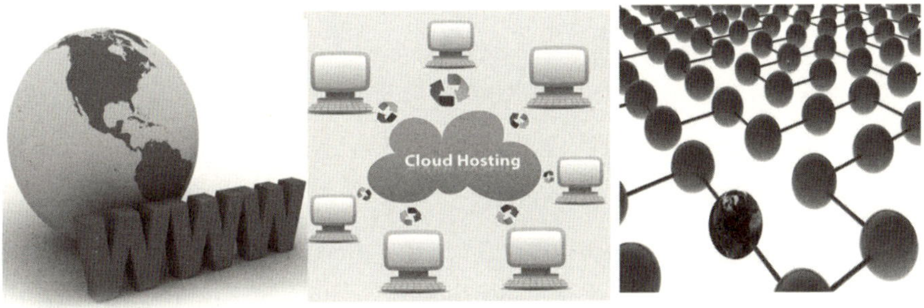

Based on Web **Cloud Computing** **Interoperability**

3.5.2 ONUMA system 아키텍처

GSA에서 ONUMA system을 사용하는 기능들은 ONUMA에 등록된 프로젝트에서 검증할 건물의 IFC를 생성한 후 제공되며, IFC의 스페이스 등 각 구성요소에 포함된 속성(코드 체계 이름 등)등이 GSA에 맞는지 자동 체크하는 기능 등도 지원하고 있다. 또한 GSA에 관련 업무에 필요한 리포트 등도 출력해 준다.

검증하는 기능은 대부분 다음과 같다.

GSA 스페이스 카테고리 프로그램 검증

GSA STAR Space Type

GSA STAR Space Category

GSA 스페이스 영역 검증

보안 / 예약 / 민간 / 프로젝트 영역 등

GSA 스페이스 입주 관리

입주 기관 코드

입주 하청 조직 코드

입주 대금 등 코드 관리

Cloud 시스템은 모델 사용량에 따라 관리하는 서버의 용량 크기가 자동으로 증설되고 분산된 저장소를 관리하는 시스템이다. 모델 서버는 다중사용자 계정 및 접속을 지원하며 Revit / Archicad Addin 오토메이션 및 IFC, KMZ(Google earth 파일 포맷), SKP(Sketchup 파일 포맷), Excel(속성 자료 입출력을 위한 엑셀포맷) 등을 지원하고, 사용자가 사용하고 보는 BIM 모델만 다운로드 함. 또한 3000유저 이상의 동시사용자를 지원(BIMStorm에서 실증함)하고 있다. 설치가 필요없는 SaaS방식이며 크로스플랫폼으로 윈도우, 리눅스, 맥 등 지원하며 이와 관련해 다양한 상 수상하였다.

BIM시스템은 BIM모델을 지원하며, GIS시스템은 OGC의 GIS모델을 지원하며 더불어 Google earth plugin을 통해 오토메이션 지원(Google earth pro와 ONUMA system이 연동해 정보를 주고 받도록 되어 있음)하고 있다.

모델 Import/Export는 다양한 관련 파일 포맷을 BIM시스템이나 GIS시스템에 전달해 서버를 통해 클라우드 시스템에 저장하고 관리할 수 있도록 지원하는 시스템이며, Report 생성기는 유저에게 필요한 리포트를 생성하는 기능을 지원한다.

Java script 기반 UI(User Interface)는 크로스플랫폼 기반 화면을 지원하여 윈도우, 맥, 리눅스뿐 아니라 스마트폰 모바일 환경에서 화면조작을 지원하고 있으며, SaaS는 하단 시스템의 기능들을 Open API로 지원하여 플랫폼을 이룸. 사용자 계정 접근 권한에 따라 사용할 수 있는 API를 제공하며, GIS정보를 위치 기반으로 쿼리(예 - 100미터 이내 건물들은? 1000미터 이내 시설물 들은? 등). 위경도 좌표 체계를 지원하고 OGC 표준을 지원한다.

이를 통해 다양한 응용 프로그램을 고객별로 개발해 제공하고 있다(예 - BIM Bomb, BIM Storm, VR System 등) BIM Bomb는 폭발해석 응용 프로그램, VR system은 실시간

건물 시설물 관리 및 에너지 관리 응용 프로그램(FMS, BEMS)이며 VROS(Virtual Real-time Operating Center System) 기반으로 동작하여 실시간으로 백 만개 이상 센서와 연동해 정보를 관리할 수 있다.

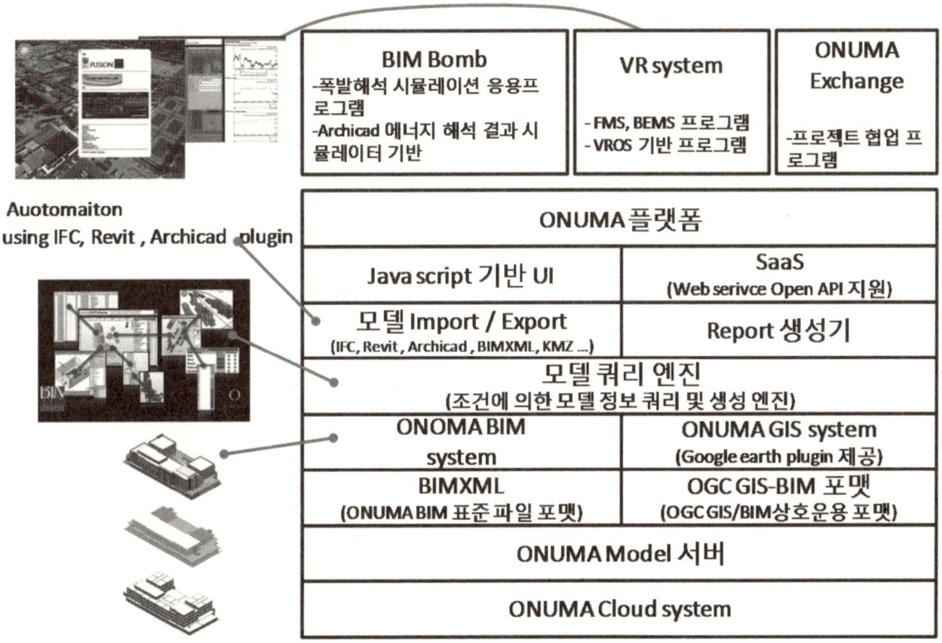

다음은 SaaS에서 지원하는 Web Serivce의 함수 목록 예이다. 여기서 4개의 함수를 보여주고 있으며 GET IFC, GET GML, GET KML/KMZ, GET COBIE2(시설물 관리에 활용되는 표준 포맷으로 최근 영국/미국 등에 광범위하게 확산되고 있음.)를 보면 BIM/GIS 모델에 대한 조건 검색이 가능하도록 WHERE조건 등을 지원하고 있음을 알 수 있다(조건에 맞는 해당 파일 포맷 데이터를 얻을 수 있음.).

GET IFC(Industry Foundation Classes):

http://www.iai-tech.org/products/ifc-overview

https://www.onuma.com/plan/webservices/wfs/onuma_wfs.php?SERVICE=WFS&VERSION=1.0.0&SECURITYTOKEN=0&REQUEST=GetIFCObject&TYPENAME=Building&OBJECTID=22_14

where OBJECTID = Building ID

GET GML(Geography Markup Language)

http://www.opengeospatial.org/standards/gml

where OBJECTID = Site ID

SHOWENVELOPE = 1 for enclosing buiding volumes and "0" to make spaces visible.

GET KML/KMZ (Google Earth) site with all buildings:

https://www.onuma.com/plan/webservices/wfs/onuma_wfs.php?SERVICE=WFS&VERSION=1.0.0&SECURITYTOKEN=0&REQUEST=GetKMLObject&TYPENAME=Site&OBJECTID=22_11&spacePoly=1

where OBJECTID = Site ID

and spacePoly=1 (i.e. spaces are visible and exposed in the model)

sitePoly=1 (show or hide site polygon)

parcel=1 (show or hide additional parcel polygons)

sketchPoly=1 (show or hide sketch polygons)

bldgPoly=1 (show overall building enclosure)

floorPoly=1 (show floor slabs)

spacePoly=1 (show space volumes)

spaceColorCoding=deptID (color code the spaces with the department settings)

GET COBIE2 (Construction Operations Building Information Exchange):

http://www.buildingsmartalliance.org/index.php/projects/cobie

sysID = short Studio Number

siteID = short Site ID

bldgID = short Building ID

다음는 앞의 웹서비스 API를 이용해 만들어진 BIM/GIS 모델 정보 쿼리 예제 화면(왼쪽)과 이런 기능을 만들 때 사용하는 모델 데이터 취득하는 일부 PHP코드(오른쪽)를 보여주고 있다.

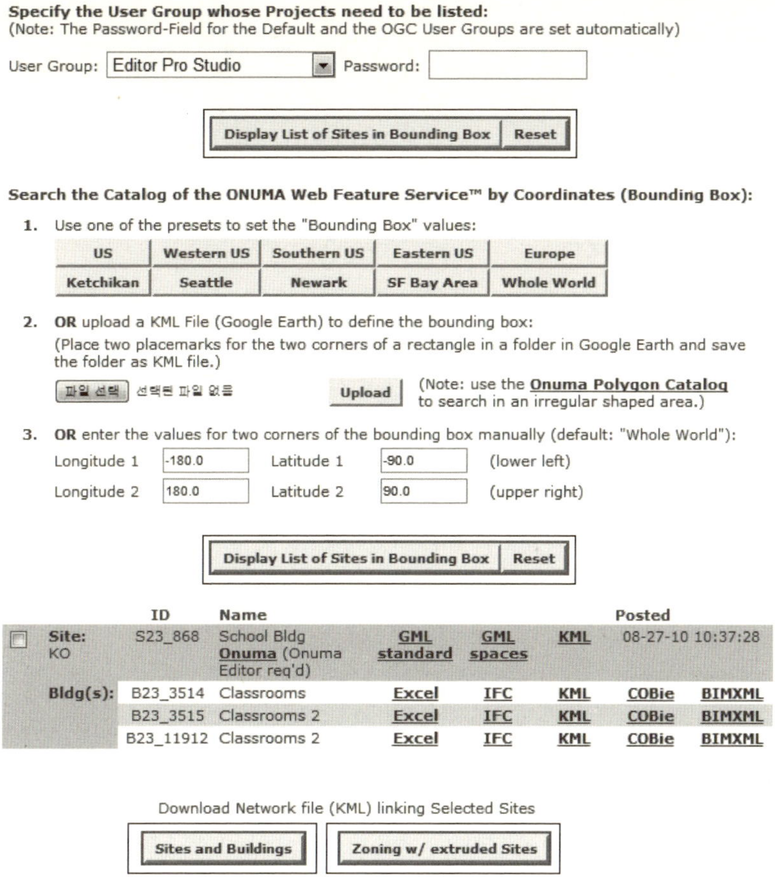


```
〈?php

$u=〈username〉
$p=〈password〉
$sysID=〈sysID〉

$rs=urlencode("https://www.onuma.com/rest/".$u."/".$p."/");
$level = "studios/".$sysID."/";
$uri=$rs.$level;
//instantiate the cURL object
```

```
$cobj=curl_init($uri);
// the CURLOPT_RETURNTRANSFER parameter specifies that we
// want the data to transmit even if errors are encountered
curl_setopt($cobj,CURLOPT_RETURNTRANSFER,1);
// we then execute the transfer and pass the resulting data into a variable called $siteData
$siteData=curl_exec($cobj);
curl_close($cobj);

// we can now parse the XML data with SimpleXML
$siteXml = new SimpleXMLElement($siteData);

// to get the values in all rows in specific 'columns'
// in the array created by SimpleXML
foreach ($siteXml->RESULTSET[0]->ROW as $site){
  // prints all site IDs and names
  echo $site->COL[0]->DATA." - ".echo $site->COL[3]->DATA."<br />";
}
?>
```

ONUMA 시스템의 기능은 앞의 플랫폼을 기반으로 제공되고 있으며 다양한 플러그인을 통한 Automation을 지원하고 있다.

3.5.3 실습

ONUMA를 사용하기 위해서는 우선 email이 있어야 한다. 가능한 IE보단 구글 크롬을 추천한다. Sign up할 때 첫 달은 1달러만 지급하면 ONUMA 사용가능하다. ONUMA는 세 가지 버전이 있는데 이는 동시사용자 수에 따른 것이며 여기서는 한 사람만 사용가능한 Editor 버전을 활용한다. 이 경우 한 사람이 로그인 후 다른 사람이 다른 장소에서 다시 로그인 했을 때는 이전 사람이 로그 아웃된다.

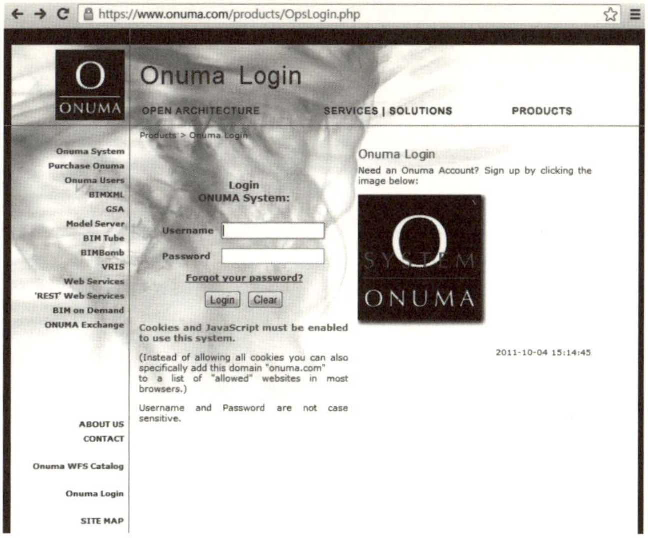

다음과 같이 첫 달만 사용하도록 선택해 본다.

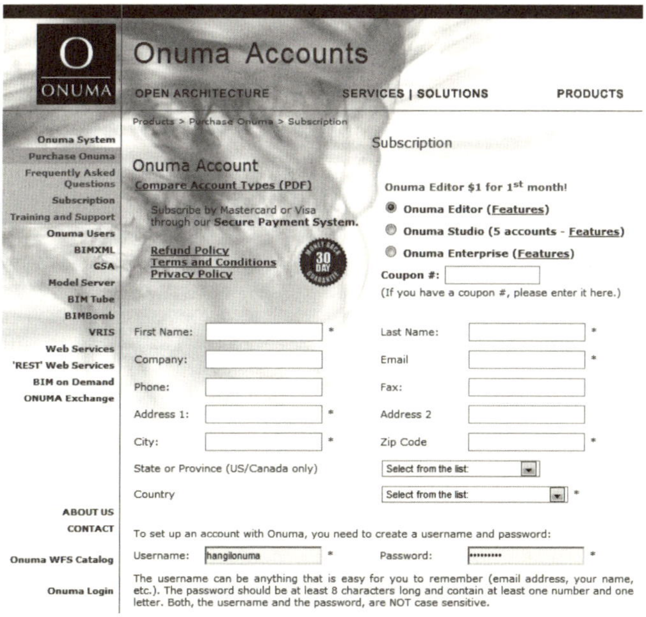

가입할 때 신용카드 정보를 입력받는다. 입력하고 가입을 완료한다.

그리고 로그인 하면 다음과 같은 화면이 표시된다. 다음 화면에서 우측에 ONUMA가

BIM모델이나 GIS모델을 직접 받아들일 수 있는 Plugin이 표시되어 있다. 이 실습에서는 Revit Plugin을 사용할 것이다.

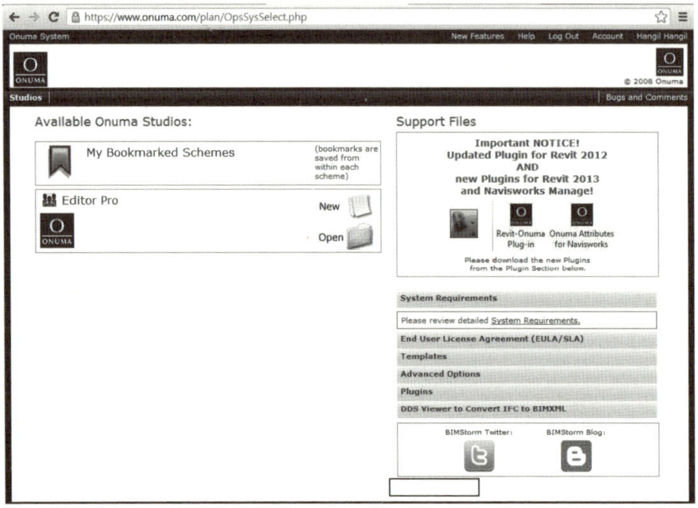

[Plugins] 메뉴를 선택하여 본인 컴퓨터에 설치된 Revit 버전의 Plugin을 다운받아 설치한다.

[New] 메뉴를 클릭하면 다음 페이지와 같이 프로젝트 정보 입력 화면이 표시된다. 프로젝트 명과 단위, 부지 주소를 다음과 같이 입력하고 [Proceed] 버튼을 클릭한다.

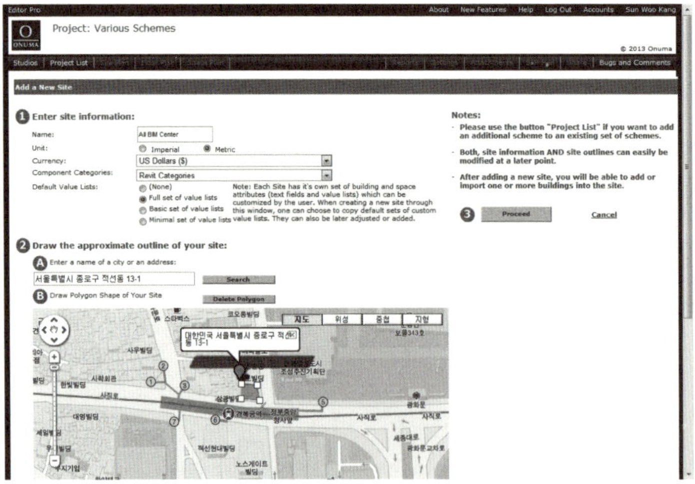

그럼 다음과 같은 ONUMA Studio 창이 열린다. 왼쪽에는 BIM Navigation을 통해 객체를 탐색할 수 있다. 중간에는 View 창이 GIS 기반으로 표시되고 있으며 오른쪽에 객체를 추가하는 Add Object(s) 창이 표시되어 있다. [Level Data] 창에서는 지금 현재 보는 수준(LOD)에 따른 데이터 처리 및 설정 옵션과 현재 ONUMA Studio에 모델링된 BIM-GIS 모델을 Google Earth, CityGML, gbXML, BIMXML, COBie, Excel(속성, 면적, GIS 레이어 등) 등으로 출력하거나 입력하는 있는 [Import / Export] 메뉴가 있다.

3.5.4 BIM 연동 실습

ONUMA로 모델 정보를 가져오는 방법은 IFC, CityGML과 같은 표준포맷을 이용해 Import하는 방법, Revit, Archicad와 같은 BIM 모델러에 설치된 Addin을 통해 정보를 추출하는 방법이 있다.

여기서는 모델러에서 정보를 직접 추출하는 방법을 사용한다. 이 경우 표준포맷을 이용하는 것보다 데이터 손실이 적고 처리속도가 빠른 장점이 있다.

실습을 위해 Revit을 띄우고 본 장에 첨부된 예제 파일 중 "All BIM Center - Mass.rvt" 파일을 연다. [Add-ins] 메뉴를 클릭하면 설치된 ONUMA Addins 메뉴가 보일 것이다.이 메뉴를 이용해 ONUMA에서 모델링된 객체들을 Revit으로 가져올 수 있고 반대로 ONUMA로 전달할 수도 있다. 이러한 정보 상호운용성을 이용해 차후 공간관리,

시설물관리, 에너지관리 등에 필요한 정보를 ONUMA나 BIM모델러에서 설정하고 검토할 수 있다.

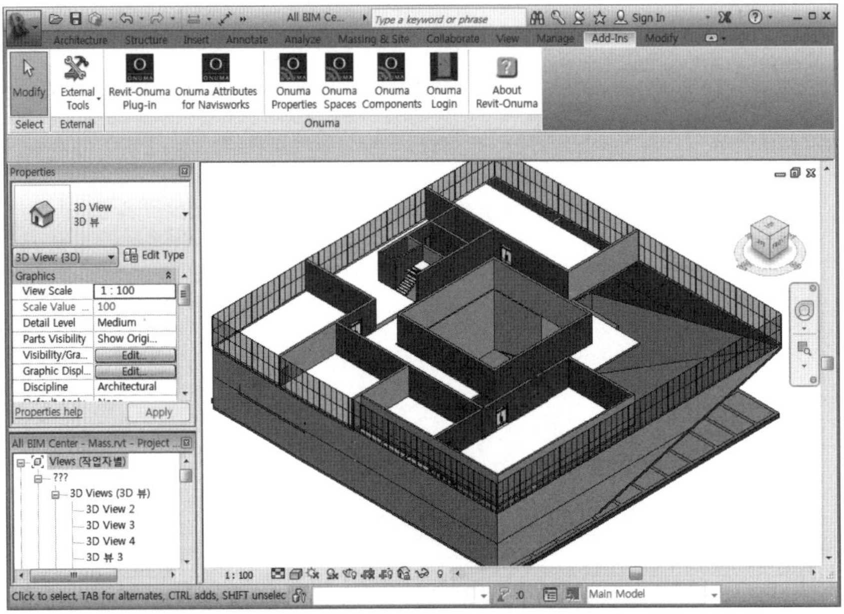

Addins 메뉴 중에 [Onuma Login] 메뉴를 선택해 다음과 같이 ONUMA system에 등록된 User id, 암호를 입력한다.

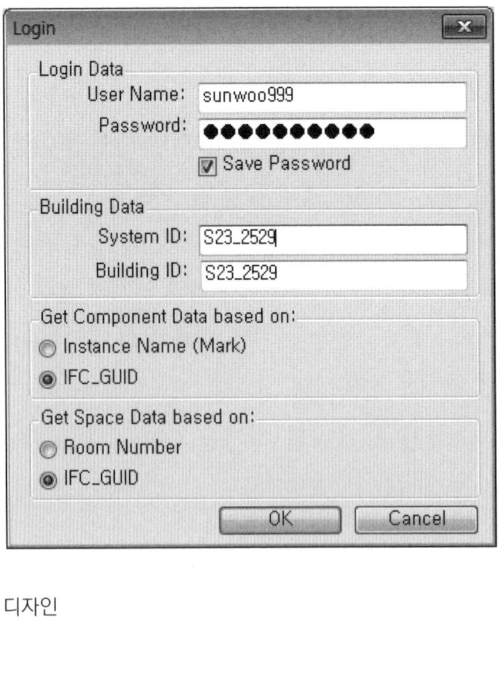

[Revit-Onuma Plug-in] 메뉴를 선택해 다음과 같이 [EXPORT BIMXML] 메뉴를 실행한다.

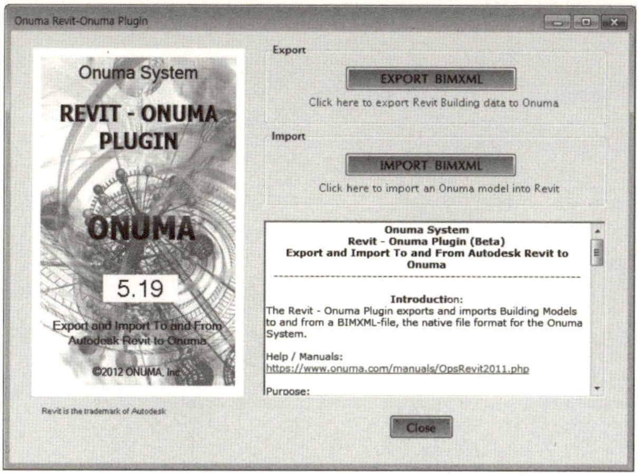

다음과 같이 [Export options] 창에서 [Next] 버튼을 클릭한다.

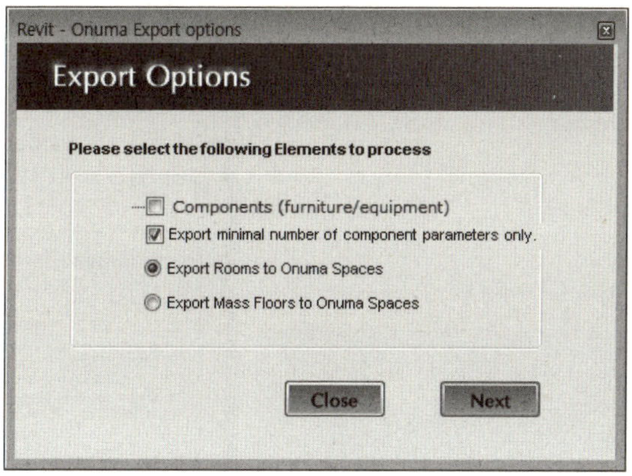

그럼 건물 모델에 포함된 공간 등 정보가 추출되어 표시되고 [EXPORT] 버튼을 클릭하면 bimxml 파일이 생성된다. 이 파일은 ONUMA system에서 입출력시 사용하는 파일 포맷이다.

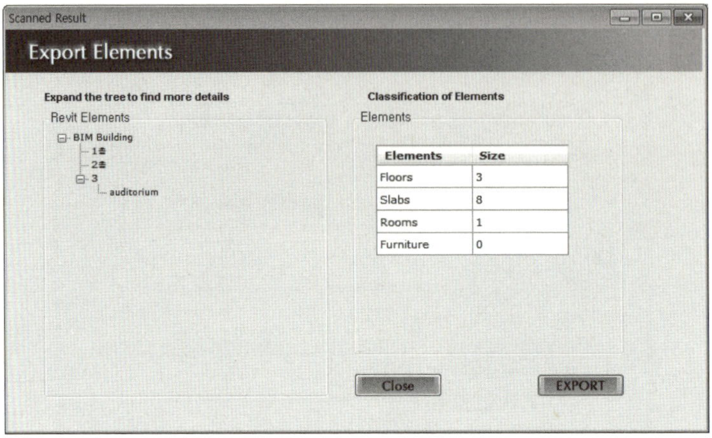

ONUMA system에서 [import] 메뉴를 다음과 같이 선택해 출력된 bimxml 파일을 import한다.

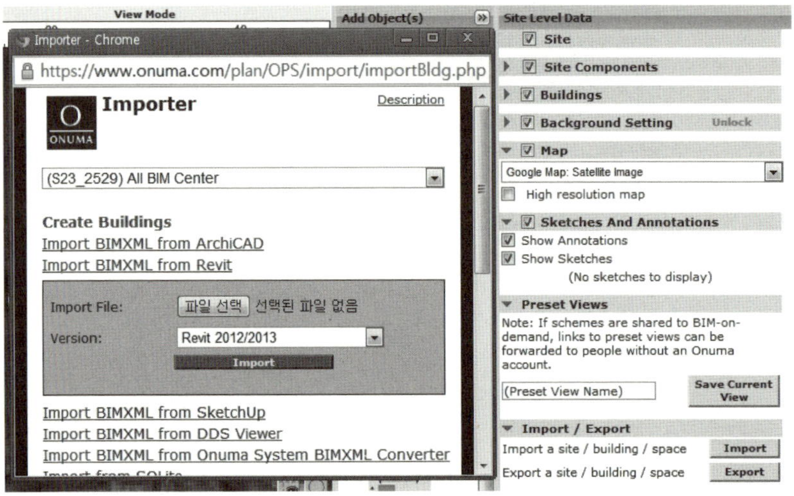

그리고 나타나는 대화창에서 옵션을 확인하며 진행을 하면 다음과 같이 ONUMA system에 모델이 import된다.

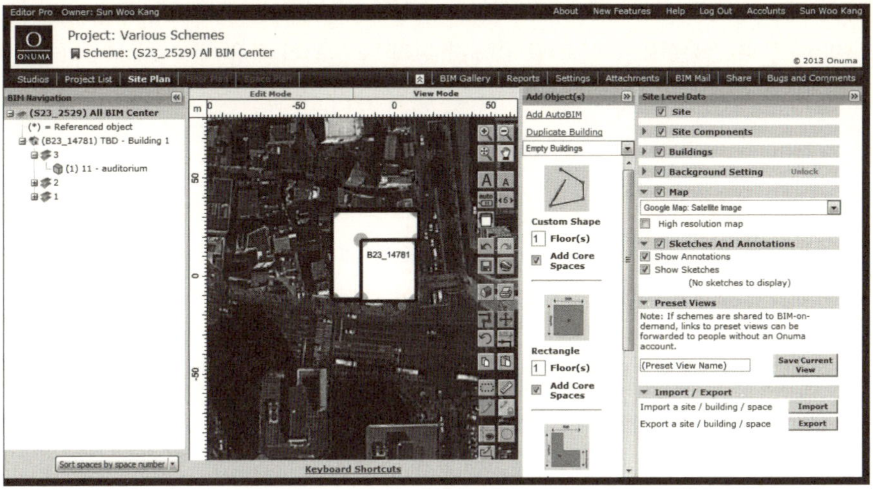

ONUMA system의 장점은 owner와 같은 사용자가 에너지를 포함한 시설물 운영관리 정보를 차트와 수치가 포함된 리포트로 쉽게 출력된다는 것이다. 다음은 ONUMA system 메뉴 중 [Reports] 메뉴를 선택한 후 뜨는 대화상자이다.

여기서 Import한 BIM 모델에 대한 정보를 확인하기 위해 [Building Comparison] 메뉴를 선택하면 다음 좌측 화면과 같이 건물에 대한 면적, 유틸리티 사용 예측량 등이 미리 설정된 옵션값에 따라 계산되어 출력된다. 이 메뉴는 여러 개의 건축모델을 비교할 수 있는 기능을 지원한다.

공간 속성을 확인하기 위해 [Detailed Space Report] 메뉴를 선택하면 우측 그림과 같은 대화상자가 표시되고 출력하고자 하는 속성 옵션을 선택하고 [Start Download] 메뉴를 선택하면 공간에 대한 속성값들이 엑셀로 출력한다.

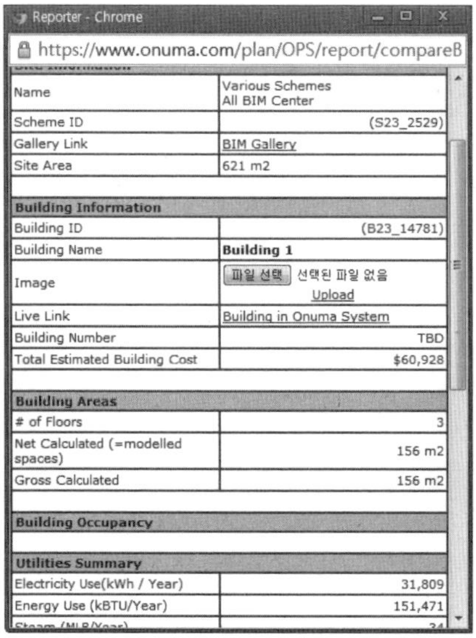

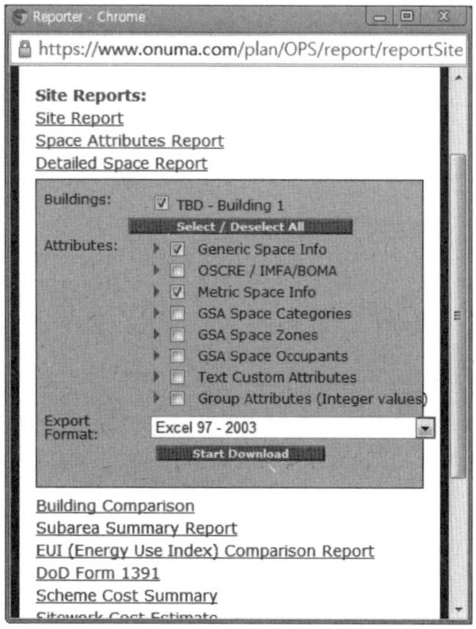

다음은 엑셀파일로 출력된 공간 속성값들이다.

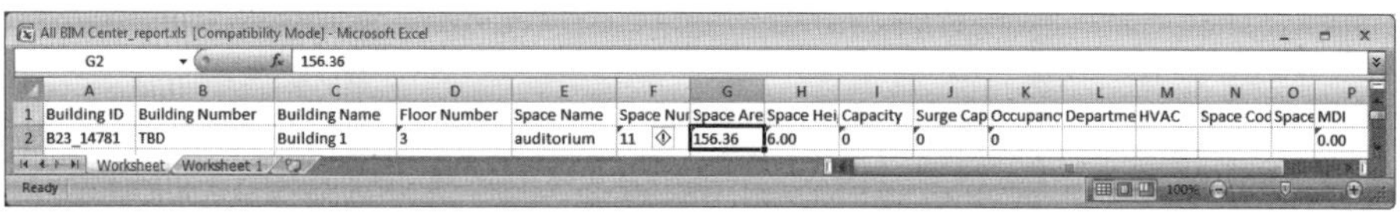

만약 모델의 각 공간에 Omniclass와 같은 정보분류코드가 미리 설정되어 있다면 툴바의 3D View 메뉴를 통해 실행된 Google earth에서 컬러코드가 적용된 공간을 확인할 수 있다. 이런 컬러코드 적용 규칙은 공간분류 뿐 아니라 에너지 사용량, 입주자 정보, 시설물 상태 등에 따라 정의해 GIS상에서 시각화할 수 있다.

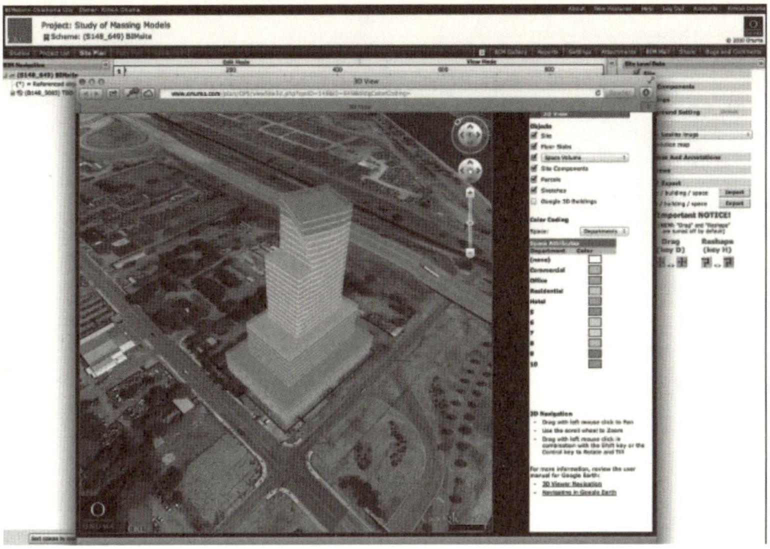

그림. 컬러코드 적용 예(출처 - ONUMA systems)

좀 더 자세한 내용은 Addins 설치 파일에 첨부된 "Onuma-Revit Plugin HowTo.pdf" 파일을 참고해 본다.

3.5.5 GIS기반 모델링

ONUMA 시스템에서는 외부에서 모델링된 BIM이나 GIS데이터를 Import한 후 다양한 데이터 추출이나 분석을 하는 것이 일반적이나 가끔은 도시 단위의 건물과 시설물을 관리해야 할 건물이나 인프라 스트럭쳐를 모델링하고 외부 데이터(예 - 공실률, 에너지 사용율, 시설물 성능 지표, 에너지 관리 지표 등)를 연동해 컬러코드(Color code)규칙을 적용하여 가시적으로 분석하고자 하거나 대지 위에서 개념 스케치를 간단히 하고자 할 때가 있다. 이 경우 Revit, Archicad 등에서 모델링하는 것보다 ONUMA 시스템에서 직접 모델링하는 것이 쉬울 수 있다.

ONUMA에서 직접 대지 위에 모델링하기 위해서는 다음과 같이 명령 툴바 기능을 사용해야 한다. 이를 이용해 대지에 스케치를 하고 건물, 건물층, 건물층 내 공간을 간단히 모델링할 수 있다.

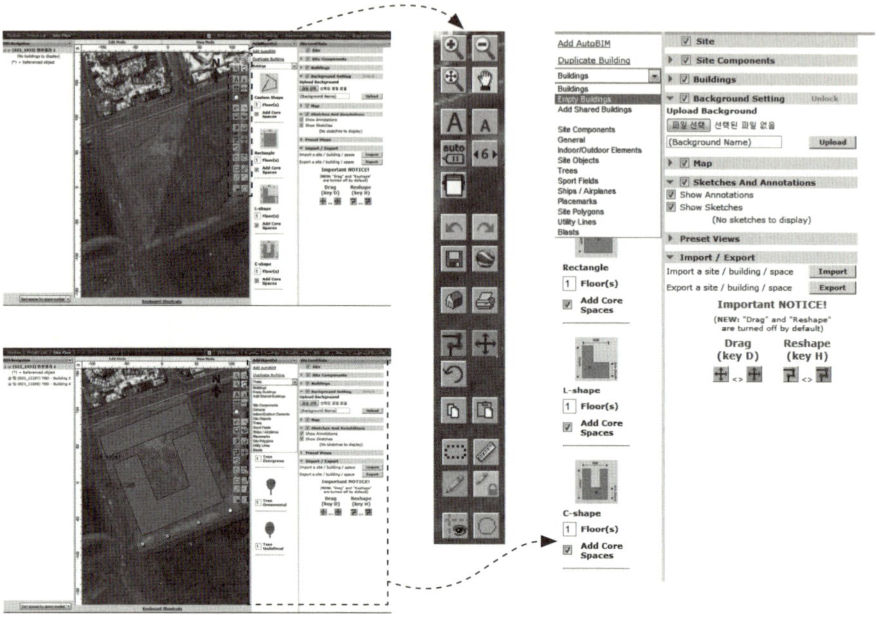

우선 [Add Object(s)] 창의 [Empty Buildings] 컴포넌트 중 [Rectangle] 메뉴를 선택한다. 그럼 화면에 사각형 빌딩 공간이 생성된다. 툴바의 [Toggle Reshape] 버튼을 클릭하여 모서리를 대지안으로 조정한다.

왼쪽 객체 트리를 보면 All BIM Center 건물에 Building 하나가 생성되어 있고 그 하위에 Floor 1이 하나 생성되어 있다. Floor 1을 더블클릭하면 1층을 수정할 수 있는 편집화면이 다음과 같이 표시된다. 층은 [Add / Delete Floor] 메뉴를 통해 추가 / 삭제할 수 있다. 오른쪽 [Add Object(s)]에는 건물 층에 공간 정의를 위한 Space 객체가 표시된다. 같은 방식으로 건물 층 내 공간을 추가하면 Floor 1 다음에 Space 객체가 추가될 것이다(*주: 객체를 추가하거나 삭제하려면 [Edit Mode]인지를 확인해야 한다).

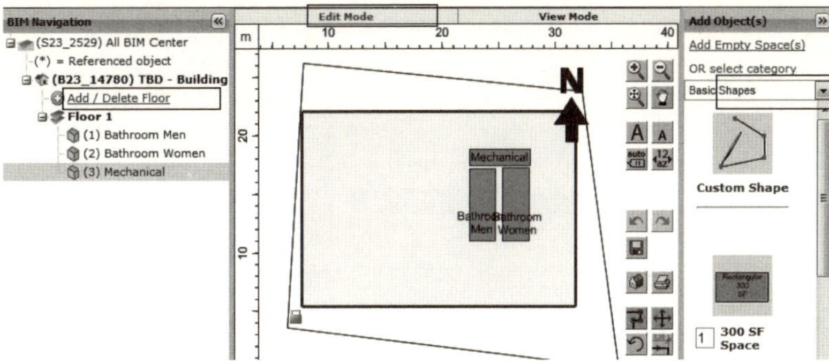

각 공간의 속성을 설정하기 위해서(3) Mechanical 공간을 더블클릭해 본다. 다음과 같이 공간 설정 창이 표시되는 데 [General]탭에서는 공간 이름, 면적, 입주 인원 등을 설정하고 [Attributes]는 공간에 기반한 데이터 분석을 위해 공간 구분을 위한 정보분류코드(*주: 여기서는 Omni Class의 공간분류코드를 사용한다. 공간 종류를 구분하고 분석하기 위해서는 BxP에서부터 미리 모델링될 때 어떤 공간분류코드를 사용할지 명확히 결정하고 진행해야 한다), 소음전달 dB, 하중지지값 등 환경해석 관련 물성을 입력한다. [Attachments]는 이 공간에 관련된 문서, 메뉴얼, 도면 등을 링크할 수 있는 기능을 지원하고 있다. 적절히 설정한 후 [Save] 버튼을 클릭한다.

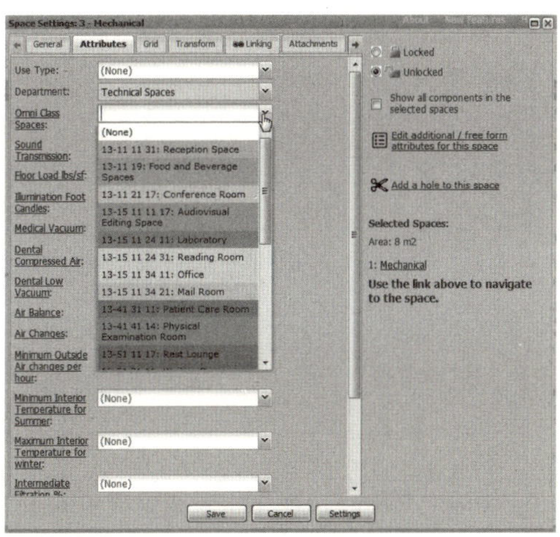

그리고 설정이 끝난 Space를 더블클릭하면 다음 그림과 같이 공간내 계단, 복도와 같은 객체나 가구 등을 추가할 수 있다.

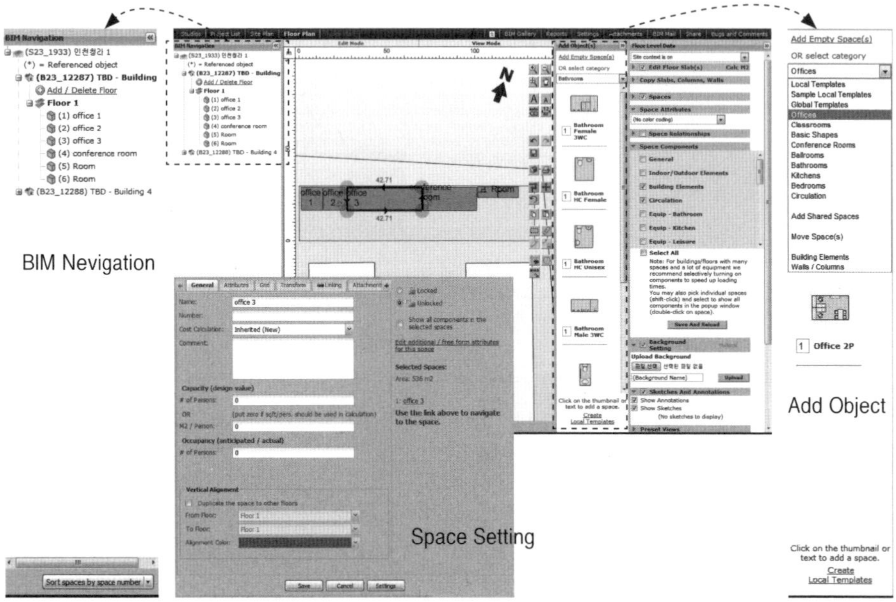

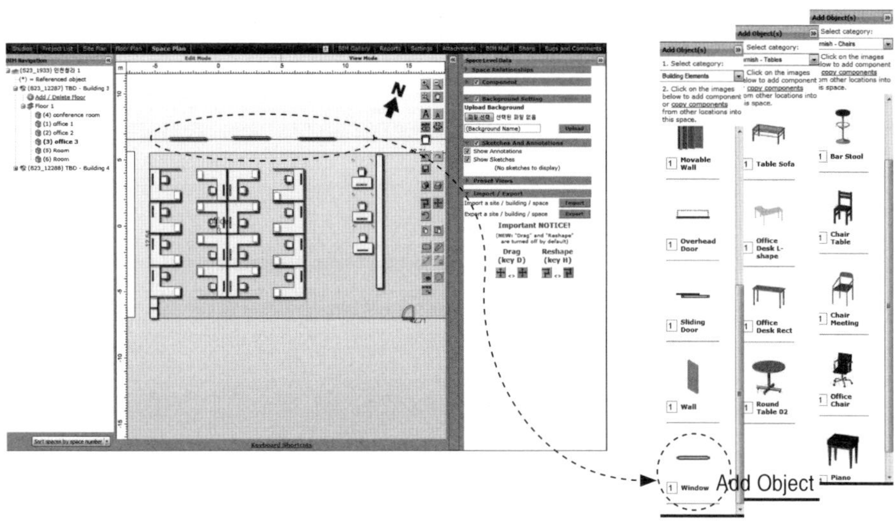

모든 설정이 완료되면 Google Earth가 설치되어 있다면 [3D View] 툴바 메뉴를 통해 생성된 건물을 확인할 수 있으며 앞서 공간 등에 설정된 데이터를 이용해 시설물 및 에너지 관리를 GIS관점에서 보고서를 얻거나 ONUMA System에서 제공하는 Web service를 통해 다른 시스템과 연계하여 활용할 수 있다.

3.5.6 결론

본 장에서는 개념 디자인뿐 아니라 시설물/에너지 관리 등에서도 활용하는 ONUMA System을 알아보았다. 최근 GIS와 BIM은 통합되고 있는 경향이다. 건축 설계와 관련된 법규의 50% 이상이 GIS와 관련되어 있다는 점, 시설물/에너지 관리를 해야 할 경우에는 건축물 하나만 관리하기 보다는 건축주가 여러 채의 건물을 관리할 수 있을 때 효과적이고 최적화된 의사결정을 할 수 있다는 점은 이런 기술의 활용을 염두해 둘 필요가 있다는 것을 의미한다. 디자인을 할 때 도시 건축 법규에 저촉되지 않는 디자인을 하고자 한다면 단독으로 모델링되는 솔루션보다는 도시차원에서 모델링을 지원하는 솔루션이 더 편리하다. 예를 들어 도시 스카이라인 규정, 문화재 건물 규정, 경관 규정 등을 GIS기반으로 모델링하고 확인하면 편리할 것이다. 공공기관 관점에서는 관리해야 할 건물이나 시설물이 수 백개 이상인 경우가 많으므로 단독으로 관리되는 BIM 기반 FM으로는 활용하기 불편하다. 이런 GIS지원 도시 기반의 모델링과 시설물 운영 관리는 향후 큰 추세가 될 것이다.

3.6 환경 기본 분석 – Project Vasari

3.6.1 개요

Autodesk®사의 Vasari는 건축가이자 예술가인 조르조 바사리(Giorigio Vasari)의 이름을 인용해서 지었다. Vasari는 매스 스터디 단계에서 디자인에 대한 통찰력을 제공하고 더 나아가 에너지, 이산화탄소, 일사 등의 다양한 에너지분석 기능을 통해 디자인 대안 결정에 도움을 주는 소프트웨어이다. 이후 기본설계 단계에서는 이 데이터들을 Autodesk Revit으로 가져가서 지속적으로 사용할 수있다.

2013년 3월 기준으로 Vasari BETA2는 http://autodeskvasari.com/에서 무료 다운로드가 가능하고, 700MB 정도의 독립 실행형 파일로 구성되어 있어 다운로드 후에 별도로 설치하지 않아도 된다. 다만 Analyze Mass Model 등의 일부 기능은 오토데스크에 사용자 등록이 요구되기도 하며, 향후 유료화될 가능성도 있다.

Vasari는 태양 경로 및 일사량 분석, 에너지 비교분석, 디자인 옵션 비교, 탄소배출, 에너지 사용/비용, 풍향 및 풍동분석등의 에너지 및 탄소에 관한 통합 분석을 수행할 수 있다.

Vasari는 Autodesk Revit 의 파일 포맷인 RTE, RVT, RFT, RFA를 기본적으로 지원한다. 또한 DWG, SAT, DXF, DGN, SKP 포맷으로 생성된 데이터를 가져올 수 있으며 DWG, SAT, DXF, DGN 포맷으로 내보내기할 수 있다.

3.6.2 실습

먼저 Vasari를 실행하고 다음 그림처럼 [Open]을 이용해서, EnergyAnalysis_Vasari Start.Rvt 파일을 연다.

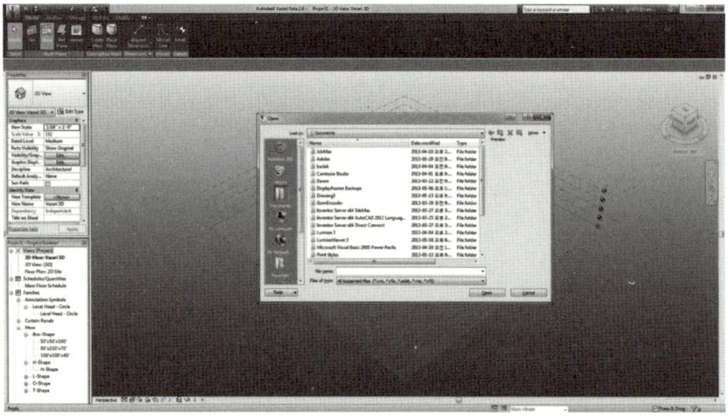

먼저 레벨을 설정해 보겠다. [Model] 탭에서 [Level]을 선택한다. Lelvel 값은 [1F +0, 2F +4000, 3F +8000, 4F +14000, 5F +18000, 6F +20000, 7F +24000, 8F +28000] 로 설정하면 다음 그림처럼 Level이 생긴다.

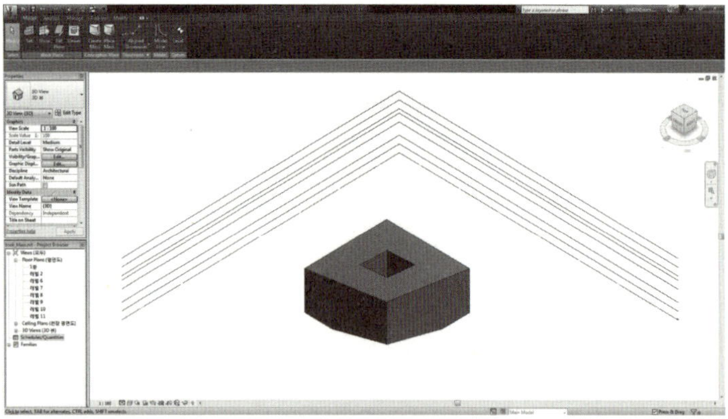

프로젝트의 위치 설정을 하고 해당하는 위치의 위성지도를 가져온다. 다음 그림처럼 Analyze 탭에서 Location을 선택한 후, Project Adress에 프로젝트의 해당 대지 주소인 '대한민국 서울특별시 종로구 적선동 13-1'를 입력하고, 창의 오른쪽 하단에 Import Site Image를 선택한다.

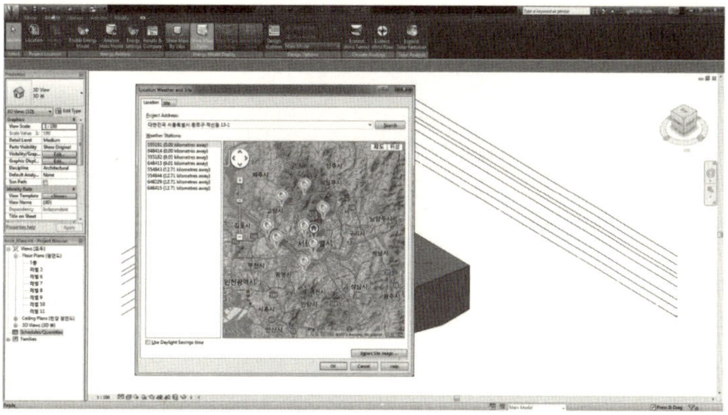

다음 그림은 '대한민국 서울특별시 종로구 적선동 13-1'에 대한 위성지도 사진이다. [Place at : Level : 1층] 으로 설정 후 지도 위에서 마우스 휠로 Zoom in/out하여 적당한 지도 크기를 설정 후 Import를 클릭한다. Import한 지도를 선택 후 사이즈 조절을 한다.

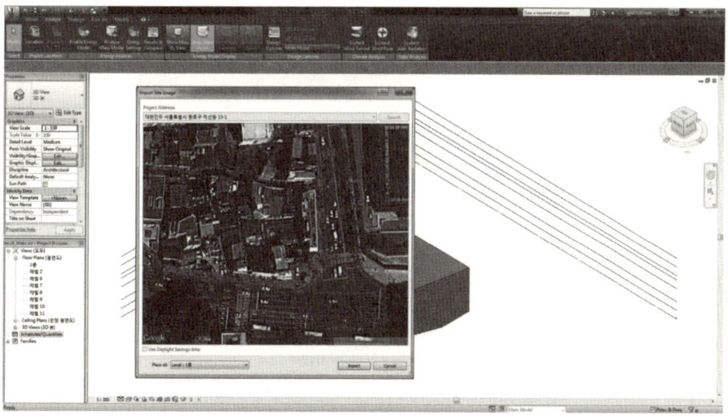

지도 위에 매스를 적당한 위치에 배치한다. 상황에 따라서 지도를 드래그해서 크기도 조절이 가능하며, 다음 그림처럼 위치를 조정해 준다.

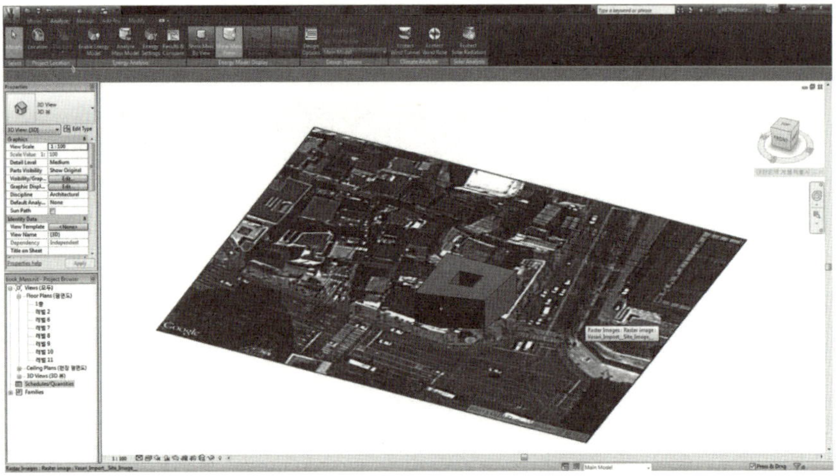

이후에 풍동분석 및 일조권 등 에너지분석을 위해 주변건물을 생성해 보자. 다음 그림처럼 View Cube에서 Top 뷰를 선택하여 뷰를 전환한 뒤 Model 탭에서 Creat Mass를 선택한다. Line 또는 Rectangle 로 주변건물을 지도에서 개략적으로 따라 그린다.

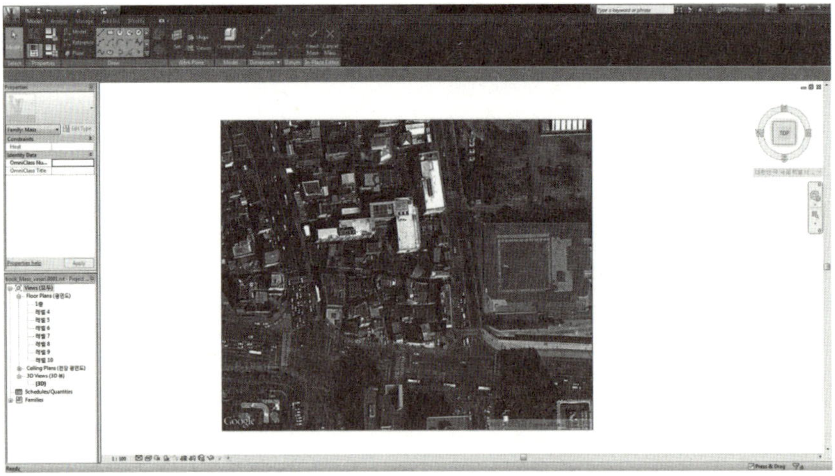

다음 그림은 주변건물을 개략적으로 그린 결과물이다. 상황이나 필요에 따라 더 디테일하게 또는 더 많은 주변건물을 작성해도 된다. 이제 일조권과 태양 일사량을 분석하기 위해 태양의 위치를 설정해 보자. 화면의 왼쪽 하단 부분에 태양 아이콘을 클릭한 후 Sun Setting을 클릭한다.

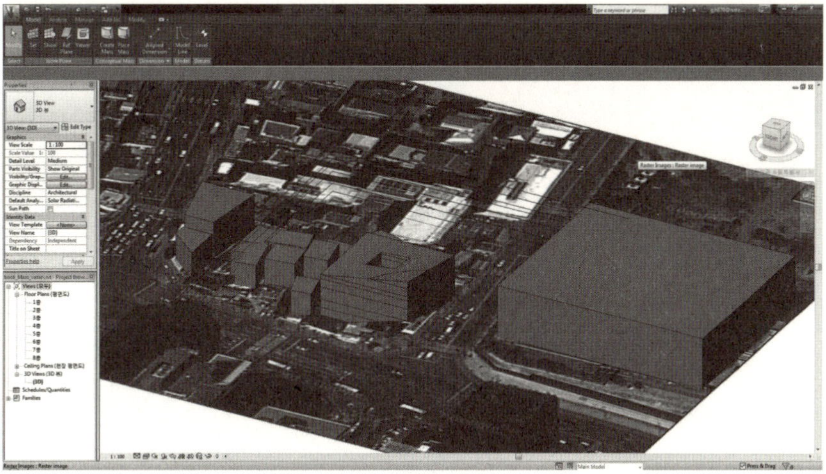

Solar Study에서 Still을 클릭한다. Settings에서 Date와 Time을 원하는 시간대로 입력 해 주고 다음 그림처럼 Ground Plane at Level에 체크하고 1층으로 설정한다. 마지막으로 Apply 클릭 후 OK를 클릭한다.

앞서 설정한 태양의 위치일 때 태양의 일사량을 분석해보자. 다음 그림과 같이 Analyze 탭에서 Ecotect Solar Radiation을 클릭한 후 Analysis Accuracy를 80 정도로 해 준다. 수치가 높을 수록 더 정밀하게 계산하며, 수치가 높으면 시간은 더 오래 걸린다. Data Display에서 Type은 Average를 선택, Unit은 Wh/㎡를 선택 후 마우스 모양의 아이콘 Select mass faces to analyze를 클릭한다.

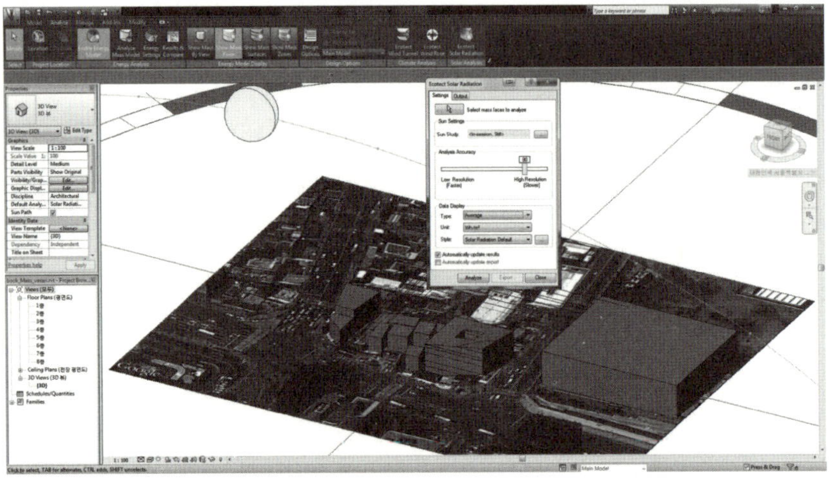

다음 그림과 같이 해석할 매스의 모든 면을 선택하고 다시 마우스 모양 아이콘을 클릭하면 자동으로 solar radiation 값을 계산해 준다.

다음 그림은 위와 같이 진행했을 때 나오는 Solar radiation 분석 결과이다. 태양의 위치에 따라 결과 값은 바뀌게 된다.

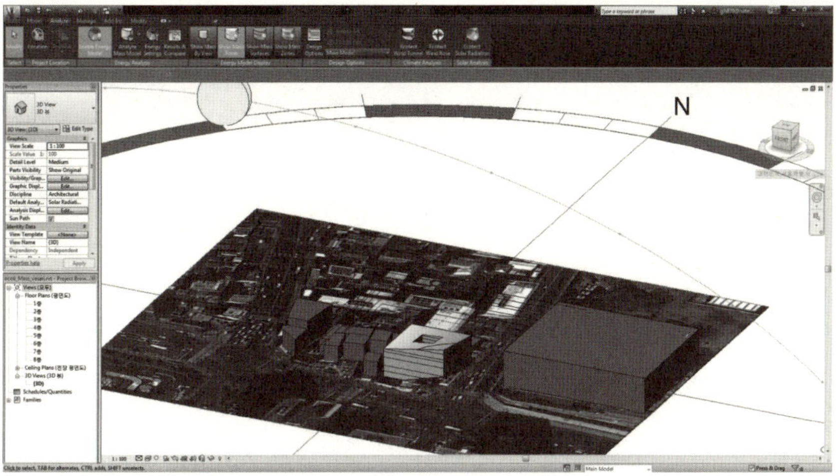

이번에는 건물의 에너지 분석을 하기 위한 간단한 셋팅을 해보자. 여기서 세팅하는 값들을 달리하면 건물에너지 분석결과값도 달라지게 된다. 다음 그림처럼 Analyze 탭에서 Energy setting을 클릭하고, Common에 Building Type을 Office로 설정하고 Energy Model에서 Target Percentage Glazing은 45%로 한다. Apply를 클릭한 후 Ok를 클릭한다.

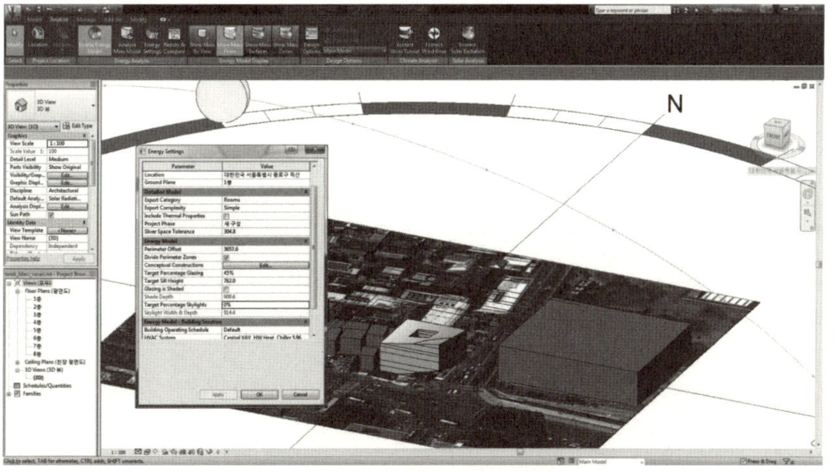

이제 Level의 이름을 수정하겠다. 다음 그림과 같이 왼쪽에 Projet Browser에 Floor Plans에서 평면도 이름을 오른쪽 클릭한 뒤 Rename으로 평면도 이름을 1층, 2층 ..... 8층으로 수정한다.

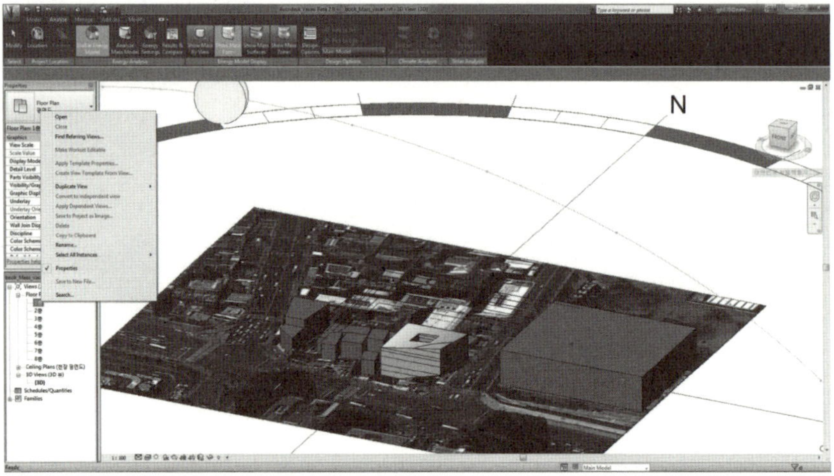

이번에는 바닥을 생성해 보겠다. 주 매스를 클릭한 후 Modify | Mass에서 Mass Floors를 클릭하면 다음 그림처럼 바닥을 생성할 Level을 선택할수 있다. 이때 1층부터 8층까지 체크한 뒤 OK를 클릭해서 바닥을 생성한다.

앞서 설정한 값들을 토대로 건물에너지 분석을 해보겠다. Analyze 탭에서 Analyze Mass Model을 선택하면 다음 그림과 같이 Autodesk-로그인이라는 창이 뜬다. 기존에 Autodesk ID가 있으신 분은 기존 ID를 사용하면 되고, 없는 분들은 'Autodesk ID가 필요합니까?'를 클릭해서 간단한 정보를 입력 후 가입 후 로그인 하면 된다.

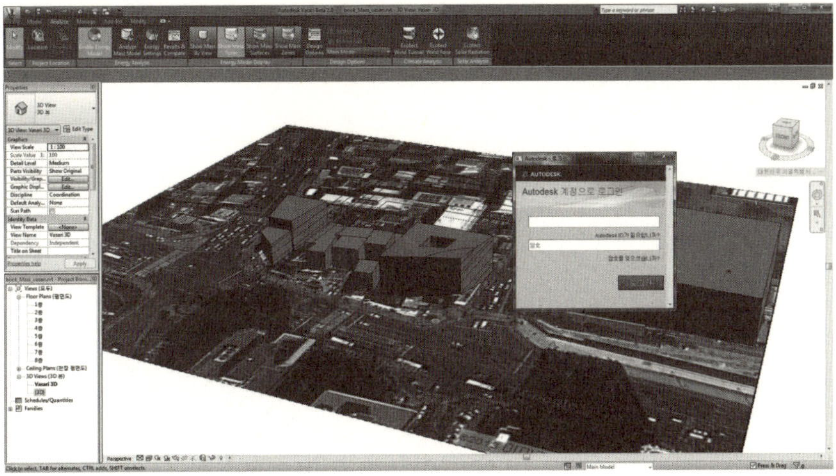

다음 그림처럼 보고서의 이름을 작성하라고 하는데 'ALT-1' 또는 본인이 원하는 이름을 작성하고 Continue를 클릭하면 된다.

분석한 결과를 보고서를 통해 보도록 하겠다. Analyze 탭에서 Result & Compare을 클릭한다. 보고서 작성까지는 시간이 조금 걸린다. 따라서 바로 결과값이 나타나지 않고 결과창 왼쪽에 %를 통해 얼마만큼 분석이 진행되었는 지를 알 수있다. 분석이 완료되었을 경우 다음 그림과 같이 분석내용이 보고서로 나타난다.

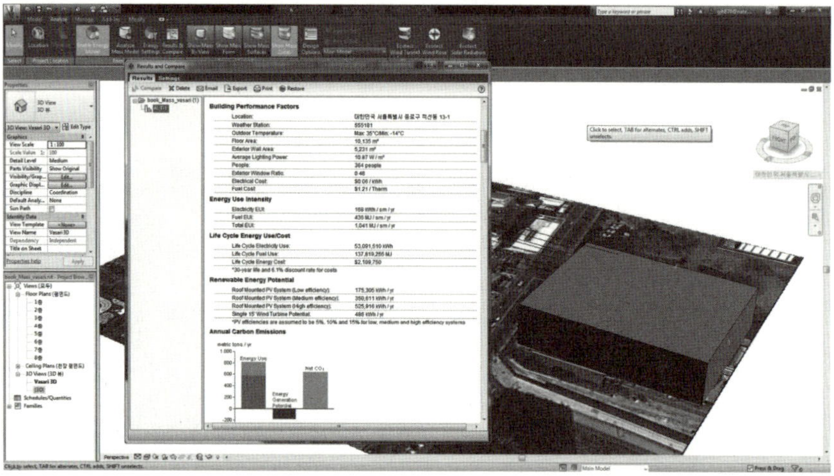

보고서에는 현재 주 매스에 대해 분석한 결과 값들이 나타난다. 연료 사용량, 생애주기 에너지 비용 등등 여러 가지 항목에 대해 표와 그래프 등으로 나타난다.

필요하다면 Export 를 눌러서 Pdf, xml 등의 파일 포맷으로 저장이 가능하다.

보고서에 보여지는 항목들은 Building Performance Factors, Energy Use Intensity, Life Cycle Energy Use/Cost, Renewalbe Energy Potential, Annual Carbon Emissions, Annual Energy Use/Cost, Energy Use : Fuel, Energy Use : Electricity, Monthly Heating Load, Monthly Cooling Load, Monthly Fuel Consumption, Monthly Electricity Consumption, Monthly Peak Demand, Annual Wind Rose(Speed Distribution), Annual Wind Rose(Frequency Distribution), Monthly Wind Roses, Monthly Design Data, Annual Temperature Bins, Diurnal Weather Averages, Humidity 등이다.

모든 결과들은 실제 건축물이 만들어졌을 때의 결과와 정확히 일치하지는 않는다. 다만, 최소한 디자인 대안별 환경 영향 우위와 같은 차이는 비교할 수 있다. 참고로 실제 지어진 건축물과의 결과를 시뮬레이션 결과와 비교해 일치시키기 위해서는 센서를 현장에 설치하고 이를 측정하여 시뮬레이션 프로그램의 모델식에 보정(캘리브레이션)하는 과정이 필요하다.

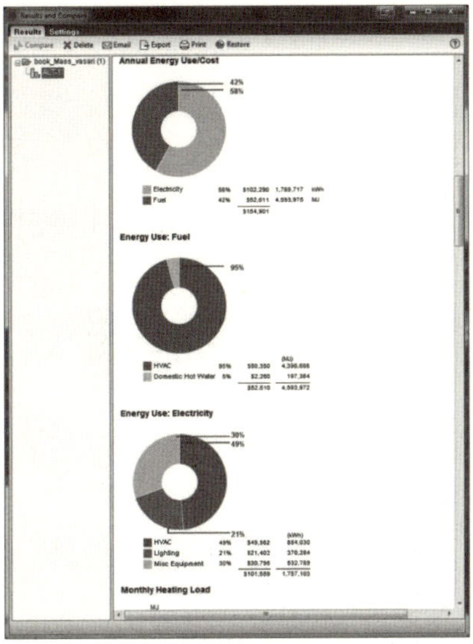

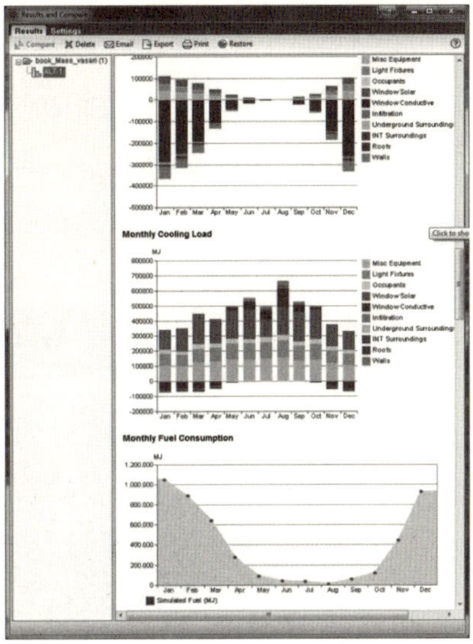

이번에는 풍동분석을 해보겠다. Analyze 탭에서 Ecotect Wind Tunnel을 클릭한다. 다음 그림과 같이 풍동분석 화면이 생성되며, 이때 화면 왼쪽 메뉴에서 [Real-Time Analysis]에서 Analysis에는 2D를 체크하고 Velocity(m/s)에는 원하는 풍향의 세기를 입력한다. 마찬가지로 Angle에도 원하는 각도를 숫자로 입력해서 바람의 방향을 설정한다(*참고: 화면상에 방위표에 마우스 드래그로 바람의 세기와 방향을 조절할 수도 있다).

앞에서와 같은 방법으로 화면 왼쪽 메뉴에서 [Real-Time Analysis]에서 Analysis에는 3D를 체크하고 Velocity(m/s)에는 원하는 풍향의 세기를 입력하고 Angle에는 원하는 바람의 방향을 각도로 입력한다.

[2D Grid Slice]에서 Show 2D Data Slice에 체크를 해제한다.
[3D Volumetric]에서 Show 3D Volumetric에 체크를 한다.
[3D Volumetric]에서 Display에 Flow Lines으로 바꿔주면 다음 그림과 같이 보여진다.

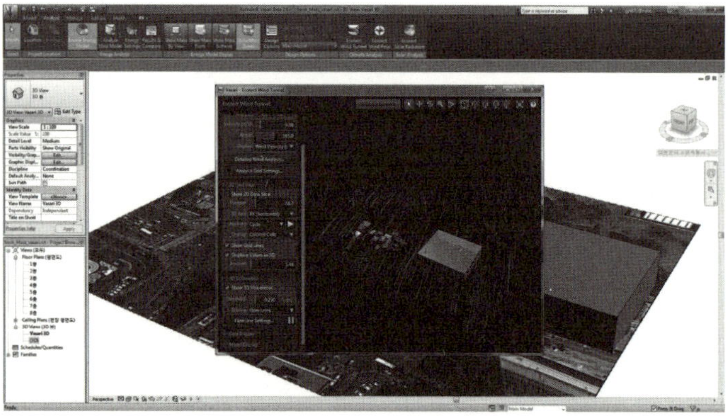

이번에는 Flow Line 환경설정에 대해 알아보겠다. [3D Volumetric]에서 Flow Settings를 클릭하면 다음 그림과 같이 Setting 창이 열린다. Boundaries To Flow From에서 바람이 불어올 방향을 원하는 곳으로 선택한다. [Flow Characteristics]와 [Arrow Shape]에서

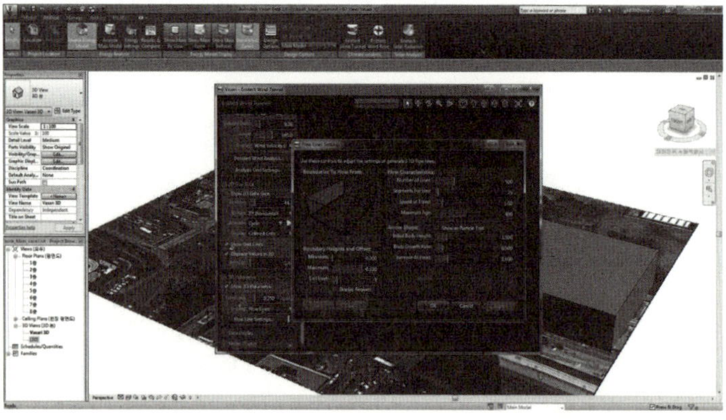

화살표의 개수나 화살표의 모양을 바꿀수 있으며, Number of Lines에서 화살표의 개수 조절도 가능하며, 개수가 많을 수록 로딩시간이 길어지고 컴퓨터 사양에 따라 끊김 현상이 발생 할 수도 있다. 설정을 완료후 OK를 클릭한다.

-참고 : 필요에 따라서 [Show 2D Data Slice]에 체크를 해서 2D와 3D 애니메이션을 동시에 볼 수도 있다.

3.6.3 결론

설계 초기단계에 신속한 환경 및 에너지 분석을 통해 매스의 형태를 결정 지을수 있으며, 가상 환경에너지 분석을 통해 개략적인 에너지 소비량과 일조권 등을 어느 정도 범위 내에서는 예측이 가능하며 최소한 디자인 모델간 대안 비교는 할 수 있다. 또한 Vasari에서 충분한 매스 형태 검토 후 Vasari 파일을 Autodesk Revit과 연동해서 지속적인 작업이 가능하다.

3.7 에너지 기본 분석 - Ecotect Analysis

에너지 기본분석에 많이 활용되고 있는 Ecotect Analysis를 이 장에서 간단히 알아본다. Vasari에서 에너지 환경분석은 실습한 부분이라 실제 실습은 이 장에서 다루지는 않는다. 만약, 실습을 하고 싶다면 Trial 버전을 다운로드 받기 위해서 Google에서 Download 페이지를 검색하거나 다음 링크로부터 다운로드 받는다(*주: 프로그램 다운로드 링크는 해당 프로그램이 버전업되면 변경되는 경우가 많으므로 해당 주소에 없는 경우 검색해 다운로드 한다).

http://usa.autodesk.com/adsk/servlet/download/item?siteID=123112&id=13140033

이 솔루션은 Visualize sustainable design을 위해 사용되는 솔루션이며 컨셉 디자인 단계에서 에너지와 관련된 포괄적인 분석을 수행하고 시뮬레이션 함으로써 디자인 대안 스터디와 결정을 돕는 해석/분석 BIM 도구이다.

대표 기능은 다음과 같다.

- 기후분석: 건축물의 입지와 설계 전략을 세우는데 참고자료로 사용됨(우리나라 기상 데이터는 서울밖에 없다는 것은 단점)
- 차양설계: 태양의 고도와 시각에 따라 차양을 향과 장애물, 차양장치의 크기와 형태

등을 바꿔가며 일조시간 등을 파악할 수 있음

- 일사분석: 건물의 외피설계 및 여름철 일사과다 또는 겨울철 태양광의 실내유입 등을 계획할 때 사용할 수 있음
- 일조분석: 국내기준과 상이하여 창면별로 모든 창문을 분석하여 직접 일조시간을 계산하거나 전용 툴을 사용해야 함
- 일영분석: 하루 중 시간대별로 그림자의 음영범위 및 주변 건물과의 음영 간섭 등을 체크할 수 있음
- 조도 분석: 간단한 수준의 자체 조도 분석이 가능하며, 보다 세분화된 분석을 위해서는 Radiance(미국 에너지성)나 Daysim(캐나다 천연자원성) 프로그램과 연동한 분석이 가능함
- 에너지 분석: 열환경 분석 및 냉난방 부하 분석 등이 가능하며, Green Building Studio 또는 Energy Plus 등의 외부 툴과 연동하여 계산할 수도 있음

Ecotect 는 Vasari에서처럼 기본적인 모델링은 가능하다. 또 Revit에서 작업한 모델링을 gbXML 파일로 Export 후 Ecotect에서 Import하여 사용할 수도 있다. 다음 그림은 Revit에서 간단한 매스를 Revit에서 만든 후 Ecotect를 활용한 일사분석 및 한 결과이다. 이런 결과를 바탕으로 매스 디자인 방향과 차양설치 필요여부 등을 파악할 수 있다.

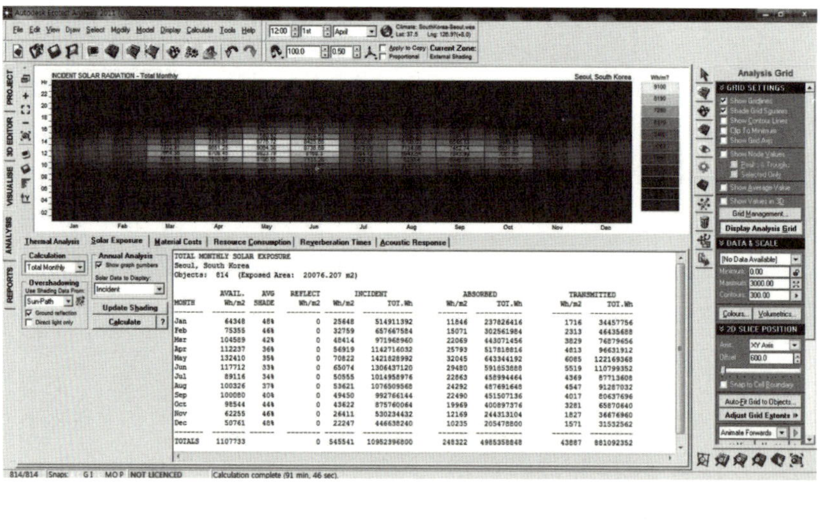

다음 그림은 냉난방부하에 대한 결과값이다. 이와 같은 결과값들은 다양한 형태의 디자인에 대해 어떤 디자인이 에너지 효율성이 높은 지에 대한 지표가 될 수 있다.

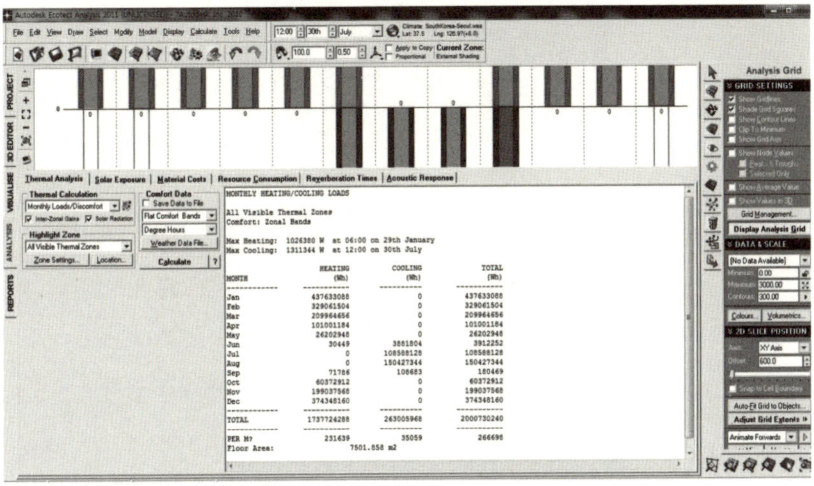

다음 그림처럼 풍향데이터, 패시브 향상, 복사열 등등 다양한 데이터 결과값들을 분석하고 추출할 수 있으며 이외에도 일영분석, 기후분석 등을 할 수 있다.

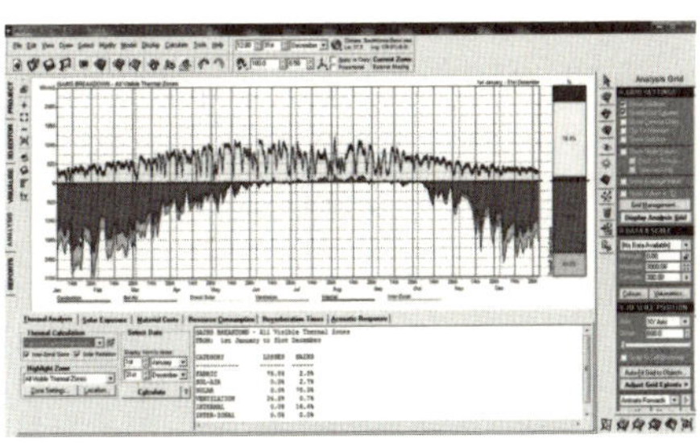

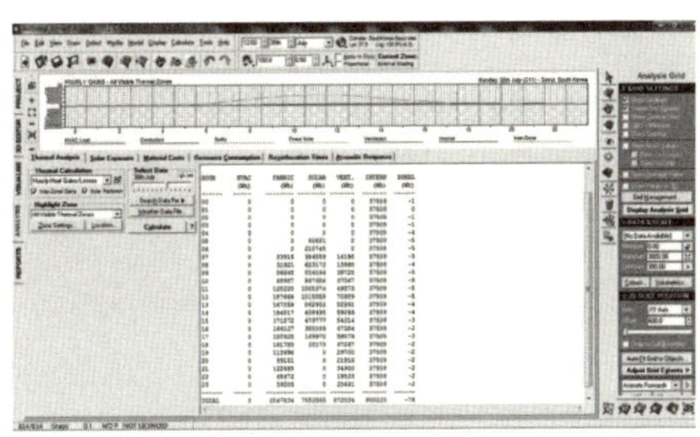

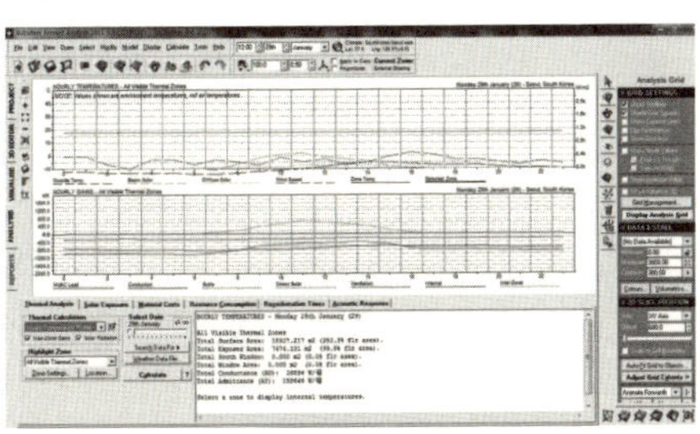

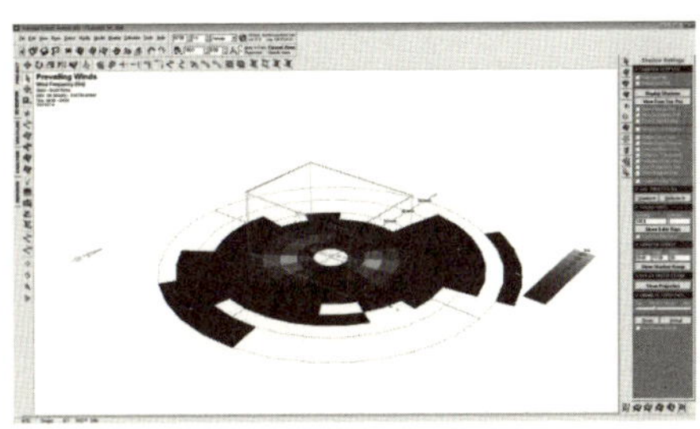

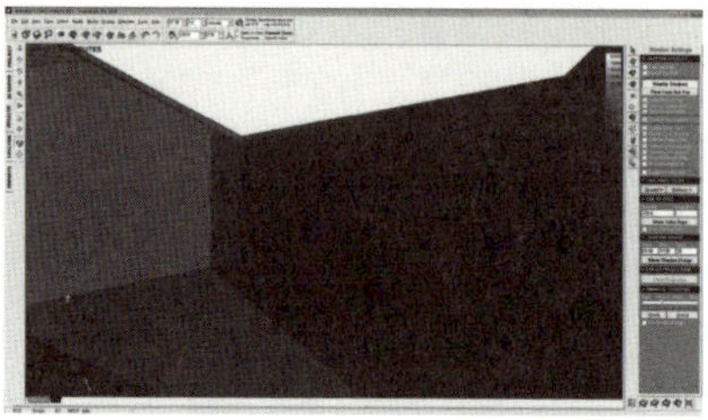

Ecotect는 프로그램 내부에서 자체적으로 조도분석을 지원한다. 하지만 더 세밀한 분석을 위해 Radiance 프로그램과 연동해서 분석이 가능하다. 다음 그림은 Radiance 프로그램을 활용해서 간단한 건물의 내부 조도분석한 결과이다. Radiance 프로그램은 http://radsite.lbl.gov/deskrad/에서 다운받을 수 있으며 무료로 사용이 가능하다.

Collaborative architecture design with BIM

BIM 기반 건축 협업 디자인

4. 상세 디자인

4. 상세 디자인

4.1 개요

상세 디자인 단계에서는 발주자의 요구사항을 시공이 될 수 있을 정도로 모델링을 해야 한다. 이는 엔니지어링 단계를 포함한다. 예를 들어 구조, 환경 엔지니어링을 포함하고 인테리어 디자인에 필요한 수량을 모두 추출해야 한다.

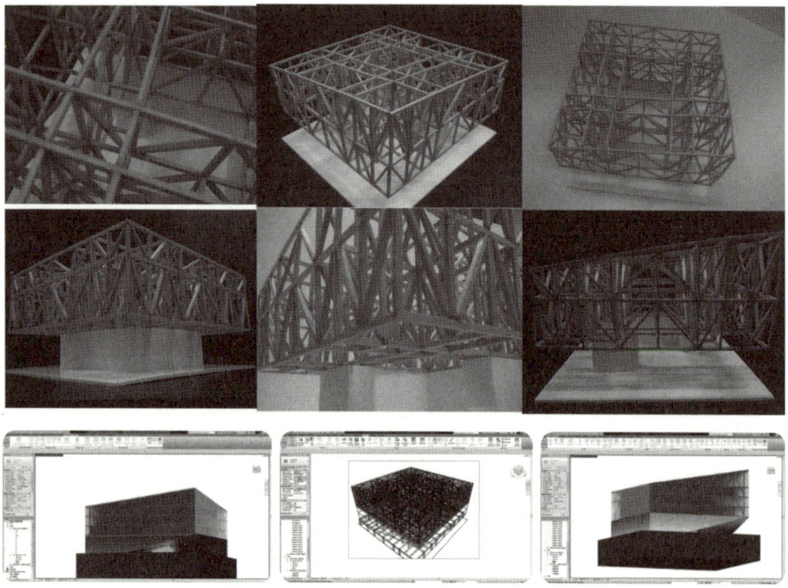

그림. All BIM 센터 디자인(출처: All BIM 팀, 2012, 한국BIM경진대회)

상세 디자인은 기본 디자인에서 동일한 모델링 기법을 통해 LOD가 깊어지는 것으로 볼 수 있다. 보통 건물 성능을 고려해 구조와 에너지 등 모두 검토하여 모델링해야 하며 이를 통해 모델링된 시공 수량과 견적이 입찰서류에 활용할 만큼 명확히 산출되어야 한다. 상세 디자인을 얼마나 상세하게 해야 하는지는 BxP에 명확히 정의되어야 한다.

상세화 작업은 Revit이나 ArchiCAD 와 같은 디자인 모델러로 어느 정도는 자동으로 도면이나 수량을 추출할 수 있지만 반복되는 패턴이나 LOD가 세밀하고도 많은 수의 모델링을 해야 하는 경우 BIM으로 모델링하면 모델 크기도 커지고 작업이 어려워질 만큼 모델링 속도도 저하된다. 이런 경우에는 2D CAD에서 처리하는 경우가 많다.

다만, 이 경우에는 2D CAD에서 설치된 부재나 파트의 수량을 추출해야 하기 때문에 많은 수작업이 필요하며 설계변경이 일어날 경우 모든 부분들을 다시 수작업해야 하므로 생산성에 문제가 생긴다. 그러므로 이런 단순 반복 작업들은 가능한 API(Application Program Interface) 등을 이용해 자동화하는 것이 좋다.

다음 산출물은 Revit 등 모델러를 통해 자동으로 산출된 도면과 일람표이다. 얼마나 디자인 대상과 도구를 잘 이해하고 단순반복작업을 전략적으로 자동화할 수 있으냐에 따라 작업생산성과 산출물 품질은 달라진다.

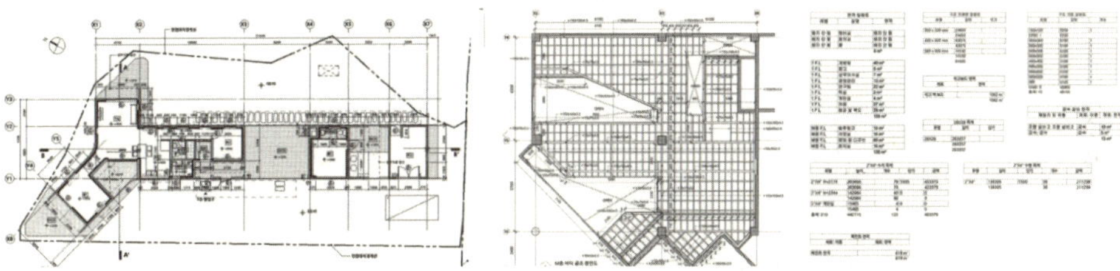

그림. BIM의 객체지향 모델링 방법

그림 5-1 상세 디자인 결과 산출물(실시설계 도면, 수량산출서, 견적 등. 모 사옥 도면)

책에서 상세 디자인에 대한 모든 것을 다루는 것은 비효율적이기 때문에 상세 디자인을 이해하는 차원에서 간단히 일부 부재에 대해서만 Revit, Advanced Steel 등을 통해 지금까지 작업된 모델을 상세화하도록 한다.

본 장에서는 건축 상세 모델링과 구조설계에 대해 설명하고 실습을 해 보도록 한다.

4.2 상세 건축화 - Revit

4.2.1 개요

여기서는 매스 디자인 한 내용을 갖고 더 상세한 건축화 작업을 해 보도록 한다. “All BIM Center - Detailed Design” 파일을 연다.

이제 벽을 만들어 보자. 먼저 4층 평면도 뷰를 열고 다음 그림처럼 건축탭에서 벽을 클릭한 후 높이는 5F.L , 위치선은 중심선으로 설정하고 내벽을 생성할 위치를 클릭후 치수를 입력하면 벽이 생성되는 것을 알 수 있다.

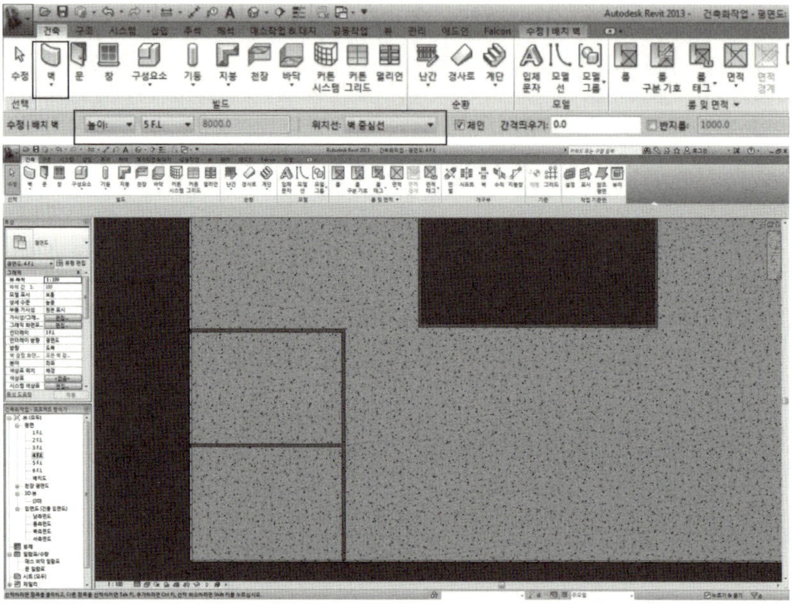

이번에는 창문과 문을 생성하는 방법에 대해서 알아보겠다. 건축탭에서 창을 클릭한 후 특성에서 다양한 종류의 창호들 중 하나를 선택한 후 벽체를 클릭하면 손쉽게 생성이 된다. 마찬가지로 문 또한 창과 같은 방법으로 생성이 가능하며, 창과 문은 호스트를 벽을 기반으로 하기 때문에 벽체에 만 생성이 가능하다.

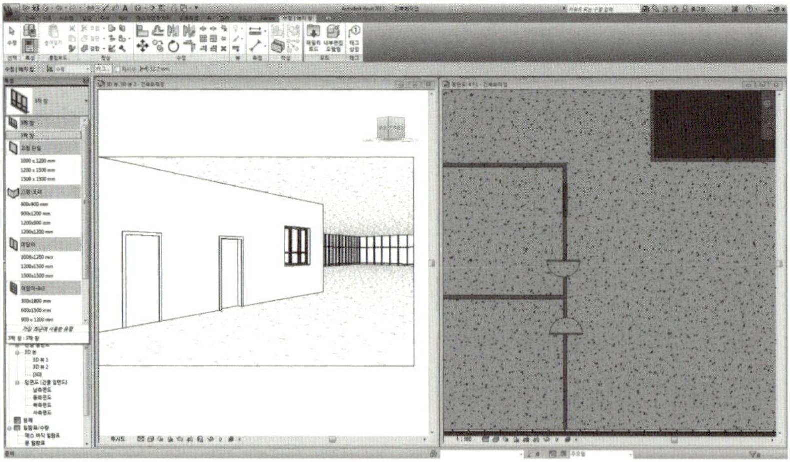

이번에는 기둥을 생성 해보도록 하겠다. 다음 그림처럼 건축탭에 기둥에 구조기둥을 선택한 후 유형특성에 로드를 클릭해서 콘크리트 직사각형 기둥을 로드한다.

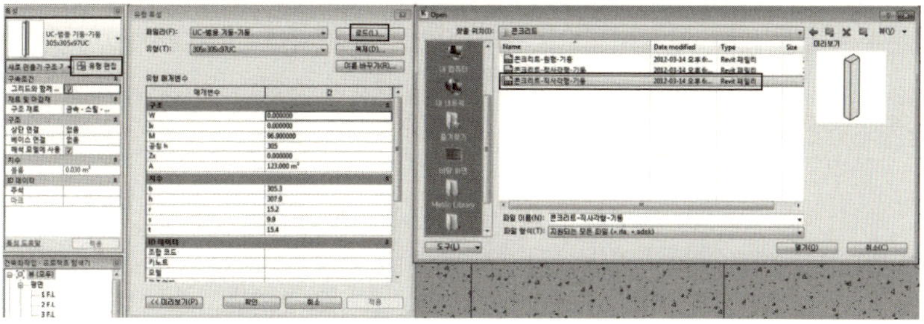

다음 그림처럼 수직기둥과 그리드에서를 클릭한 뒤 X,Y축 그리드를 드래그로 선택하고 완료를 클릭하면 X,Y축 그리드가 만나는 점에 기둥이 생성된다. 만약 그리드가 없다면 원하는 위치에 클릭만 하면 기둥이 생성된다.

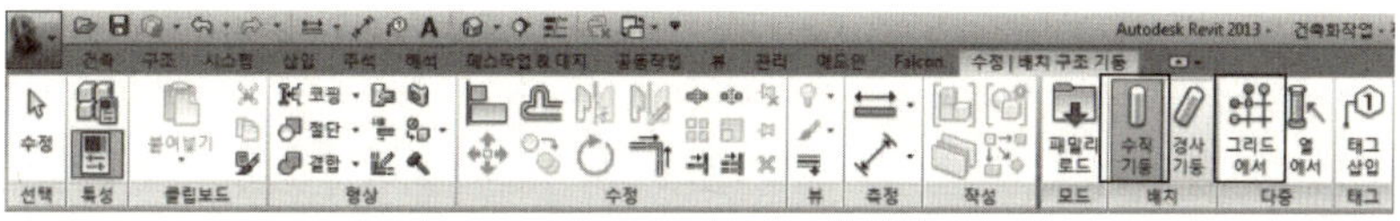

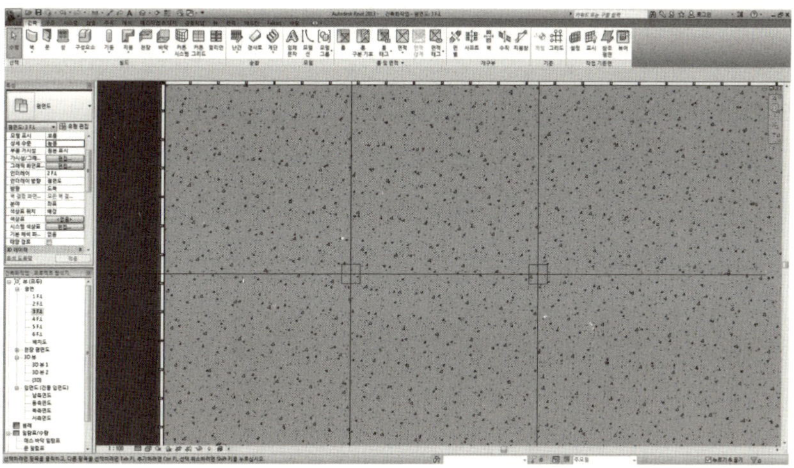

4.2.2 기타 Revit을 통해 할 수 있는 것들

지금까지 플렛폼으로서의 BIM 툴이라 할 수 있는 Revit을 활용하여 지형과 매스, 그리고 건축화 작업까지 간략히 실습해 봤다. Revit을 통한 건축설계과정은 BIM의 작성에 해당하는 매우 중요한 과정을 담고 있음에도 불구하고 이 책의 목적이 기능 학습에 있지 않으므로 직접 만들어 보는 것은 여기까지로 하고, Revit을 통해 구현할 수 있는 항목을 간단히 살펴 보겠다.

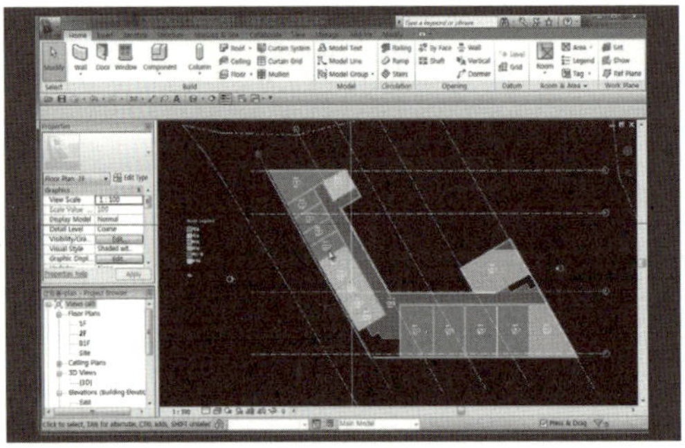

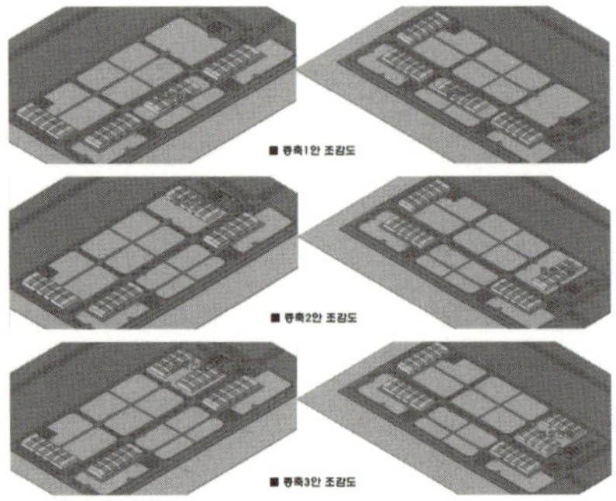

대안검토: 우선 계획단계에서 대안 검토에 활용될 수 있겠다. 이제까지 2D CAD시대에서는 설계진행시 다양한 디자인 대안이 과정 속에 생길 때마다 save as, 즉 다른 이름으로 저장하여 무수한 복제파일을 만들어내어 왔다. 이 경우, 파일의 가지수는 많아질 수 밖에 없으며, 다른 요소의 대안이 결정되는 동안에 진행된 다른 부분의 작업진행 사항이 제대로 반영되지 못하고 누락되기 마련이었다. BIM에서는 이러한 오류없이 단일 작업 파일에서 다양한 대안을 만들고 비교할 수 있는 기능이 탑재되어 있다.

소요면적 산정: BIM에서는 모든 요소들이 객체(Objective)로서 독립된 정보를 지닌다. 이는 바닥, 벽, 창, 문 등 보여지는 건축 구성요소에 한정되지 않는다. 보이지 않는 공간(Void)도 객체로서 다루어 지는데 우리는 이를 공간객체라 부르고 있다. 일례로 룸(Room)을 들수 있는데, 보이지 않는 공간인 룸을 객체로 다룸으로서 이를 다양하게 활용할 수 있게 된다. 룸의 면적을 추출하고 각 룸의 면적을 합하여 건물 전체 면적을 구하거나, 건축면적, 공용면적, 전용면적 등도 구할 수 있다. 룸 객체에 관리자,

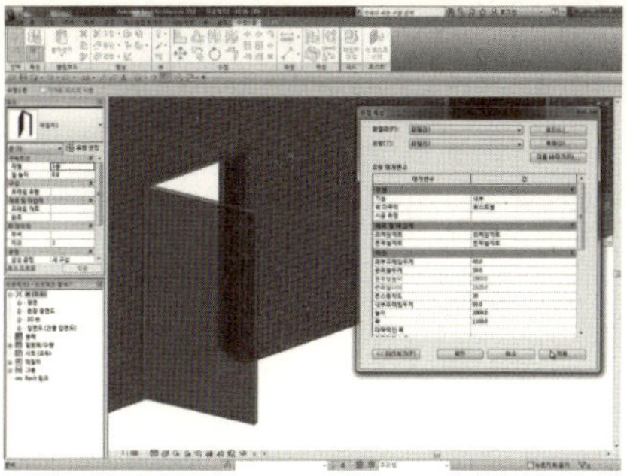

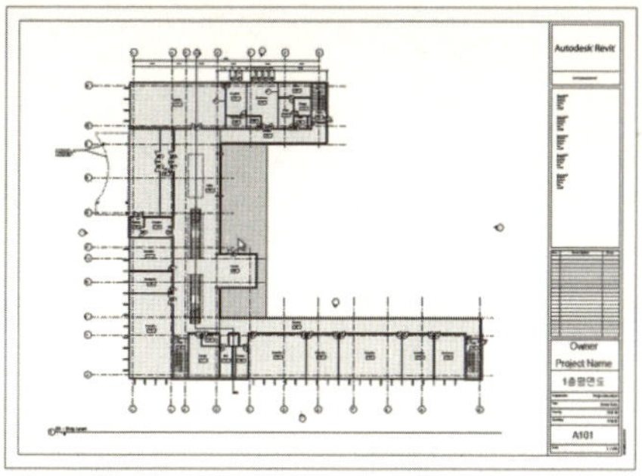

4.2.3 물량산출

BIM 모델링 데이터는 다양하게 활용할 수 있지만 그 중 대표적인 것은 각 부재의 속성정보를 추출하고, 이를 사용자가 원하는 대로 일람표로 구성하는 것이다.

이번에는 일람표 기능을 활용해서 콘크리트 물량을 산출해 본다. 먼저 Table Start.Rvt 파일을 열고 다음 그림을 참고하여 프로젝트 탐색기의 일람표/수량에서 마우스 우클릭으로 새 재료 견적을 클릭하고 다중 카테고리를 선택하고 확인을 누른다.

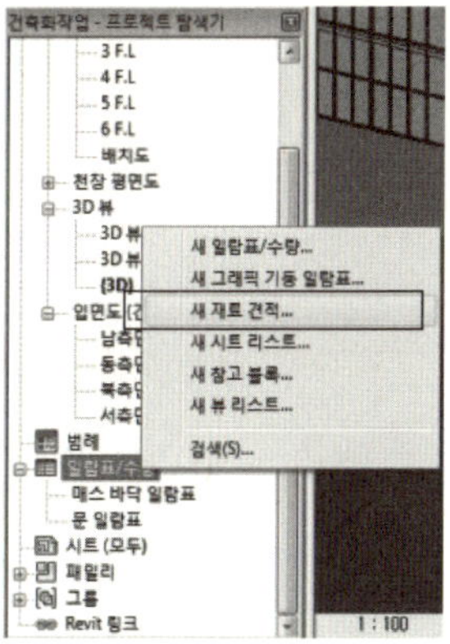

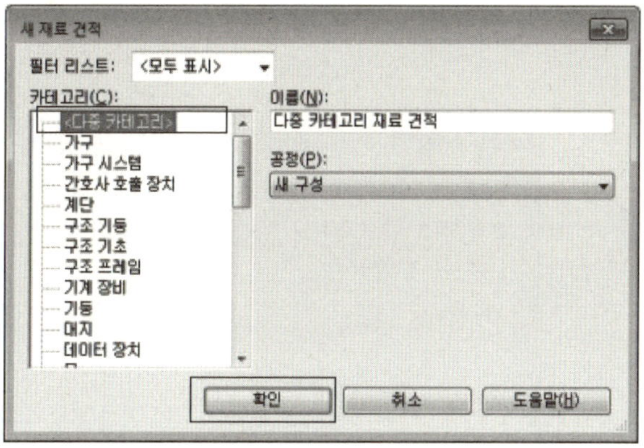

재료견적 특성창이 나타나면 필드 탭에서 일람표를 구성하고자 하는 필드를 추가한다. 다음 그림과 같이 레벨, 재료:이름, 재료:볼륨을 추가해 보자.

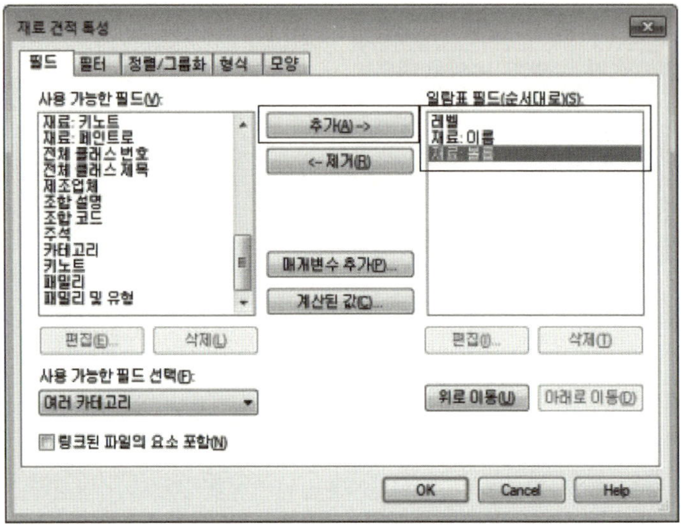

필터를 이용하면 원하는 데이터만을 추출해낼 수도 있다. 콘크리트 재료에 대한 물량만을 출력하려면 다음 그림처럼 필터 탭에서 필터기준을 재료:이름과 같음으로 설정해 주고 콘크리트라고 입력한다.

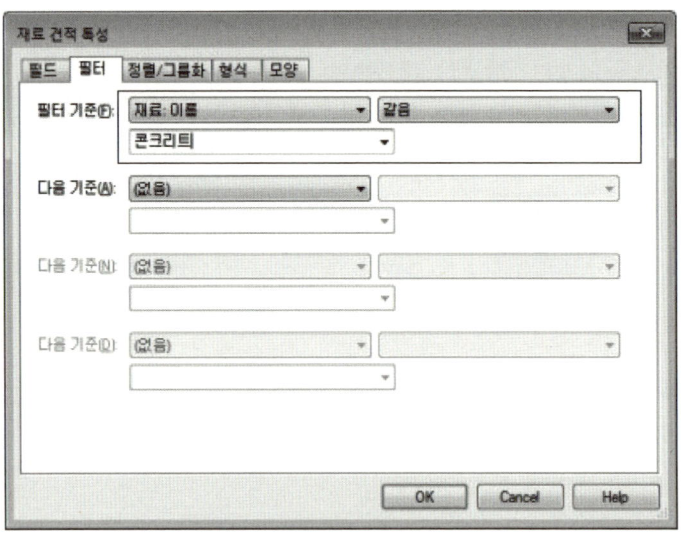

이제 콘크리트 재료에 대한 물량의 합계를 구해 보도록 한다. 정렬/그룹화 탭에서 총계에 체크하고 합계 만으로 설정한 뒤 OK를 클릭한다.

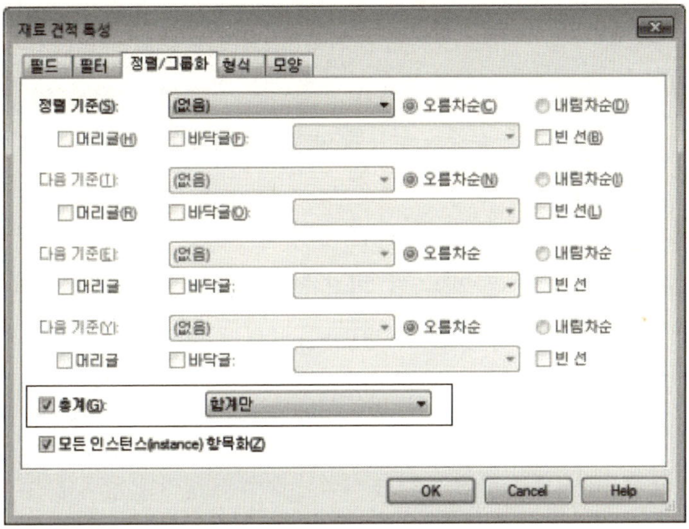

다중 카테고리 재료견적의 이름을 콘크리트 물량이라고 바꾸게 되면 콘크리트에 대한 물량산출 일람표 작성이 완료된다.

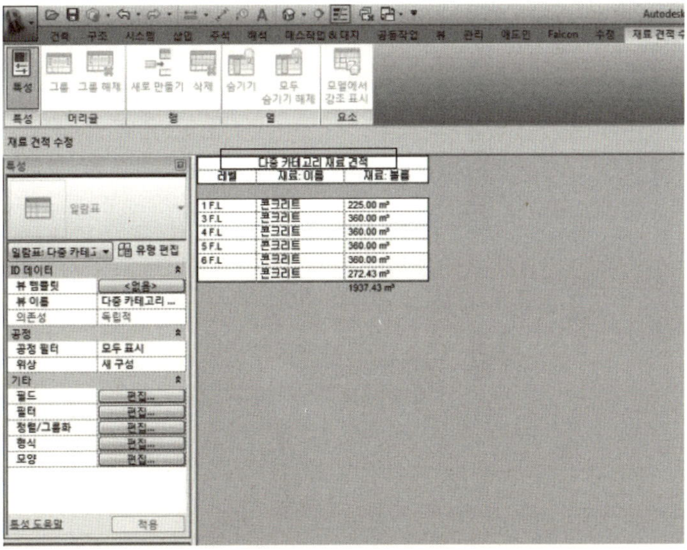

마찬가지로 위와 같은 방법으로 문, 창, 룸, 각 재료 등에 대한 속성 정보를 일람표로 구성할 수 있다.

모델러에서 산출되는 수량은 일반적으로 형상에서 직접 얻어올 수 있는 길이, 면적, 부피 등 1차 면적에 해당하는 것들이다. 예를 들어 거푸집, 벽지 등 마감 수량은 벽체 등에서 특정 부분만큼 공제한 수량이 되어야 한다. 이를 엑셀이나 수량견적 프로그램에 정의한 실제 수량 산출서 산식에 대입해 2차 수량을 얻는 것이 일반적이다.

4.2.4 시트생성

정확한 3D 모델링 데이터를 생성했다면, 거기에서 2D 도면을 작성하는 것은 어렵지 않다. BIM 모델링으로부터 추출한 다양한 뷰(평면도, 단면도, 상세도 등)를 배치하여 도면을 자동으로 구성할 수 있다.

다음으로 Sheet Start.Rvt 파일을 열고 그림처럼 프로젝트 탐색기의 시트에 마우스 오른쪽을 클릭한 후 새 시트를 클릭한 다음 원하는 도곽 패밀리를 선택한다. 목록에 원하는 패밀리가 없을 경우 로드를 클릭해서 패밀리를 불러올 수 있으며, 필요에 따라 원하는 규격과 형태로 생성할 수도 있다.

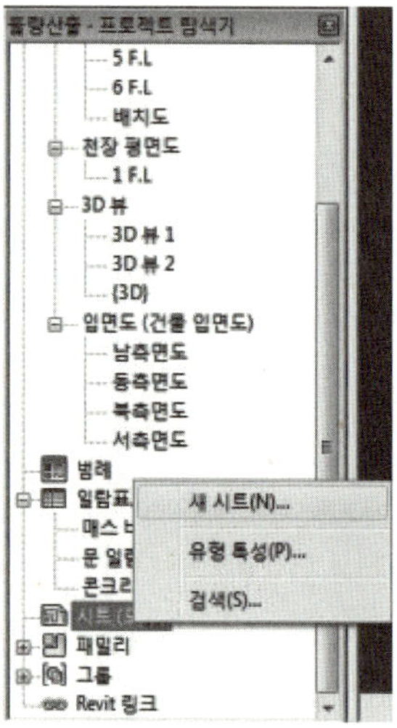

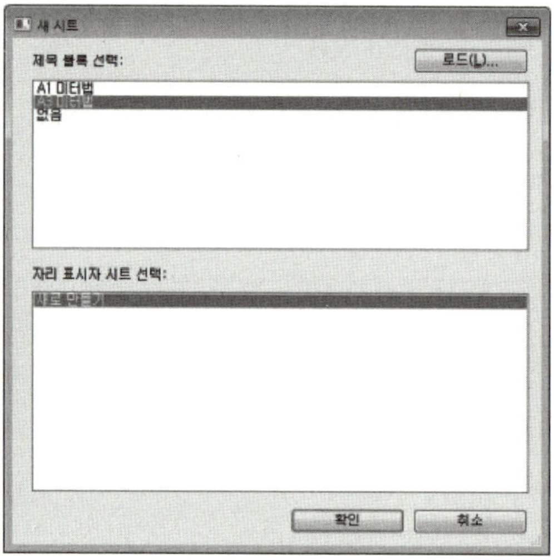

이제 프로젝트 탐색기에서 시트에 넣을 뷰를 드래그 앤 드롭으로 가지고 오면 다음 그림과 같이 시트에 뷰가 들어오게 된다. 뷰의 크기가 시트와 맞지 않을 경우 해당 뷰의 축척을 조정해서 크기를 변경할 수 있다. 또한 시트에서 소유자, 프로젝트 이름 등을 수정할 수도 있다.

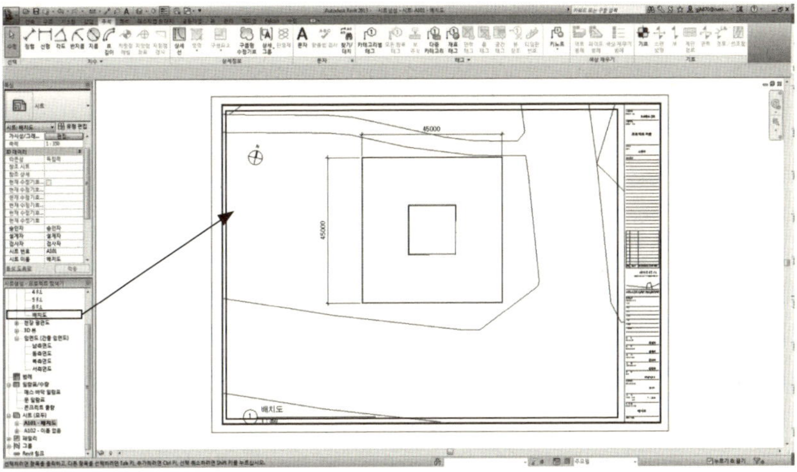

다음 그림과 같이 여러 뷰를 불러와서 하나의 시트에 배치할 수 있다.

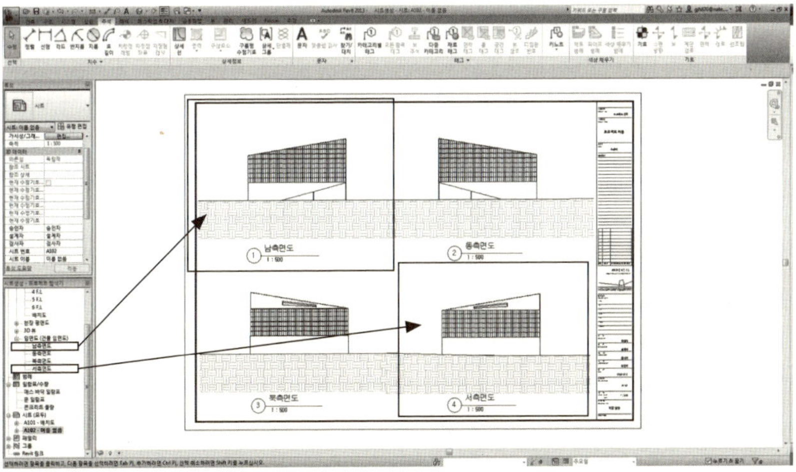

앞의 그림처럼 일람표를 비롯한 작업과정에서 생성된 모든 2D 및 3D뷰를 시트로 가져와서 도면을 구성할 수있다.

다만, 실시설계와 같이 매우 상세하게 단면의 구성요소와 치수, 주석 등을 표시해야 하는 경우 BIM 모델러에서 자동으로 이런 부분까지 완벽하게 생성해 주지는 않는다. 이 부분들은 직접 캐드 작업을 해야 하거나 모델러에서 제공하는 API(Application Program Interface)를 이용해 오토메이션(자동화. Automation)해야 하는 부분이다. 이런 이유로 BIM 모델에서 직접 수량을 산출하는 것도 한계가 있으며 실시설계에서 추가적으로 처리된 건물 시공 및 설치요소가 있다면 이를 별도로 추출해 수량산출을 해줘야 한다.

이 경우, 문제가 되는 것은 설계변경시 수작업으로 캐드 작업 및 수량 산출 작업한 것을 매번 다시 많은 시간을 들여 작업해야 하다는 것이다. 이는 생산성에 아주 큰 악영향을 준다. 실무에서는 이런 설계변경이 수 십건 이상 발생한다. 불필요한 설계변경들로 인해 설계조직은 단순작업에 많은 엔지니어 인력이 투입된다.

그러므로 앞으로 설계변경시에도 파라메트릭하게 디자인을 변경하면 이에 따른 산출물이 자동으로 생성될 수 있도록 BIM 모델링에서 제공하는 API를 이용해 오토메이션하는 엔지니어링 기법이 실무에서 많이 개발되고 활용될 것이다.

4.2.5 결론

지금까지 상세디자인에 관한 디자인을 일부 부재에 대해 해 보았다. 상세디자인은 기본디자인에 비해 좀더 정확하게 설계의도와 공사수량을 표현하는 행위이며 발주가 가능한 정도로 견적을 처리하고 시공이 가능할 만큼 현실적인 구조와 환경이 고려된 디자인을 만드는 것이 목적이다. 그러므로 좀 더 모델링하는 LOD가 깊어지고 구조해석 등 고려해야 하는 엔지니어링이 많아진다.

BIM 모델링에서도 평면뷰, 단면뷰, 입면뷰 카메라뷰 등의 뷰를 갖게 되는데, 이러한 뷰에 치수, 지시선, 재료명 등의 설명을 붙여 과거에 해오던 형식 그대로의 표현을 발주자가 원하는 경우가 많으므로 도면 등 산출물을 만들 때 이를 고려해야 한다(*주: 현재는 똑 같은 수준의 2D 도면을 모두 만들어낼 거라면 무엇하러 어렵게 BIM 모델링을 추가로 작업해야 하는지 의문이 있다. BIM이라는 좋은 도구를 다루면서도 2D 도면으로 애써 환원하려는 노력을 하는 것은 당분간은 이어질 과도기적 아이러니라 생각한다. 물론 이러한 발주처, 또는 사회의 요구를 거스를 수는 없기에 이 모든 도면화 작업 또한 Revit을 통해 만들어낼 수 있다).

건축물은 벽이나 바닥, 기둥, 지붕 등의 기본 단위의 조합으로 이루어져 있을 뿐만 아니라, 제품단위의 많은 요소들을 함께 포함하고 있다. 창, 문, 조명, 가구 등이 그것인데, 이러한 제품단위의 구성요소들을 고유 객체로 다룰 수 있고, 각각의 객체는 라이브러리화할 수 있다. Revit에서는 이를 패밀리라 부르며 모든 패밀리는 사용자가 원하는 고유한 형태로 만들 수 있다. 이렇게 만들어진 객체의 모음을 프로젝트별, 또는 종류별로 분류하여 관리할 수도 있으며, 새로운 프로젝트에 재활용할 수 있다. 다만, 어느 정도 LOD를 프로젝트 목적에 부합하도록 형상과 속성 모델링 수준을 명확히 정의하는 것이 선행되어야 할 것이다.

4.3 구조 디자인 - Advance Steel

4.3.1 개요

이 장에서는 구조 디자인을 간단히 실습해 보기로 한다. 구조 디자인에 사용되는 프로그램 중 TEKLA와 같은 유명한 것이 있으나 설치 및 사용에 라이센스 계약 등 손쉽게 사용하기에는 어려운 점이 있다. 여기에서는 쉽게 다운로드해 설치한 후 구조 디자인을 실습해 볼 수 있는 어드벤스 스틸을 사용한다.

어드벤스 스틸(Advance Steel)은 1986년 프랑스에서 설립된 GRAITEC 사에서 개발한 철골 구조 모델링 소프트웨어로, 유럽을 중심으로 전세계 3만 여명의 유저가 사용중이다. GRAITEC은 어드벤스 스틸 외에 어드벤스 콘트리트(Advance Concrete), 어드벤스 디자인(Advance Design)이라는 BIM 솔루션을 보유하고 있다.

어드벤스 스틸은 초기에 AutoCAD의 플랫폼을 그대로 사용하여 AutoCAD 환경에 익숙한 대다수의 사용자들이 쉽게 접근하고 운용하도록 했다. 이후 단독 엔진이 개발되면서 Advance Steel 2012 이후 버전부터는 AutoCAD 없이도 실행이 가능하다.

어드벤스 스틸은 기본적으로 DWG 포맷을 사용하며, IFC, DWF(2013버전부터 가능) 등으로 export할 수 있다. 또한 CNC나 NC 머신을 통해 바로 제작이 가능하도록 DSTV, DXF 및 NC 파일을 생성할 수 있다.

또한, 레빗으로 모델링한 데이터를 가져와서 어드벤스 스틸을 이용해 철골 부재 간의 접합을 생성할 수 있다. 이를 위해서는 레빗에서 데이터를 내보내기 할 수 있는 플러그인을 설치해야 한다. All BIM 포털(http://allbim.kr) 자료실 또는 GRAITEC 홈페이지(http://

www.graitec.com)에서 무료로 다운받을 수 있다.

어드벤스 스틸의 주요 특징은 수 백개의 Connection 데이터베이스를 이용한 손쉬운 3D 철골 구조물 설계, 3D를 이용한 부재간 자동 간섭체크, 완성된 3D 모델을 이용한 Isometric, 평 · 입 · 단면도, 단품도, 조립도, 전개도 등의 도면 자동 생성기능과 문서 매니저를 통한 각종 리스트, 도면, BOM, NC파일 등의 자동 리비전 관리, 대규모 프로젝트를 위한 협업 기능 둥이 있다.

4.3.2 실습

어드벤스 스틸 자체 내에서도 부재 생성이 가능하지만, 통합설계 프로세스를 진행할 경우 활용할 수 있도록 여기서는 레빗으로 모델링한 데이터를 어드벤스 스틸로 내보내기해서 접합부를 생성하는 방법을 살펴보기로 하겠다.

다음 내용은 AutoCAD 플랫폼을 사용하는 Advance Steel 2012 버전으로 진행하였다.

먼저 레빗 모델링 데이터를 내보내기 할 수 있도록 GRAITEC Exporter를 설치한 후, 다음 그림과 같이 Structure_AdvanceSteel.Rvt 파일을 열고 export 하게 되면, 레빗파일이 저장되어 있는 위치에 gtc의 확장자를 가진 파일이 하나 생성된다.

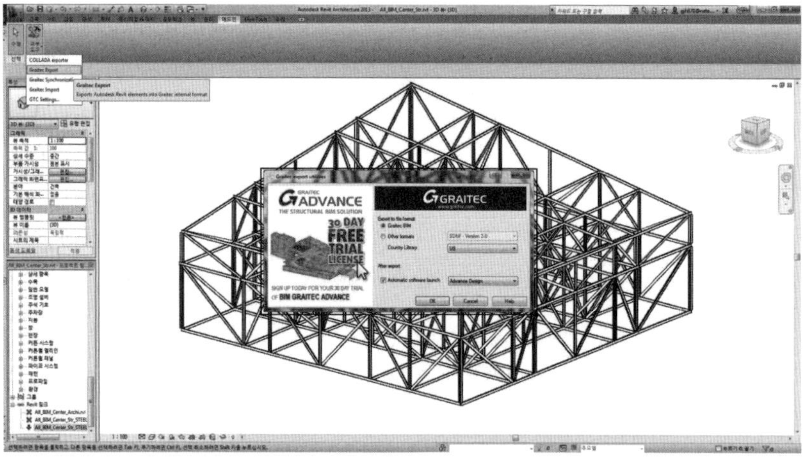

이제 어드벤스 스틸을 실행하여 다음 그림처럼 메뉴의 AS Tool 탭에 있는 Gratec BIM Import를 클릭한 후 레빗에서 내보낸 파일을 선택한다. 그런 다음 레빗에서 생성한 각 부재의 유형 및 재료를 어드벤스 스틸에 탑재되어 있는 부재 유형에 맞게 연결해 주면 import가 완료된다.

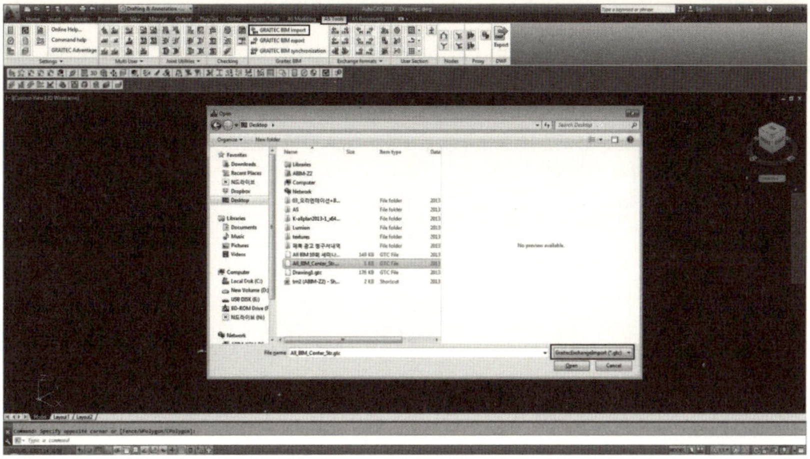

그런 다음에는 각 부재 간의 접합부를 생성해 주면 된다. AS Modeling 탭의 Connection Vault를 클릭하면 다양한 접합 라이브러리 목록이 나타난다. 이 중에서 Base Plates를 생성해 보겠다. 다음 그림과 같이 목록에서 Base Plate를 클릭한 후, 하위 카테고리들 중 Base Plate를 선택한다. 그 다음으로 생성하고자 하는 철골기둥을 하나 클릭하고, 이어서 마우스 휠버튼(또는 중간버튼)을 클릭하면 다음 그림처럼 Base Plate가 생성된다. 이처럼 접합부는 마우스 클릭 몇 번으로 손쉽게 생성되며, 선택해야 하는 부재와 클릭 순서는 라이브러리 목록에 각 접합부별로 설명되어 있다.

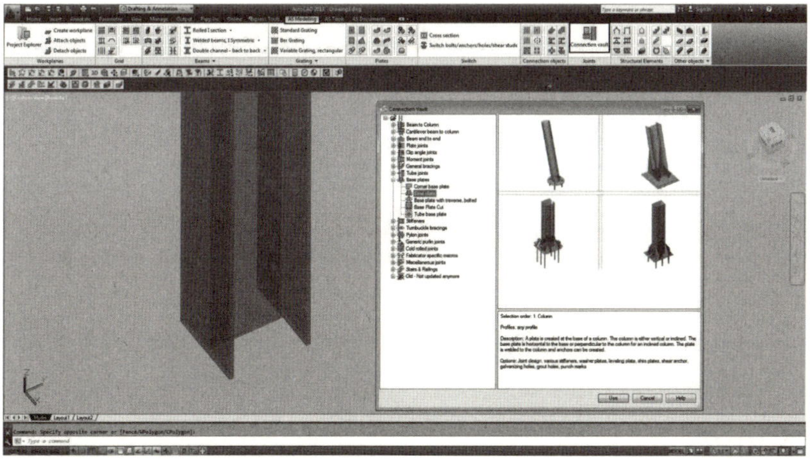

Base Plate를 생성하고 나면 다음 그림처럼 세부 설정 창이 나타나는데, 여기서 Stiffener, Plate, Bolt 등 관련된 옵션들을 세부적으로 설정할 수 있다.

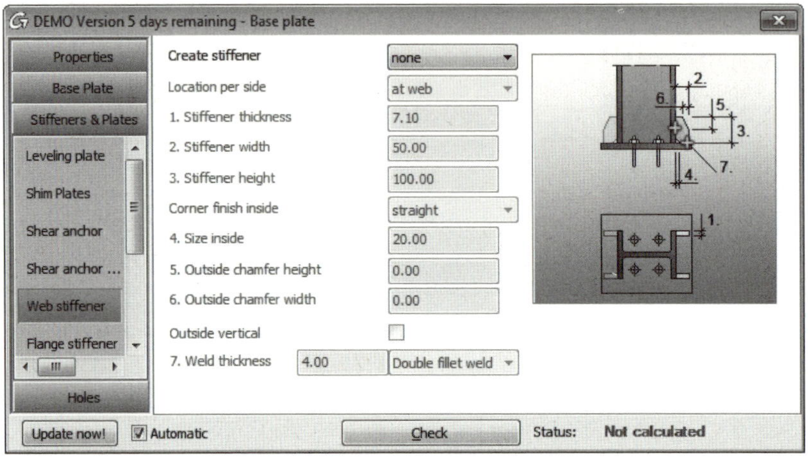

세부설정을 완료하면 다음 그림과 같이 Base Plate를 완성할 수 있다.

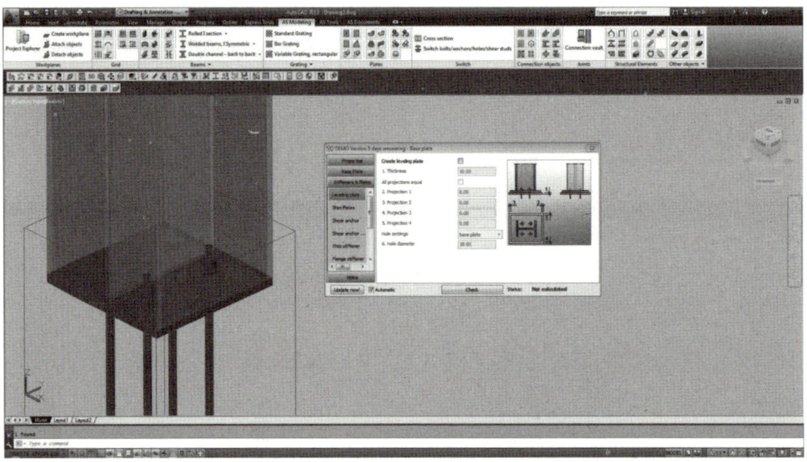

이번에는 Haunch Joint를 생성해 보겠다. 앞서 했던 방식과 마찬가지로 화면상단 AS Modeling 탭에 Connection Vault를 클릭하면 접합 목록 라이브러리가 나타난다. 이 중에서 Beam to Column의 하위 카테고리에서 Knee of frame bolt, with haunch를 선택한 후 기둥과 보를 클릭해서 Joint를 생성하면 된다. 마찬가지로 다양한 종류의 Joint를 위와 같은 방식으로 여러 부재에 생성할 수 있다.

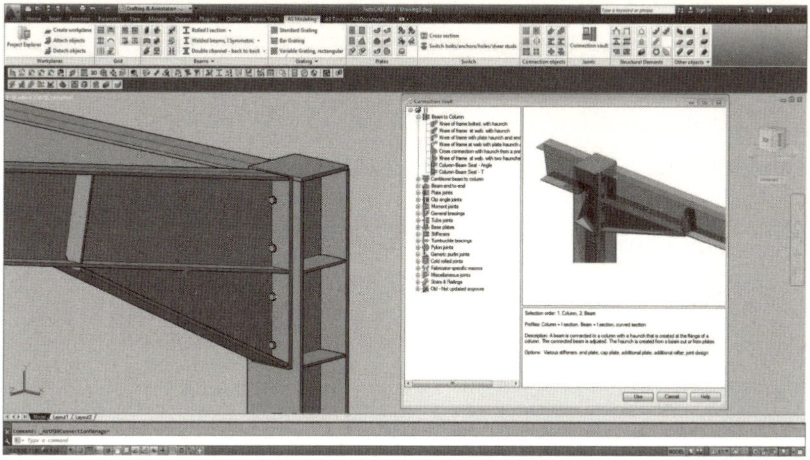

이번에는 Bracing 생성에 대해 알아보겠다. 화면상단 AS Modiling 탭에서 Bracing을 클릭하고 첫 번째 부재의 하단 노드점과 두 번째 부재의 상단 노드점을 선택하면 쉽게 생성된다. 그리고 Bracing 생성시 선택한 부재에 생성되지 않을 경우 UCS 설정해 주면 된다. 생성이 완료됨과 동시에 세부설정 창이 생성되는데 여기서 Bracing Type, Section, Geometry 등을 각각의 옵션을 설정할 수 있다.

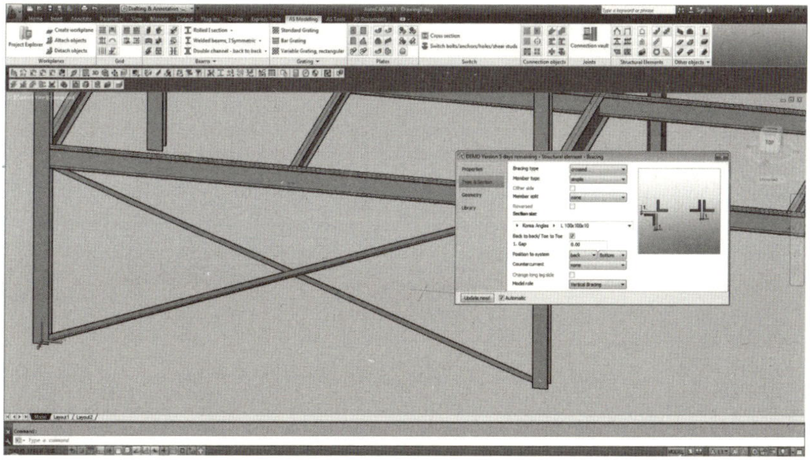

Split, Splice and Moment에 대해 알아보겠다. 화면 상단에 AS Tools에 Splice and Moment 아이콘을 클릭하고 기둥과 보를 선택하면 다음 그림과 같이 기둥에서 얼마 만큼의 거리에서 보를 잘라서 접합할 것인지를 Split Distance 에 입력해 주면 된다.

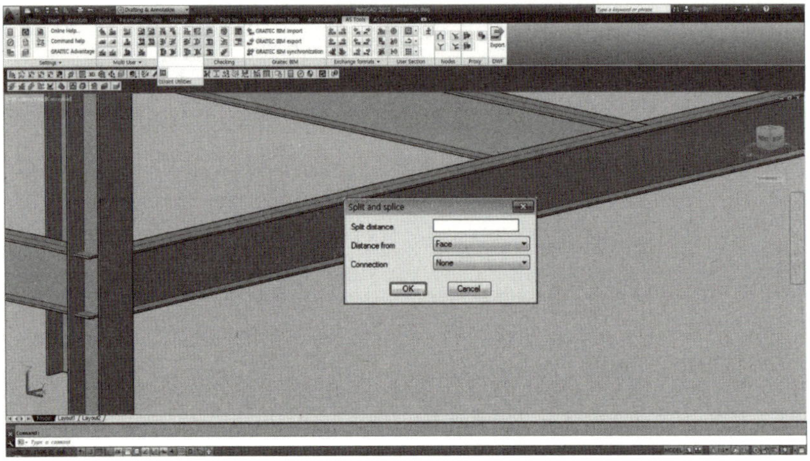

생성된 접합부재를 선택하고 마우스 오른쪽 클릭으로 Advance Joint Properties 선택하면 다음그림과 같이 생성된 접합 부재의 옵션을 설정할 수 있는 창이 나타난다. 여기서 생성된 부재의 Web, Bolt, Flange 등 각종 옵션들을 설정할 수 있다.

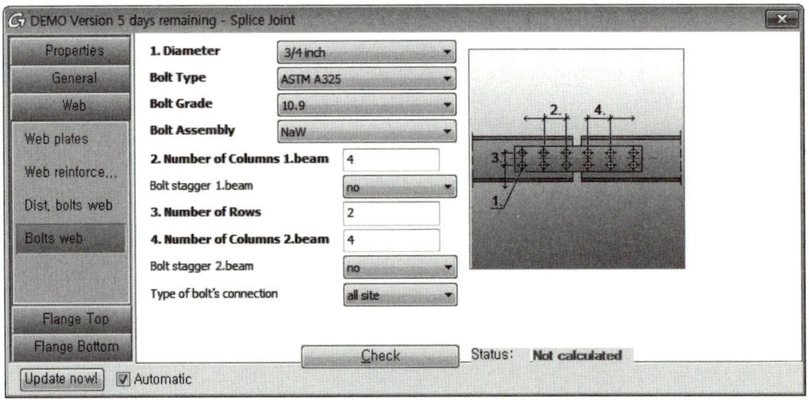

각각의 옵션들을 변경하여 다음 그림과 원하는 형태의 접합을 완성할 수 있다.

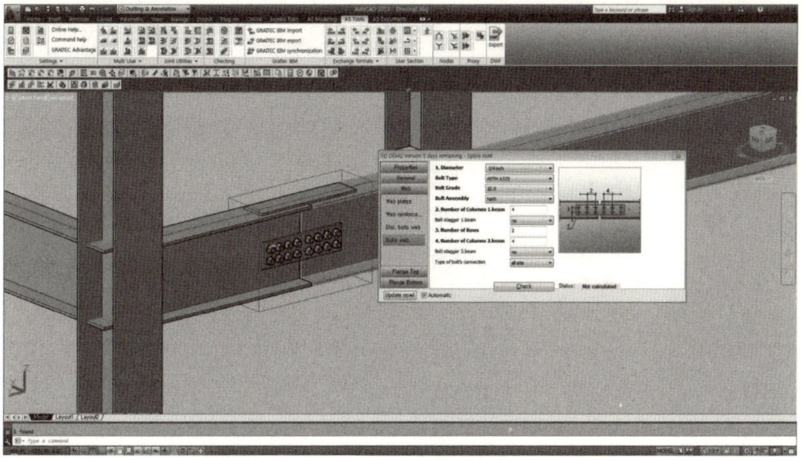

이번에는 계단을 생성해 보겠다. 먼저 계단이 생성될 위치에 참조선을 그려놓고, AS Modeling 탭에서 Straight Stair를 선택한다. 그리고 미리 그려놓은 참조선에서 계단의 시작점과 끝점을 클릭하면 계단이 생성되며 생성과 동시에 설정창이 나타나는데 이때 계단의 Length, Height, Stringer, Tread 등 여러 가지 설정을 할 수 있다.

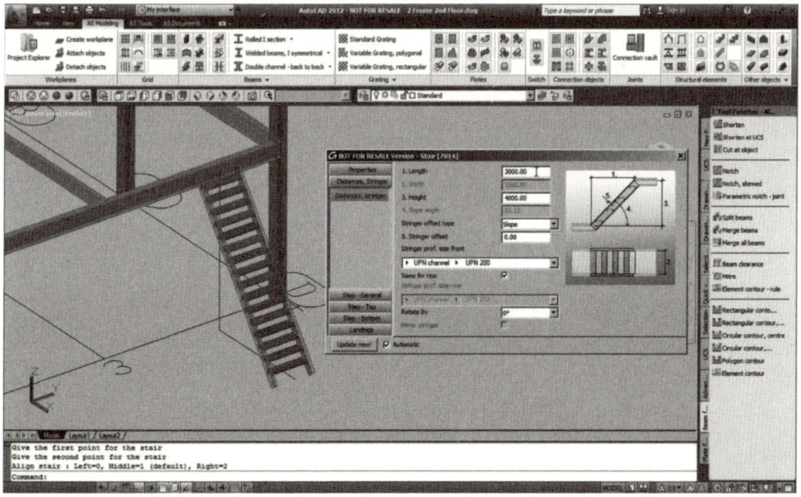

위와 같은 방법들로 생성된 부재와 접합부들은 다음 그림과 같이 조립도, 부품도, NC File로 도면화해서 출력 및 관리할 수 있고, Advance Steel에서 생성한 도면을 AutoCAD에서 직접 수정할 수도 있다.

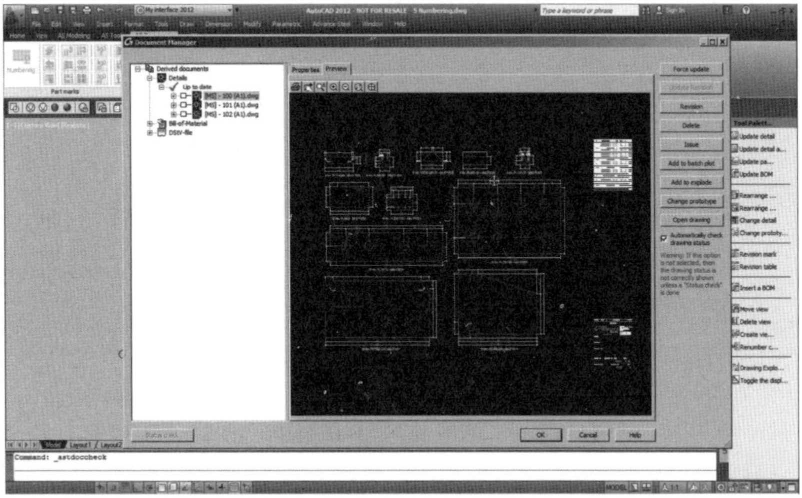

4.3.3 결론

이 장에서는 구조 디자인의 개념을 알아보고 손쉽게 접근할 수 있는 구조 디자인 모델러를 이용해 실습을 해보았다. 이렇게 만들어진 구조 모델을 이용해 구조해석, 간섭 체크 등에 효과적으로 활용할 수 있다.

Collaborative architecture design with BIM

BIM 기반 건축 협업 디자인

5. 시공 디자인

5. 시공 디자인

5.1 개요

이 장은 시공 디자인과 관련된 4D, 5D에 관련된 내용을 다룬다. 4D, 5D는 BIM을 설명할 때 꼭 빠지지 않는 기술인데 이는 BIM의 특징을 명확하게 보여주는 예이기 때문일 것이다.

4D는 3D 객체들에 공사시점을 연계함으로써 특정시점에 계획된 공사진도와 해당 시점의 실제 공사진도를 3D로서 확인할 수 있다. 이는 3D 애니메이션을 만들때 타임프레임에 따른 객체의 가시화 및 애니메이션 기법과 매우 유사한 기술이다.

5D는 4D에 비용 정보를 추가한 것으로 특정 공사시점에 대한 시공비용을 확인할 수 있다.

4D, 5D용어는 3D에서 정보를 하나씩 추가할 때마다 차원이 하나씩 늘어나는 것과 유사하기 때문에 마치 좌표계 차원이 늘어나는 것처럼 용어를 정의한 것이다.

실제로 4D 및 5D를 적용하기 위해서는 연결된 BIM객체(*주: 굳이 BIM 객체일 필요는 없다. 4D, 5D모델러가 불러들일 수 있는 파일 포맷은 보통 3D모델러에서 모델링된 것이라면 대부분 처리할 수 있다)의 LOD를 고려해야 하는 데 이때는 각각 실제 공사를 고려한 공정과 견적에 적합한 형상으로 모델링되어야 한다.

예를 들어 공사현장에서는 건설자재, 건설기계, 작업환경, 인력 및 한 번에 작업할 수 있는 분량 등 현장 시공성을 고려해 시공을 하기 때문에 슬래브의 경우도 한번에 전체 한 층을 모두 시공할 수가 없다. 이런 경우 시공성을 고려해 슬래브도 여러 부분으로 적절히 분할해 3D모델링되어야 하며 이 모델에 적절히 4D, 5D 정보를 연결시켜야 한다. 그렇지 않을 경우 4D, 5D는 시공성을 고려되지 않은 그림일 뿐이다.

국내의 경우 설계와 시공이 분리되어 발주가 되기 때문에 4D, 5D가 계획단계에서 타당성 검토 정도로 만 활용되는 경우가 대부분이다. 발주방식이 설계와 시공이 통합 발주되어 이 프로젝트를 수행하는 전문가들이 유기적으로 함께 작업을 하지 않으면 4D, 5D 모델을 만들었다 하더라도 시공단계에서는 쓸모없는 모델이 된다.

해외의 경우 발주자가 IPD, ECI(Early Contractor Involvement) 등의 발주제도를 통해 설계나 시공에 관한 정보가 건설 프로세스 초기단계에서 의논되고 통합될 수 있도록 노력하고 있다. 그러나 국내에서는 발주제도의 한계때문에 정보를 초기에 통합하기 어렵고 이로 인해 건설 시공현장에서 설계된 것과는 별개로 시공과 관련된 도면을 다시 만드는 경우가 많다.

이 장에서는 4D, 5D 정보를 모델링하기 위한 모델러를 알아보고 핵심적인 부분을 실습해 보도록 한다.

5.2 공정 디자인 – Microsoft Project

5.2.1 개요

MS-Project는 Microsoft에서 프로젝트 관리기법을 참고하여 개발된 프로그램으로 프로젝트 관리시 필요한 비용, 일정, 인력과 같은 리소스 관리를 효과적으로 지원한다. 프로젝트 관리에서 가장 많이 사용되고 있는 프로그램 중 하나이며 편리한 사용자 인터페이스를 지원한다.

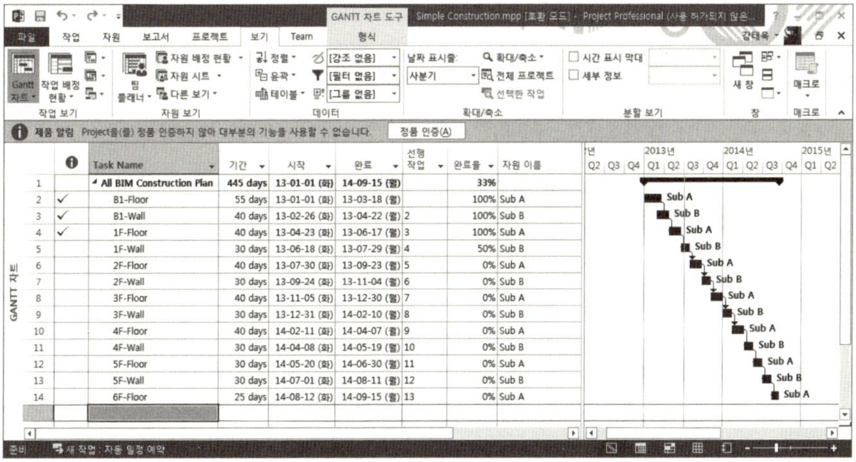

그림. MS-Project 의 Gantt 차트

프로젝트 관리는 발주자가 원하는 목적물을 성공적으로 완성하기 위해 제한된 작업범위, 시간, 비용, 인력, 재료와 같은 리소스를 효과적으로 관리해 공사 프로젝트를 진행하여 인도하는 관리행위이다. 이 중 작업범위, 시간, 비용을 프로젝트 관리에서 3대 제약사항이라고 하며 성공적인 프로젝트 완수를 위한 중요한 관리요소로 다루어지고 있다. 참고로 MS-Project에서는 범위, 시간, 비용을 WBS(Work Breakdown Structure)와 자원시트(Resource sheet)에서 설정하고 관리할 수 있다.

PMBOK(Project Management Body Of Knowledge)은 프로젝트를 어떻게 효과적으로 관리하는지를 설명한다.

5.2.2 PMBOK

MS-Project를 다루기 전에 PMBOK에 대해 미리 이해를 하고 있으면 작업하기 수월하다. PMBOK은 PMI(Project Management Institute, www.pmi.org)에서 만든 프로젝트 관리를 위한 프레임웍이다.

그림. PMI 홈페이지
(www.pmi.org *주: 회원가입을 하면 PMBOK과 관련된 각종 온라인 교육 및 지침, 성숙도 모델과 같은 서비스뿐 아니라 각 분야에서 프로젝트 관리 협업을 통해 배운 교훈 등을 나누는 지식센터 서비스 등을 받을 수 있다)

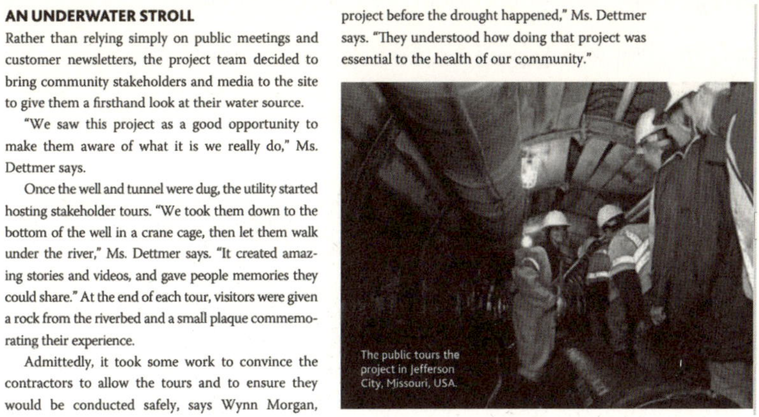

AN UNDERWATER STROLL

Rather than relying simply on public meetings and customer newsletters, the project team decided to bring community stakeholders and media to the site to give them a firsthand look at their water source.

"We saw this project as a good opportunity to make them aware of what it is we really do," Ms. Dettmer says.

Once the well and tunnel were dug, the utility started hosting stakeholder tours. "We took them down to the bottom of the well in a crane cage, then let them walk under the river," Ms. Dettmer says. "It created amazing stories and videos, and gave people memories they could share." At the end of each tour, visitors were given a rock from the riverbed and a small plaque commemorating their experience.

Admittedly, it took some work to convince the contractors to allow the tours and to ensure they would be conducted safely, says Wynn Morgan, project before the drought happened," Ms. Dettmer says. "They understood how doing that project was essential to the health of our community."

The public tours the project in Jefferson City, Missouri, USA.

그림. PMI 홈페이지의 지식센터에서 서비스하는 프로젝트 관리 케이스 스터디
(Wynn Morgan, Public tours of a water-filtration tunnel help build community support for an expensive—and otherwise invisible—infrastructure project, Missouri american Water, st. Louis County, Missouri, PM NETWORK JULY 2013, www.pmi.org)

5개의 프로젝트 단계와 9개의 프로젝트 지식 관리 영역에 대해 기술하고 있으며 프로젝트 관리를 어떻게 해야 하는지 가이드하고 있다. 5개의 프로젝트 단계는 착수, 기획, 실행, 감시 및 통제, 종료로 구성되어 있으며 9개의 프로젝트 지식 관리 영역은 범위, 시간, 원가, 품질, 인적자원, 의사소통, 위험, 조달, 통합 관리로 구성되어 있다.

	Initiating	Planning	Executing	Controlling	Close
Project Integration Management	Develop Project Charter Develop Preliminary Project Scope	Develop Project Management Plan	Direct and Manage Project Execution	Monitor and Control Work Integrated Change Control	Close Project
Project Scope Management		Scope Planning Scope Definition Create WBS		Scope Verification Scope Control	
Project Time Management		Activity Definition Activity Sequencing Activity Resource Estimating Activity Duration Estimating Schedule Development		Schedule Control	
Project Cost Management		Cost Estimating Cost Budgeting		Cost Control	
Project Quality Management		Quality Planning	Perform Quality Assurance	Perform Quality Control	
Project HR Management		Human Resource Planning	Acquire Project Team Develop Project Team	Manage Project Team	
Project Communications Management		Communications Planning	Information Distribution	Performance Reporting Manage Stakeholders	
Project Risk Management		Risk Management Planning Risk Identification Qualitative Risk Analysis Quantitative Risk Analysis Risk Response Planning		Risk Monitoring and Control	
12. Project Procurement Management		Plan Purchases and Acquisitions Plan Contracting	Request Seller Responses Select Seller	Contract Administration	Contract Closure

그림. PMBOK의 5개 프로젝트 단계와 9개 프로젝트 지식 관리 영역

이런 PMBOK 프레임웍은 오랜 프로젝트 관리 경험을 바탕으로 한 것이다. 아마 이집트 피라미드와 같은 고대 건축물들 경우에도 프로젝트 관리에 필요한 지식을 가지고 있는 특권층이 있었을 것이나 그에 관한 명확한 기록은 찾아보기 어렵다.

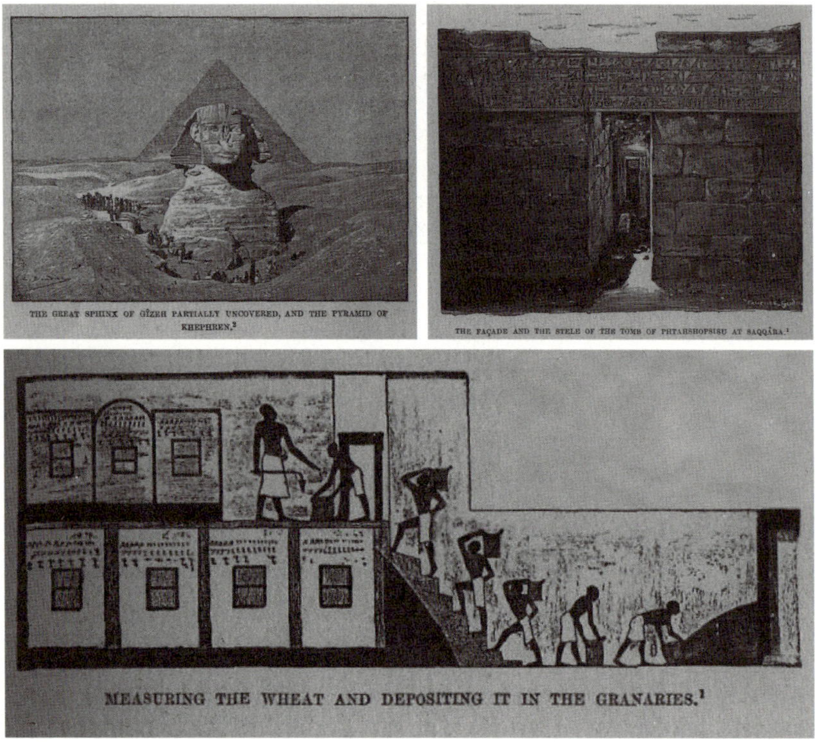

그림. 고대의 프로젝트 관리 기술(G. Maspero, 1901, History of Egypt, London)

산업혁명 시대에 대규모 프로젝트 범위와 리스크를 효과적으로 관리하기 위해 여러 다양한 관리 지식들이 개발되기 시작했는데 그 중에서 1917년 Henry Gantt가 개발한 간트차트(Gantt chart)는 작업범위와 일정을 관리하기 매우 효과적인 도구였다. 관리자는 간트차트를 이용해 달력의 타임라인(timeline)에 수행계획 작업과 수행된 작업을 표시하고 관리할 수 있다.

간트차트는 좌측에 작업(Task)을 나열하고 우측 상단의 타임라인에 따라 각 작업에 대해 계획 시작일과 종료일을 표시한 바(bar)를 표시한다. 실제 진행된 시작일과 진행일은 계획한 일정을 표시한 바 밑이나 안에 색칠을 하거나 그 오른쪽에 완료율을 표시하는 식으로 프로젝트를 관리한다.

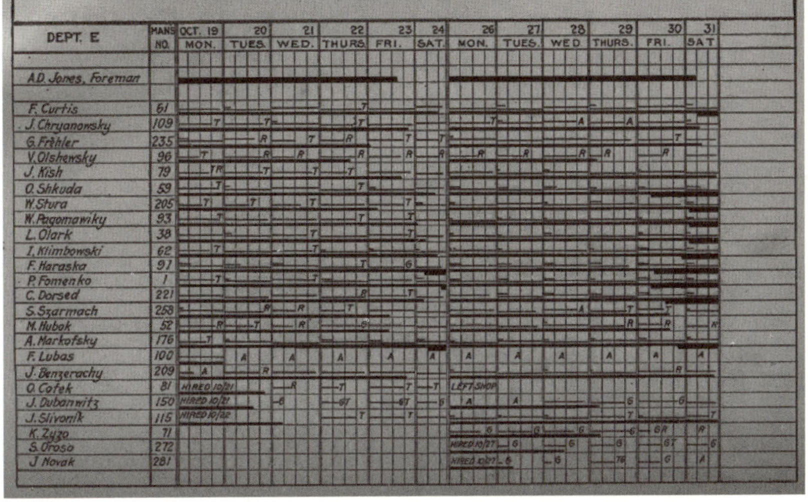

그림. 간트차트(Why are schedules failing?)

이러한 프로젝트 관리 도구는 초기 군사 관련 프로젝트를 효과적으로 관리하고 검토하는데 표준이 되었다. 간트차트는 여전히 오늘에도 표준적인 프로젝트 관리도구로 사용되고 있으나 프로젝트 규모가 매우 복잡한 경우 이 것만으로는 불충분한 경우가 있다.

1958년 Navy Polaris 미사일 개발 프로젝트에서 처음 사용된 PERT(Program Evaluation and Review Technology) 차트는 관리자가 프로젝트 작업 간 관계를 모델링하는데 도움을 주었다. PERT 차트는 작업과 작업 사이에 화살표로 관계를 표시하고 프로젝트 일정을 개선할 수 있는 작업 소요일정과 같은 핵심정보를 작업 위에 써 놓는다. 이를 통해 작업들 중 일정이 밀리면 전체 프로젝트 일정이 지연되는 핵심 작업 경로(Critical path)를 관리자가 관찰하고 문제가 발생하기 전에 미리 조치를 취할 수 있다(Kathy Schwalbe, 2000, Information Technology Project Management, Thomson Learning - Course). 참고로 MS-Project는 Gantt 차트를 통해 PERT 차트를 자동 생성할 수 있다.

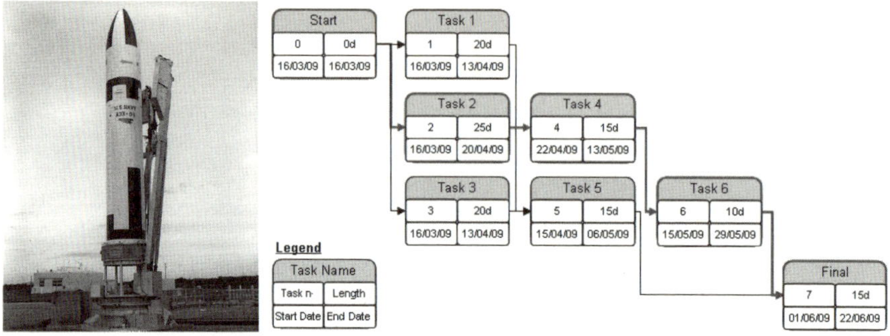

그림. Navy Polaris missile/submarine project(1958) and PERT chart
(PERT Chart Diagram and Method, Free Logistics - The free Supply Chain portal)

1970년대 군사 분야 프로젝트에서 대규모 프로젝트 관리를 위해 소프트웨어를 사용하였는데 초기 프로젝트 관리 소프트웨어는 매우 비싸고 대형 메인프레임 컴퓨터에서만 실행되었으나 지금은 컴퓨터나 타블렛 PC 혹은 클라우드 기반 인터넷 앱에서도 이런 기능들을 제공하고 있다.

5.2.3 실습

실습을 위해서 MS-Project 평가판을 다음과 같이 다운로드 받는다.

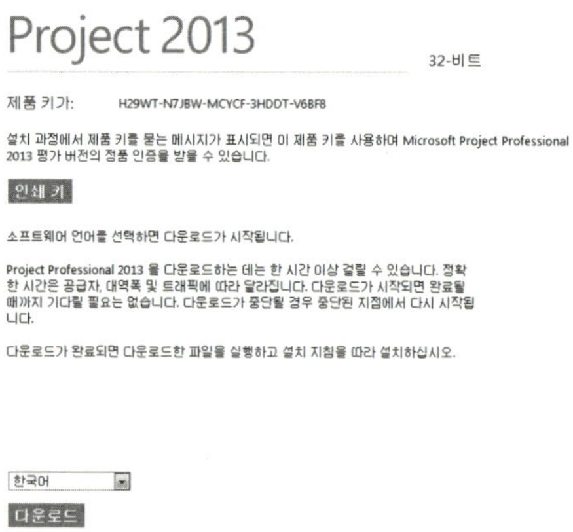

그림. MS-Project 평가판 다운로드
(*주: 현재는 2013버전이 출시되어 있다. http://technet.microsoft.com/ko-kr/evalcenter/hh973401.aspx 링크에서 다운로드 받을 수는 있으나 이런 설치 프로그램 페이지 링크는 자주 바뀌므로 Google 등에서 제품 Download 사이트를 검색해 해당 페이지를 찾은 후 다운로드하는 것이 좋다. 2013버전의 경우 Microsoft 계정으로 로그인해야 다운로드 받을 수 있으며 설치 후 프로그램도 실행할 수 있음에 주의한다)

설치 후 프로그램을 실행하면 다음과 같은 화면이 뜬다. 화면은 크게 위에서부터 메뉴, 리본 메뉴, 작업 시트 창으로 구성되어 있으며 현재 보고있는 창은 [보기] 메뉴에서 변경할 수 있다.

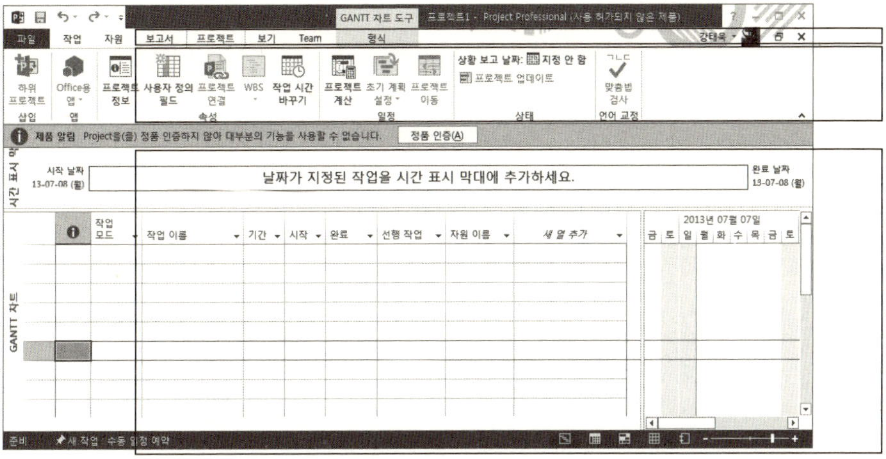

[보기] 메뉴를 선택하면 기본 메뉴가 다음과 같이 변경된다.

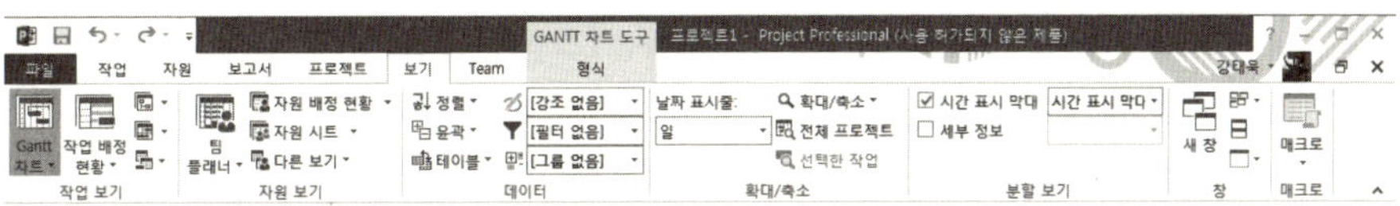

각각 [Gantt 차트] 설정 메뉴, [작업 배정 현황] 보기 메뉴, [팀 플래너], [자원 배정 형환], [자원 시트] 등 여러 개의 프로젝트 관리용 시트로 구성되어 있다. 각 메뉴를 선택할 때마다 현재 보는 시트 창이 변경된다.

이중 자주 사용하는 것만 이용해 간단한 공정관리용 프로젝트를 생성해 보도록 한다.

1. 프로젝트 정보 설정

프로젝트에 대한 정보를 설정하기 위해 [프로젝트] [프로젝트 정보] 메뉴를 선택한다.

다음과 같은 대화상자가 나오는데 프로젝트의 시작 날짜를 선택하고 달력은 "표준"달력으로 선택한다. 여기서 선택된 달력에 의해 공휴일과 같은 작업 불가능한 날짜를 고려해 프로젝트 완료 날짜가 자동으로 계산된다. 이제 확인을 누른다.

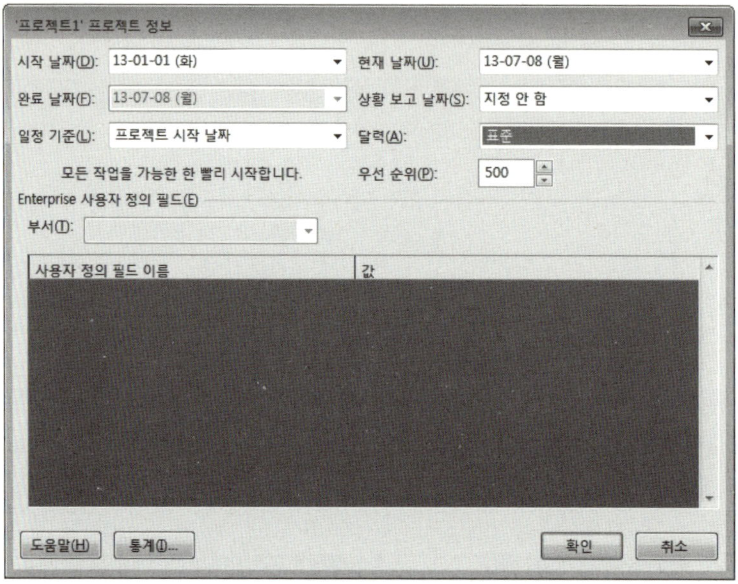

다음으로 [프로젝트] [작업 시간 바꾸기] 메뉴를 선택하여 휴무일 등을 설정한다. 기본적으로 토요일과 일요일은 공휴일로 설정되어 있다. 주 단위로 공휴일을 설정하는 방법은 [작업 주]탭을 선택해 나타나는 작업 주 설정 시트에 [기본값]을 더블클릭하여 해당 요일을 작업 주로 할 것인지 휴무일로 할 것인지 선택하면 된다.

특정일을 공휴일로 선택하기 위해서는 다음 그림과 같이 [예외] 탭에서 나타나는 시트에 첫 번째 행을 원하는 공휴일 이름을 입력한 후 시작날짜와 끝날짜를 입력하면 해당 기간에는 휴무일로 자동 처리되어 작업일수가 계산되지 않는다.

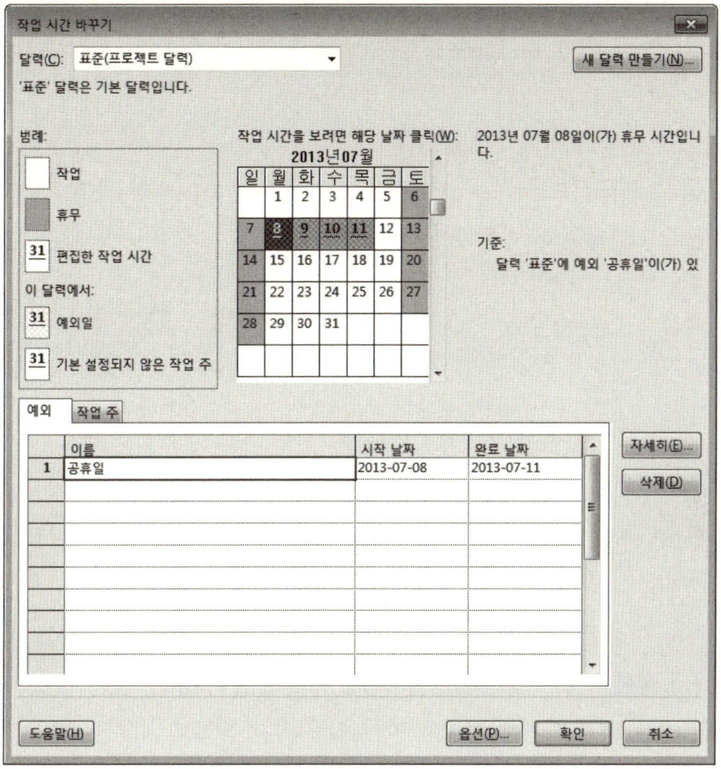

휴무일을 고려하지 않았을 경우 프로젝트 일정관리가 제대로 되지 않는다. 그러므로 프로젝트 일정을 입력하기 전에 반드시 입력하도록 한다.

2. 자원 배정

이제 공사를 위한 자원을 배정해 보도록 한다. 자원의 종류는 작업(자), 재료, 비용이다. 자원시트에서 자원을 소모하는 단위별 비용이나 고정비용을 입력함으로써 계획된 비용과 실제 비용 등을 자동계산할 수 있다. 이를 입력하기 위해 [보기] [자원 시트] 메뉴를 선택한다.

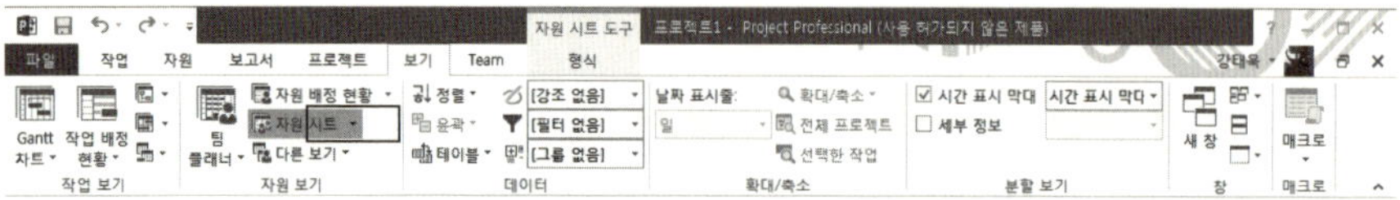

시트 창의 사용 방법은 엑셀과 매우 유사하다.

여기서는 공사 프로젝트가 A 서브팀과 B 서브팀으로 나뉘어져 가장 단순한 방식으로 공사가 진행된다고 가정한다. 다음과 같이 입력한다.

	자원 이름	종류	재료 레이블	이니셜	그룹	최대 단위	표준 작업 시간 급여	초과 작업 시간 급여	기본 사용 비용	계산 시기	기본 달력
1	Sub A	작업		A		100%	₩600,000/시간	₩0/시간	₩0	완료율에 비례	표준
2	Sub B	작업		B		100%	₩300,000/시간	₩0/시간	₩0	완료율에 비례	표준

여기서 입력된 표준 작업시간 급여(Std. Rate)는 작업 단위(여기서는 시간)당 비용을 의미하는 것이며, 초과 작업시간 급여(Ovt. Rate)는 현재 설정된 표준 작업시간 이상 초과되는 경우 비용을 입력하는 것이다. 기본 사용비용(Cost/Use)은 해당 자원을 사용함으로써 고정된 비용이 일시불로 지출되는 비용을 말한다.

적절히 프로젝트 성격과 자원 상황에 맞게 입력한다. 참고로 자원은 작업, 재료, 비용이 있는 데 프린트 용지와 같은 것들도 재료로 설정해 매우 세밀한 비용 관리가 가능하며 비용을 입력하는 방법은 방금 설명한 내용과 동일하다.

3. 작업 범위 및 일정 입력

이제 작업 범위 및 일정을 입력한다. 이를 위해 [보기] [Gantt차트] 메뉴를 선택한다. 다음과 같이 작업 시트 창이 간트 차트를 입력할 수 있도록 변경된다.

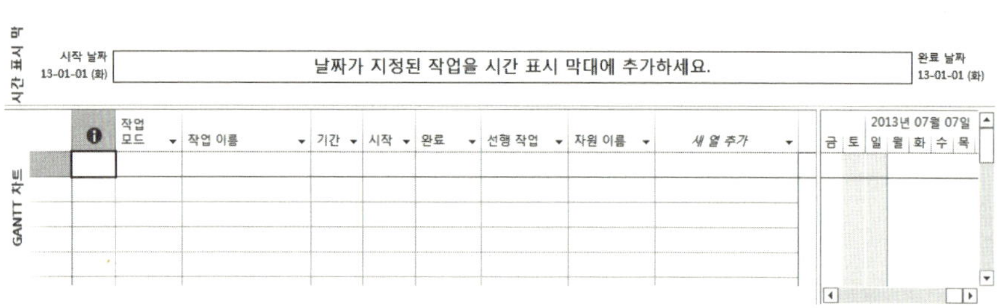

각 필드에 대한 설명은 다음과 같다.

작업모드: 작업 시작날짜를 자동으로 설정할 것인지 수동으로 설정할 것인지 표시한다. 가능한 자동으로 설정해 각 작업의 시작과 완료 일자를 계산할 수 있도록 한다. 그렇지 않으면 중간에 작업기간이 변경될 경우 수동으로 모든 시작 및 완료일자를 손으로 하나씩 입력해야 하는 문제가 발생한다. 수동으로 설정할 작업은 마일스톤(이정표)과 같은 고정된 날짜를 가진 작업인 경우에만 사용한다.

작업이름: 작업 이름을 의미한다. 미리 팀원 간에 약속된 이해하기 편한 이름을 사용한다.

기간: 작업 기간을 입력한다.

시작 및 완료: 시작날짜와 완료날짜를 입력하거나 표시한다.

선행작업: 작업간의 선행관계를 입력한다. 즉, A와 B작업이 선행관계가 있으면 이 두 작업간의 관계를 각 작업번호를 이용해 표시한다.

자원 이름: 해당 행의 작업에 필요한 자원을 설정된 자원 시트의 자원명으로 입력한다.

이외에 프로젝트를 관리할 때 유용한 몇 개 필드가 있는 데 이는 오른쪽 끝에 [새 열 추가] 컬럼에 표시된 콤보박스 버튼을 선택해 추가할 수 있다.

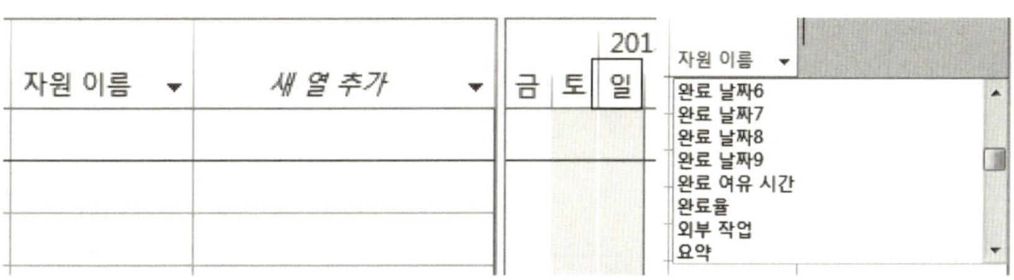

여기서 다음과 같은 필드를 추가하도록 한다.

완료율: 작업을 완료한 비율을 입력한다. 이 비율에 따라 실제 작업비용이 자동으로 계산된다.

비용: 계획된 비용을 의미한다.

실제 비용: 완료율에 따라 계산된 실제 비용을 의미한다.

이외에 프로젝트 관리에 필요한 다음과 같은 정보들도 필드로 추가할 수 있다.

이제 다음과 같이 작업과 일정에 관한 정보를 입력한다. 시작날짜는 직접 입력하지 않고 작업, 기간, 자원만 입력하도록 한다.

	❶	작업 모드	작업 이름	기간	시작	완료	선행 작업	자원 이름	완료율	비용	실제 비용
1			All BIM Construction Plan	1 일	13-01-01 (화)	13-01-01 (화)			0%	₩0	₩0
2			B1-Floor	55 일				Sub A	0%	₩264,000,000	₩0
3			B1-Wall	40 일				Sub B	0%	₩96,000,000	₩0
4			1F-Floor	40 일				Sub A	0%	₩192,000,000	₩0
5			1F-Wall	30 일				Sub B	0%	₩72,000,000	₩0
6			2F-Floor	40 일				Sub A	0%	₩192,000,000	₩0
7			2F-Wall	30 일				Sub B	0%	₩72,000,000	₩0
8			3F-Floor	40 일				Sub A	0%	₩192,000,000	₩0
9			3F-Wall	30 일				Sub B	0%	₩72,000,000	₩0
10			4F-Floor	40 일				Sub A	0%	₩192,000,000	₩0
11			4F-Wall	30 일				Sub B	0%	₩72,000,000	₩0
12			5F-Floor	30 일				Sub A	0%	₩144,000,000	₩0
13			5F-Wall	30 일				Sub B	0%	₩72,000,000	₩0
14			6F-Floor	25 일				Sub A	0%	₩120,000,000	₩0

이제 각 작업의 상위, 하위 개념을 이용해 작업 구조인 WBS(Work Breakdown Structure)를 구성해야 한다. 작업구조의 계층은 매우 많아질 수도 있지만 7~9개 계층을 넘어가지 않도록 하는 것이 좋다. 여기서는 2계층만 사용하기로 한다.

All BIM Construction Plan이 최상위 계층이고 다른 작업들은 이 작업의 하위계층을 구성한다. 이를 설정하기 위해 우선 "B1-Floor" 작업을 작업시트에서 선택하고 [작업][작업 수준 내리기] 메뉴를 선택한다.

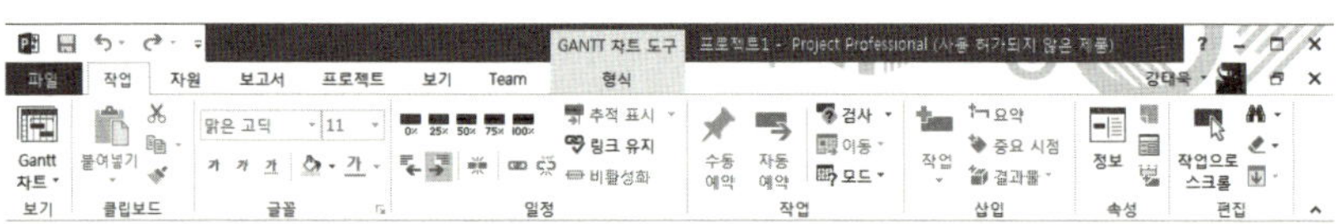

작업수준을 내리면 다음과 같이 바로 위에 있는 작업의 하위작업으로 "B1-Floor" 작업이 포함된 것을 볼 수 있다.

❶	작업 모드	작업 이름	기간	시작	완료
		All BIM Construction Plan	**55 일**	**13-01-01 (화)**	**13-03-18 (월)**
		B1-Floor	55 일		

다른 작업들도 같은 방식으로 All BIM Construction Plan의 하위작업으로 설정한다. 참고로 쉬프트(Shift) 키를 이용해 작업들을 다중 선택하여 [작업 수준 내리기] 메뉴를 선택하면 이와 같은 작업들을 편리하게 할 수 있다.

이제 작업의 선후 관계를 설정해야 한다. 여기서는 간단한게 모든 작업이 순차적으로 이루어진다고 가정한다. 각 작업의 [선행작업] 필드값에 각 작업 바로 전에 수행되어야 하는 작업의 번호를 입력해 작업의 선후 관계를 설정할 수도 있으나 순차적으로 진행되는 작업들을 다중선택해 선후 관계를 자동으로 연결하는 메뉴를 이용할 수도 있다.

다음과 같이 모든 작업을 쉬프트 키를 이용해 다중 선택한 후에 연결고리 모양의 [작업] [선택한 작업 연결] 메뉴를 선택한다.

	작' 모!	작업 이름	기간	시작	완료	선행 작업	자원 이름
		All BIM Construction Plan	**460 일**	**13-01-01 (화)**	**14-10-06 (월)**		
		B1-Floor	55 일	13-01-01 (화)	13-03-18 (월)		Sub A
		B1-Wall	40 일	13-03-19 (화)	13-05-13 (월)	2	Sub B
		1F-Floor	40 일	13-05-14 (화)	13-07-08 (월)	3	Sub A
		1F-Wall	30 일	13-07-09 (화)	13-08-19 (월)	4	Sub B
		2F-Floor	40 일	13-08-20 (화)	13-10-14 (월)	5	Sub A
		2F-Wall	30 일	13-10-15 (화)	13-11-25 (월)	6	Sub B
		3F-Floor	40 일	13-11-26 (화)	14-01-20 (월)	7	Sub A
		3F-Wall	30 일	14-01-21 (화)	14-03-03 (월)	8	Sub B
		4F-Floor	40 일	14-03-04 (화)	14-04-28 (월)	9	Sub A
		4F-Wall	30 일	14-04-29 (화)	14-06-09 (월)	10	Sub B
		5F-Floor	30 일	14-06-10 (화)	14-07-21 (월)	11	Sub A
		5F-Wall	30 일	14-07-22 (화)	14-09-01 (월)	12	Sub B
		6F-Floor	25 일	14-09-02 (화)	14-10-06 (월)	13	Sub A

이제 완료율을 가정해 다음과 같이 입력해 본다. 자동으로 계산된 실재 비용을 확인할 수 있다.

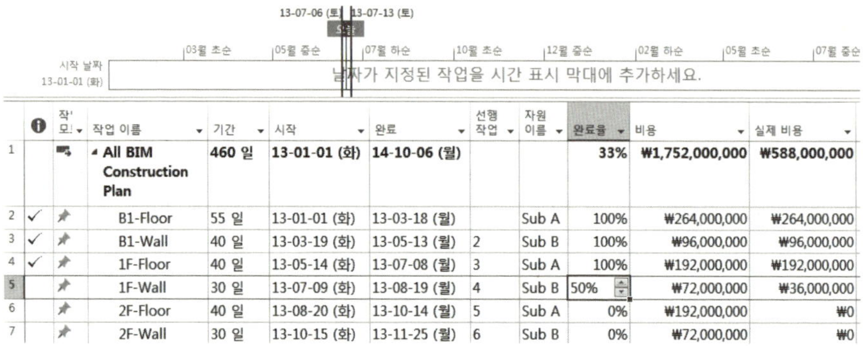
13-07-06 (토) 13-07-13 (토)

시작 날짜 13-01-01 (화) | 03월 초순 | 05월 중순 | 07월 하순 | 10월 초순 | 12월 중순 | 02월 하순 | 05월 초순 | 07월 중순

날짜가 지정된 작업을 시간 표시 막대에 추가하세요.

		작업 모드	작업 이름	기간	시작	완료	선행 작업	자원 이름	완료율	비용	실제 비용
1			**All BIM Construction Plan**	**460 일**	**13-01-01 (화)**	**14-10-06 (월)**			**33%**	**₩1,752,000,000**	**₩588,000,000**
2	✓		B1-Floor	55 일	13-01-01 (화)	13-03-18 (월)		Sub A	100%	₩264,000,000	₩264,000,000
3	✓		B1-Wall	40 일	13-03-19 (화)	13-05-13 (월)	2	Sub B	100%	₩96,000,000	₩96,000,000
4	✓		1F-Floor	40 일	13-05-14 (화)	13-07-08 (월)	3	Sub A	100%	₩192,000,000	₩192,000,000
5			1F-Wall	30 일	13-07-09 (화)	13-08-19 (월)	4	Sub B	50%	₩72,000,000	₩36,000,000
6			2F-Floor	40 일	13-08-20 (화)	13-10-14 (월)	5	Sub A	0%	₩192,000,000	₩0
7			2F-Wall	30 일	13-10-15 (화)	13-11-25 (월)	6	Sub B	0%	₩72,000,000	₩0

간트차트는 오른쪽 간트차트 창에 자동으로 생성된다. 오른쪽 다음에 있는 확대 축소 버튼을 이용해 타임라인을 확대하거나 축소하는 등의 축척을 조정할 수 있다.

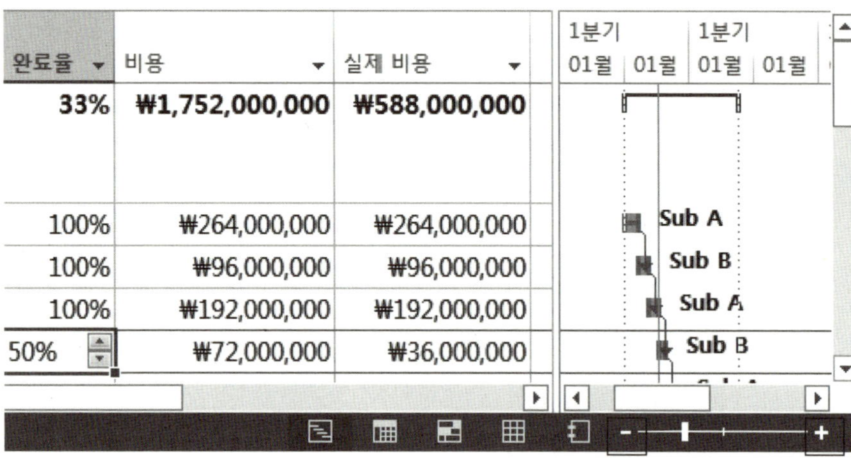

4. 보고서 및 프로젝트 관련 정보 확인

이와 같이 기본적인 정보를 입력하면 다양한 보고서나 관련 정보를 손쉽게 얻을 수 있다. 예를 들어 [보고서] [자원] [자원개요] 메뉴를 선택하면 다음과 같은 보고서를 얻을 수 있다. 현재 작업시간에 따른 자원의 사용시간과 사용률을 확인할 수 있다.

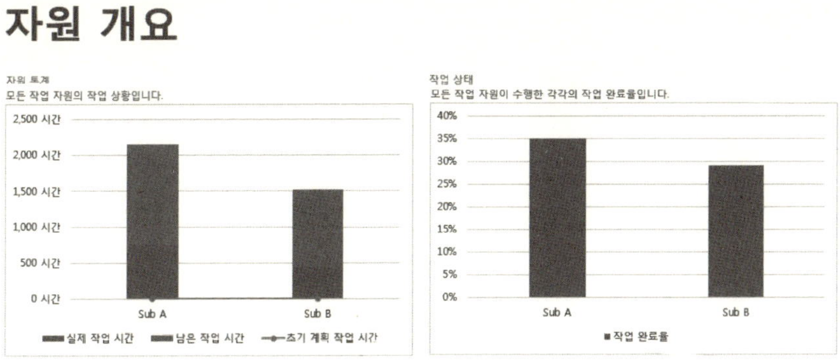

[보고서] [대쉬보드] [비용 개요] 메뉴를 선택하면 현재 프로젝트 비용에 관한 보고서를 확인할 수 있다.

만약 특정작업의 기간을 수정하면 이와 연결된 작업들의 시작일자와 더불어 관련 비용 등이 자동계산되는 것을 확인할 수 있다.

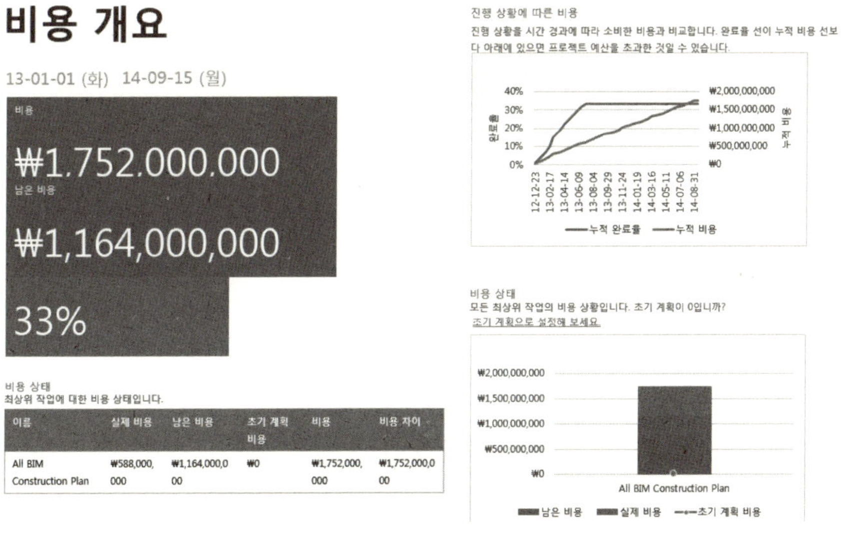

이외에도 [작업] [Gantt차트] [네트워크 다이어그램] 메뉴를 선택하여 PERT 차트를 얻을 수도 있다.

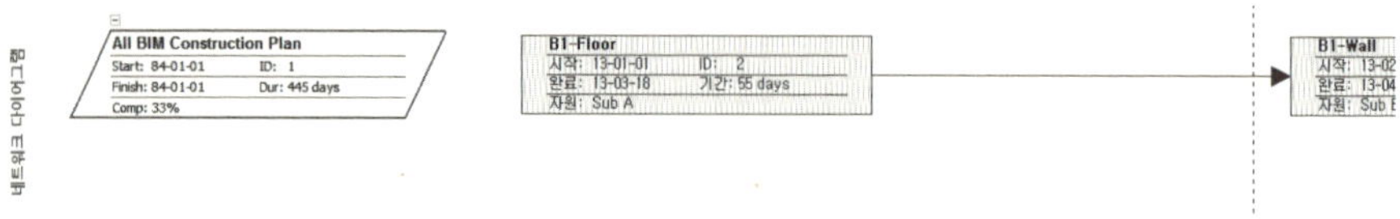

이제 실습한 파일 이름을 " Simple Construction.mpp"로 저장한다.

5.2.4 결론

MS-Project는 프로젝트 관리를 위한 강력한 도구로 제약된 자원을 설정하고 관리하는 다양한 기능들을 제공한다. MS-Project를 사용하기 전에 프로젝트 팀원들 간에 공정의 순서와 작업 간의 선후 관계를 파악하고 소요되는 자원들을 적절히 각 작업들에 할당할 필요가 있다. 프로젝트 관리에 대해 좀 더 알고 싶다면 PMBOK를 읽어보면 유익할 것이다.

5.3 4D/5D 모델링 - VICO Office

5.3.1 개요

VICO(Virtual Construction) 오피스는 시공 전 미리 가상공간에서 시공을 할 수 있도록 지원함으로써 효과적인 건설 프로젝트 사업관리를 지원하는 솔루션이다. 이를 위해 공사 사업관리에 필요한 다양한 데이터 파일 및 데이터베이스를 통합하고 프로젝트 참여자들에게 필요한 정보를 생성하여 제공한다. 2013년에는 VICO 오피스 R4 버전이 출시되었으며 시공성을 체크하는 기능 등이 강화되었다.

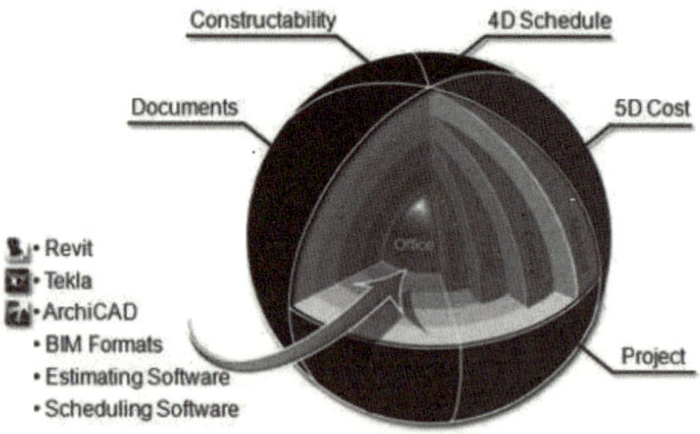

그림. VICO 오피스 데이터 통합 개념도(출처: VICO OFFICE)

VICO 오피스는 복잡한 건설 프로젝트를 계획하고 관리하는 다양한 참여자들의 작업을 효과적으로 지원하고 있으며 관리정보를 탐색하거나 계획하고 관리하는 기능을 사용자 수준별로 지원하고 있다.

VICO는 다른 공정 시뮬레이션 소프트웨어와는 다른 차별성이 있는데 LOB(Line Of Balance) 차트 자동생성, BIM 객체와 연계된 LBS(Location Breakdown Structure) 생성 및 관리, 협업 기반 작업, 자동 형상계획 분할처리, Target cost 비교 등 특징적인 부분이 많다.

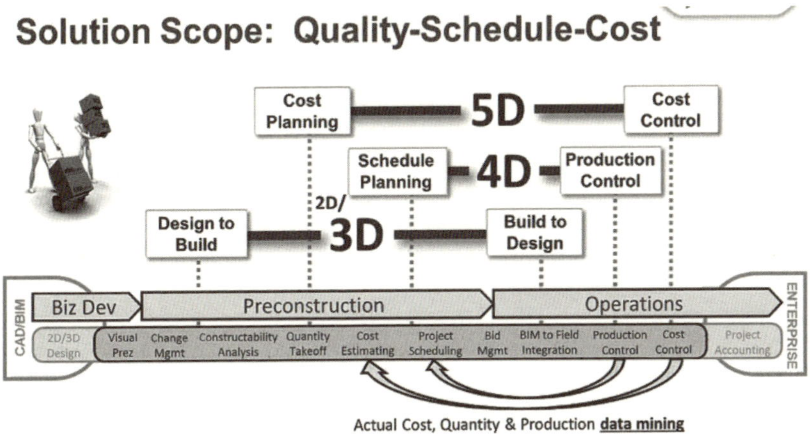

그림. VICO 오피스가 다루고 있는 프로세스 정보 범위
(출처: Vico Office - Integrated 5D BIM Construction Management)

VICO 오피스는 플랫폼으로써 역활을 하며 수량산출과 관련된 Takeoff Manager, 비용계획 및 관리와 관련된 Cost Planner, Cost Explorer, 시공성을 관리하는 Constructability Manager 외 Layout Manager, LBS Manager, Schedule Planner, Production Controller, 4D Manager 모듈로 구성되어 있다.

이 모듈을 Vico Office라는 플랫폼 위에서 마치 앱처럼 동작하며 각 모듈을 선택하였을 때 설정 등 구성이 달라지도록 되어 있다.

No	모듈	설명
1	VICO Office Client	모델 정보에 접근하기 위해 중앙 저장소를 연결해 프로젝트에 대한 정보를 보고서로 출력하거나 모델 정보를 탐색하고 시공성과 관련된 정보를 확인하는 등의 작업을 지원한다.
2	Takeoff Manager	이 모듈은 모델로부터 자동화된 수량 추출을 지원한다. 수량 항목을 생성하고 시각적으로 검증하는 것을 지원하며 수량 계산시 관련하 항목 추가 및 삭제 등을 지원한다.
3	Cost Planner	통합된 비용계산을 지원한다.
4	Cost Explorer	비용을 분석하고 Target cost와 다양한 시점의 프로젝트 비용을 비교한다. 프로젝트 비용은 CBS차원에서 세부 비용까지 차이가 나는 부분을 확인할 수 있다.
5	LBS Manager	LOB를 위한 위치기반 시공 공간 기반 분류 구조를 작성한다.
6	Schedule Planner	Activity(Task)와 일정 계획을 지원하며 일정 최적화를 할 수 있다.
7	4D Manager	4D 시뮬레이션을 지원한다.
8	Constructability Manager	시공성 관리를 위한 간섭 체크 등을 지원한다.

본 장에서는 다양한 공정관리 기법을 이해하기 위해 LOB(Line Of Balance) 차트 자동생성, BIM 객체와 연계된 LBS(Location Breakdown Structure) 생성 및 관리, 협업 기반 작업, 자동 형상계획 분할처리 등을 실습해 보도록 한다.

5.3.2 설치 및 실행

Vico Office의 설치 및 실행은 좀 까다로운 편이다. 높은 HW스펙을 요구하며 이를 만족하지 못할 경우 설치나 실행시 문제가 발생한다.

HW의 경우 인텔 i7 CPU와 4GB 이상 램이 장착된 PC와 윈도우 7 이상 최신 서비스 팩이 설치되어 있는 컴퓨터를 권장한다. 이런 경우에도 설치나 실행시 문제가 있는 경우가 있는데 이때는 Microsoft .NET 최신버전을 검색해 설치해 보기를 바란다.

Vico Office를 사용하기 위해서는 Autodesk 계열 프로그램과는 다르게 Vico Office 지사에 문의해 데모 버전에 필요한 라이센스 파일을 받아야 한다(*주: 현재 국내는 가상건설연구단

주관사였던 DualTech - http://www.doalltech.com이며 담당자에게 문의해 관련 내용을 설명하고 교육적인 목적에서 만 얻을 수 있다. 승인이 되면 라이센스 파일은 ".liu"확장자를 가진 첨부파일이 메일로 전달될 것이다).

다음과 같이 Vico Office 홈페이지의 download 페이지에서 최신 버전을 다운로드 받는다.

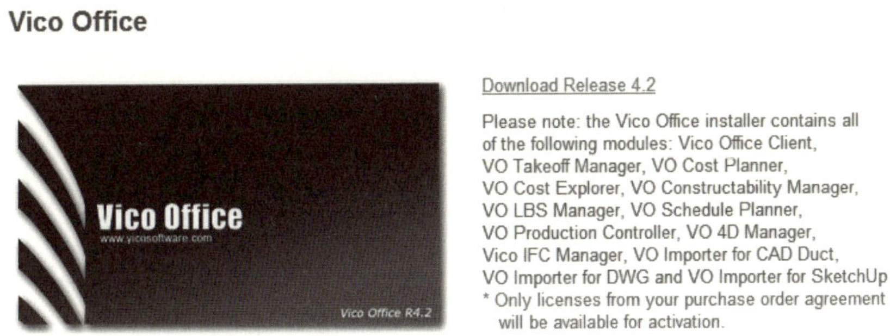

그림. Vico Office 다운로드 페이지
(http://www.vicosoftware.com/downloads/customers-product-download/tabid/69824/Default.aspx)

설치를 하면 다음과 같이 설치 화면이 표시되는데 여기서 [Vico Office(VO)]와 [Vico Project Server(VPS)]를 체크한다. 이렇게 하면 프로그램과 서버가 로컬 PC에 설치된다. 참고로 Vico Office는 항상 프로젝트 서버를 통해 작업을 하며 이는 Vico Office가 협업을 전제하고 개발된 시스템이기 때문이다.

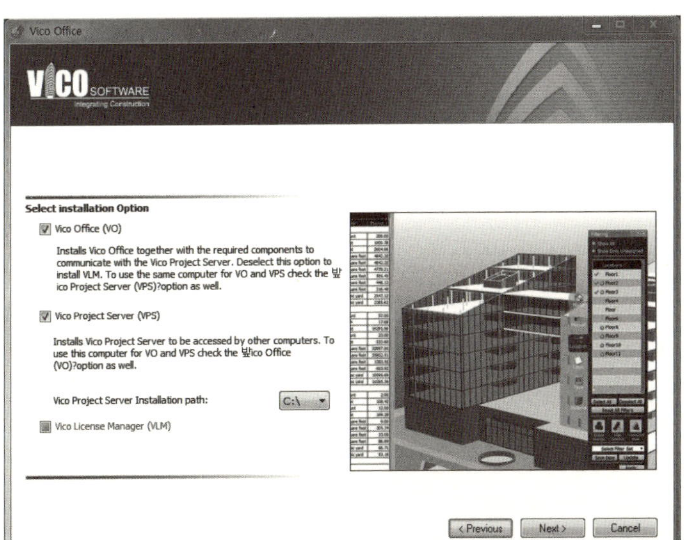

Vico Office이 실행되려면 Revit, Archicad, Tekla와 같은 모델러에서 객체 정보를 가져오기 위한 Add-in이 설치되어야 하는데 이는 셋업 과정에서 다음과 같이 자동으로 설치된 모델러를 인식하여 설치해 준다.

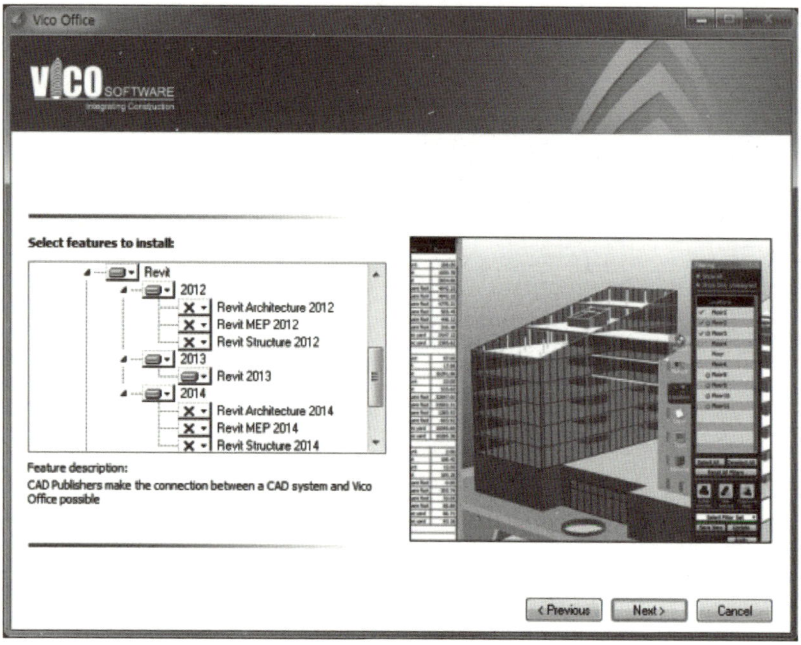

설치가 다 끝나면 재부팅을 한다. 제대로 설치되었다면 “Program Files” 폴더 다음에 다음과 같이 프로그램이 설치되어 있을 것이다.

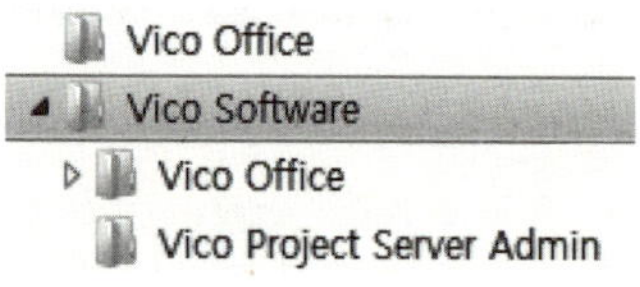

라이센스를 활성화하기 위해 인터넷을 연결하고 라이센스 파일을 더블클릭한다.

잠시 후 라이선스 등록 프로그램이 내부적으로 실행되고 라이센스 정보가 Vico Office 본사 라이센스 서버에 전달된다. 다음과 같은 메시지가 표시되면 라이센스가 인증된 것이다.

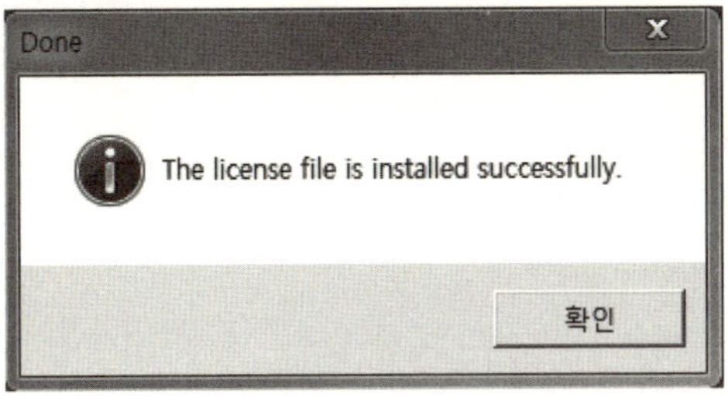

이제 Vico Office를 실행해 보자. 다음과 같은 화면이 보인다면 라이센스가 제대로 활성화된 것이다. [Vico Project Server] 명은 자동으로 현재 컴퓨터 이름이 설정되어 있는 것을 확인할 수 있다. 설치할 때 [Vico Project Server]를 함께 설치하였기 때문에 현재 컴퓨터에 서버가 자동으로 실행된 것이다.

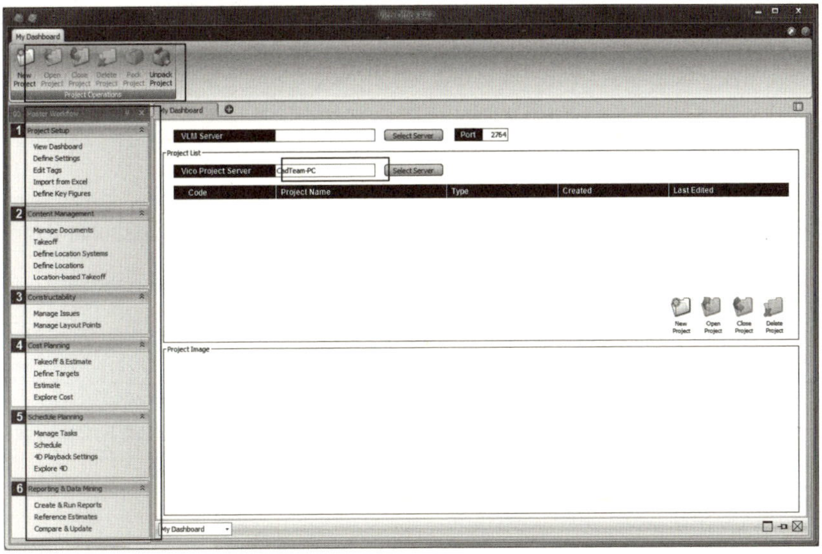

프로그램 화면은 위쪽의 리본 메뉴 탭, 왼쪽의 작업 메뉴, 중간의 작업 창으로 구성되는데 왼쪽의 작업 메뉴는 다음과 같이 작업 메뉴를 우클릭해 필요한 메뉴로만 구성된 작업 메뉴로 설정할 수 있다.

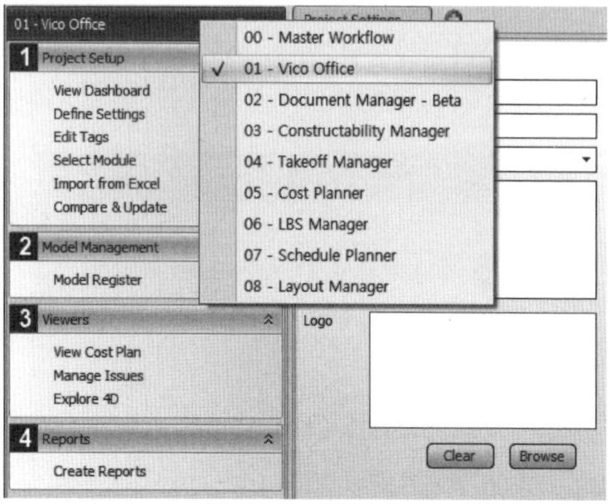

각 메뉴들을 이름 앞에 번호가 있는 데 실습에서 해당 메뉴를 실행하는 것은 다음과 같이 표현할 것이다.

[01-Vico Office] [Project Setup] [View Dashboard]

해석은 작업 메뉴를 우클릭하여 [01-Vico Office] 메뉴를 불러들인 후에 [Project Setup] 메뉴의 [View Dashboard] 메뉴를 실행하는 의미이다.

5.3.3 실습

1. 프로젝트 생성

[01-Vico Office][Project Setup][View Dashboard]를 선택한다. [My Dashboard]에서 [New Project]를 클릭하고 [Project Name]에 "All BIM Center"로 프로젝트를 생성한다.

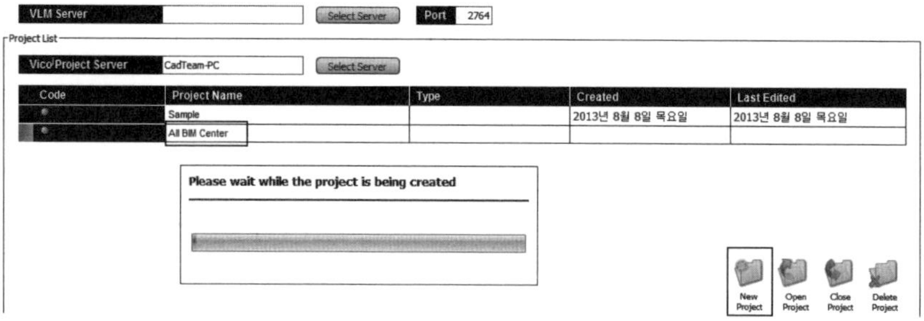

2. 프로젝트 설정

[01-Vico Office][Project Setup][Define Setting]을 클릭하고 프로젝트에 대한 기본설정을 한다.

프로젝트 [Name]을 설정하고 [Type]은 “Office”로 설정한다. 단위는 [Units of Measurement]의 [System]에서 “Metric”(미터법)으로 설정하고 나머지도 마찬가지로 설정한다.

유효 자리수 [Decimal Places]는 [Decimal Places]에서 Quantity Data 2자리, Cost Values 2자리, Consumption Values 2자리, Measurement 1자리로 설정한다.

[Color Schema and Reference]는 기본값으로 하고 서버 이름은 설치된 PC의 이름으로 설정한다.

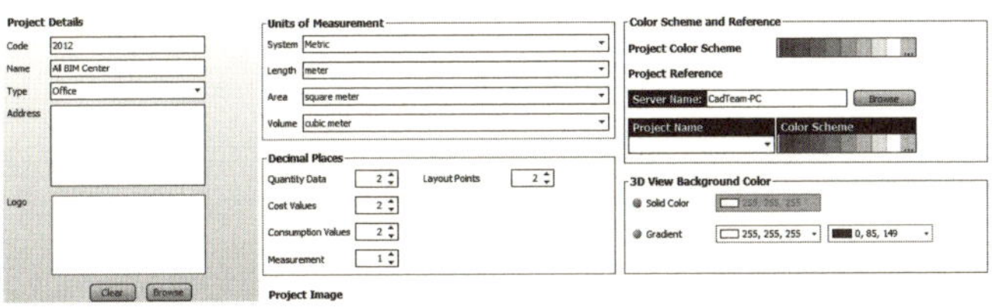

3. Revit 프로젝트 파일을 Vico Office 로 출력

Revit을 실행해 본 장의 예제 파일인 “All BIM Center.rvt”파일을 연다. Revit의 [Add-Ins] [External] [Vico Office Tab]에서 [Publish to Vico Office]를 선택한다. 다음과 같이 [Select Vico Office Project] 대화상자가 뜨는 데 여기서 Publish할 프로젝트 다음의 [Create new Model]을 선택하고 [Publish]를 클릭한다.

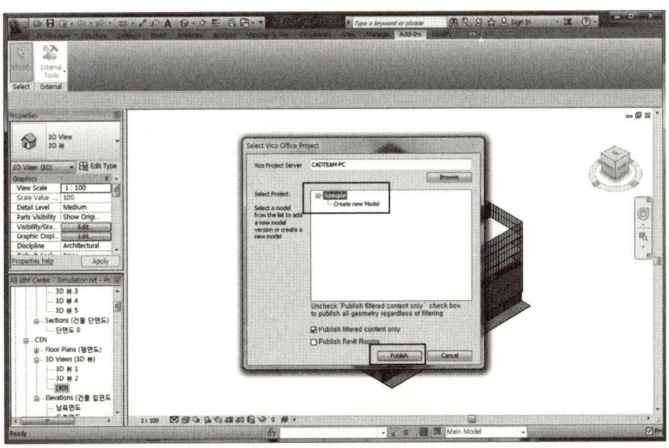

Publish하면 다음과 같은 작업 진행창이 뜬다(*주: 만약 Vico Office에 전송되지 않은 형상이 있다면 메시지가 출력되는 데 이 때는 로그파일을 확인해봐야 한다. 로그 파일 안에는 전달되지 않은 객체의 ID가 있으므로 Revit 기능을 이용해 어느 객체가 제대로 전송되지 않았는지 확인할 수 있다).

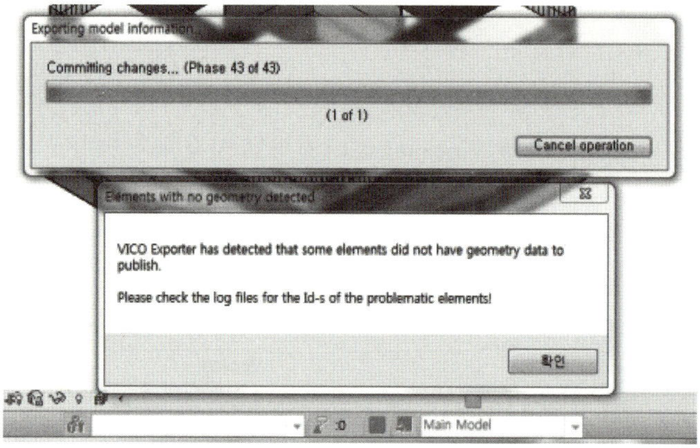

Vico Office는 협업기반으로 실행되므로 서버에 모든 정보가 저장되고 관리된다. 지금 Publish한 모델도 서버에 전송되어 있다. Vico Office에서 정보를 사용하기 위해서는 서버에 저장된 모델 정보를 활성화해 클라이언트 프로그램으로 가져와야 한다. 이를 Vico Office에서는 Activate 기능으로 처리한다. 확인해 보기 위해 [01-Vico Office] [Model Management] [Model Register]의 [Model Register & 3D] 창에서 "3D Models"하위 "All BIM Center -5D" 문서 객체를 우클릭해 [Activate] 메뉴를 실행한다. 그럼 다음 그림과 같이 서버에서 모델 정보를 읽어 표현해 준다.

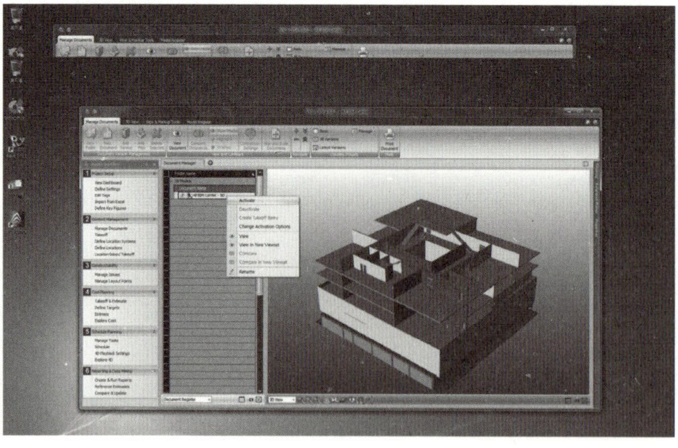

4. 모델 활성화 및 물량추출(Quantity Takeoff)

간단한 물량추출을 실습해 보기 위해 예제 폴더에서 Revit을 실행해 "All BIM Center - 4F Slab"를 열고 3번 단계와 마찬가지로 Vico Office로 Publish한다. 참고로 이 모델은 물량추출 기능의 빠른 실습을 위해 4F 슬래브만 남기고 나머지는 삭제한 모델이다.

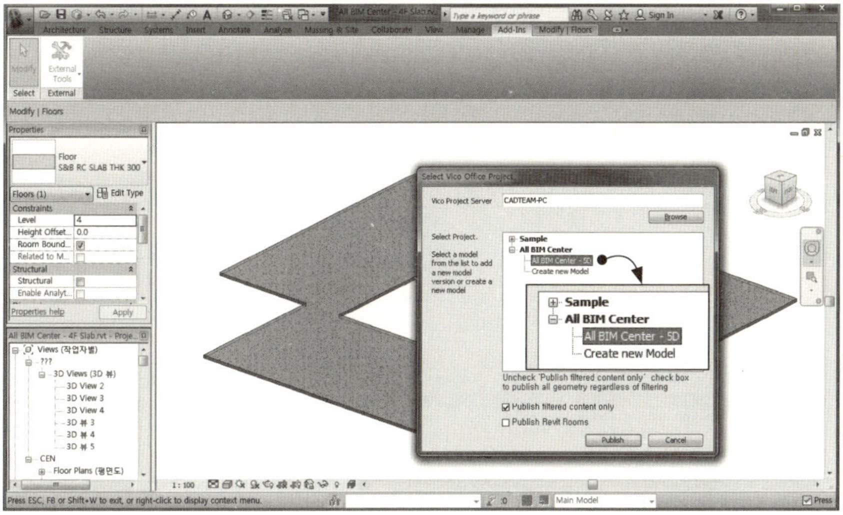

Vico Office를 다시 실행하고 "All BIM Center"를 선택하여 [Open Project]를 클릭해 프로젝트를 연다.

[01-Vico Office][Model Management][Model Register]를 클릭한다. 이 창은 서버에서 클라이언트로 [Activate Model]을 이용해 모델을 가져오고 메모리에 올려 필요한 정보들을 추출하는 기능을 지원한다.

여기서는 모델에서 Family Type별 정보를 가져오기로 한다. 이를 위해 우선 다음과 같이 현재 서버에 가져온 "All BIM Center - 5D" 모델을 우클릭해 [Change Activation Options]을 선택한다.

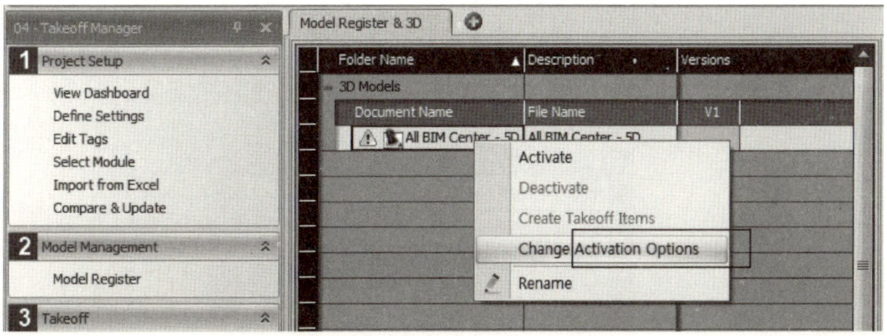

다음 그림과 같이 [Architecture And Structural] 옵션에서는 [Family Type] 옵션을 선택한다. [MEP]는 본 실습에서는 사용하지 않을 것이다. 만약 추출하고자 하는 정보가 있다면 해당되는 카테고리 옵션을 선택한다.

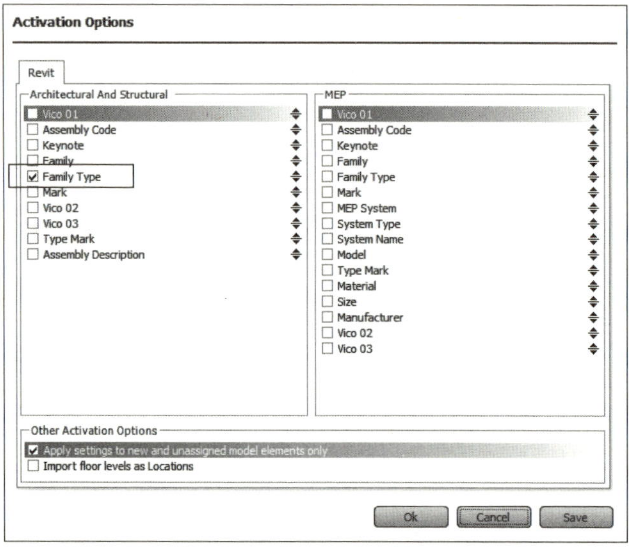

다음 그림과 같이 [Activate Model]을 클릭한다.

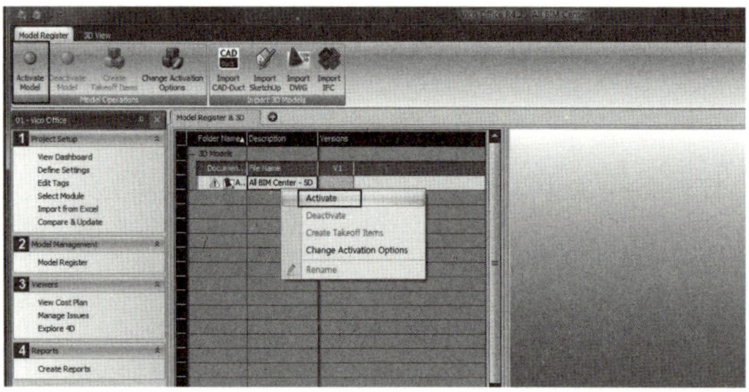

다음과 같이 서버로부터 체크한 정보를 Vico Office에 가져온다.

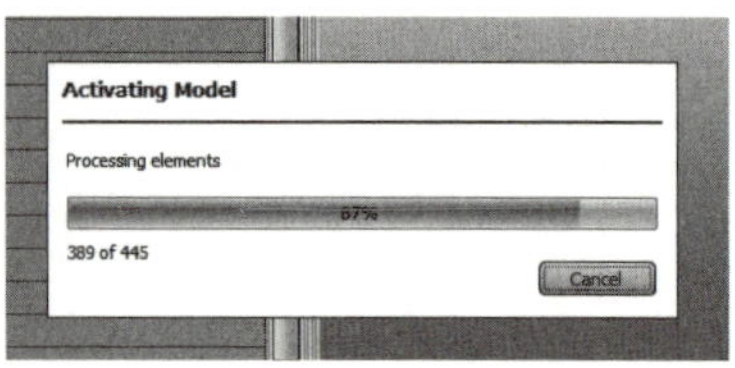

잠시 후엔 다음과 같이 서버로부터 형상을 포함한 관련 정보를 Vico Office로 가져온 것을 확인할 수 있다.

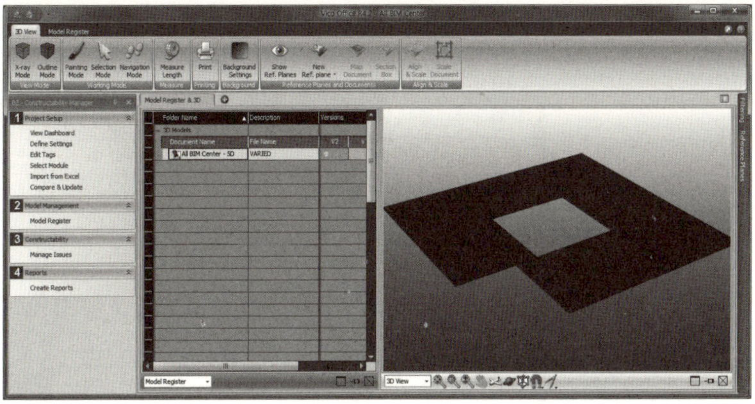

3D 뷰 창의 하단을 보면 다음과 같은 툴바가 있는데 줌, 펜, Orbit, 객체 스냅과 같은 기능을 지원한다.

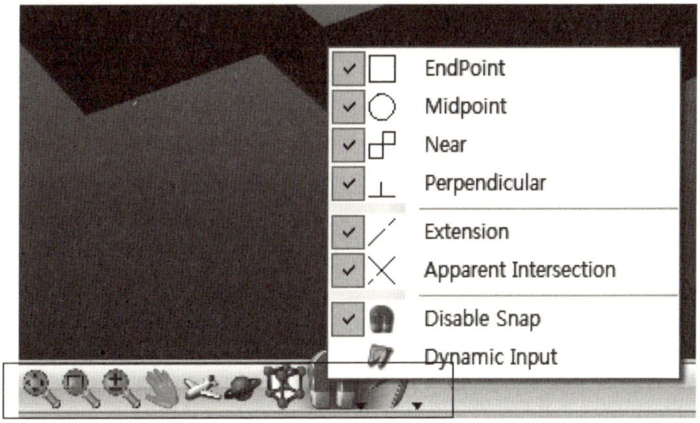

이제 [04-Takeoff Manager]의 [Takeoff] 패널에서 [Takeoff Model] 메뉴를 선택한다. 다음과 같이 "S & B RC SLAB THK 300" 패밀리의 수량이 표시되고 있다.

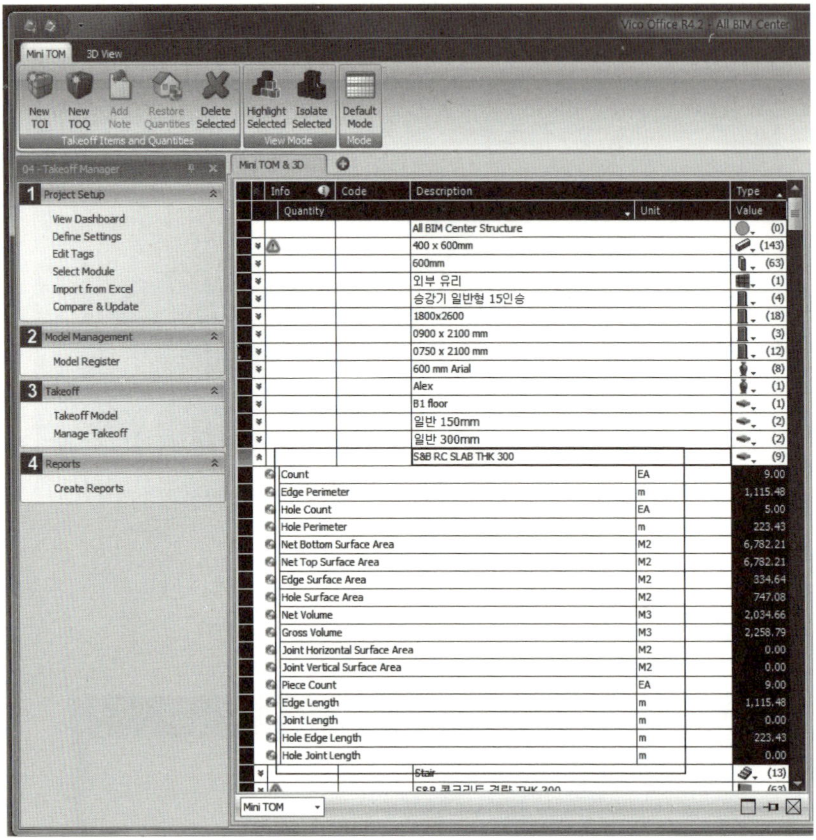

참고로 Vico Office에서는 수량산출항목을 TOI(Takeoff Item), 수량을 TOQ(Takeoff Quantity)라 한다.

5. 내역작업을 위해 작업단위 단가(일위대가) 설정

[05-Cost Planner]에서 [Cost Planning]의 [Plan Cost] 메뉴를 선택한다.

[Cost Planner]의 [New Component] 메뉴를 선택하고 정보를 입력한다. 메뉴를 선택하면 자동으로 수량에 대한 단위비용 항목인 컴포넌트가 생성되고 그 하위항목인 SubComponent가 자동 생성된다.

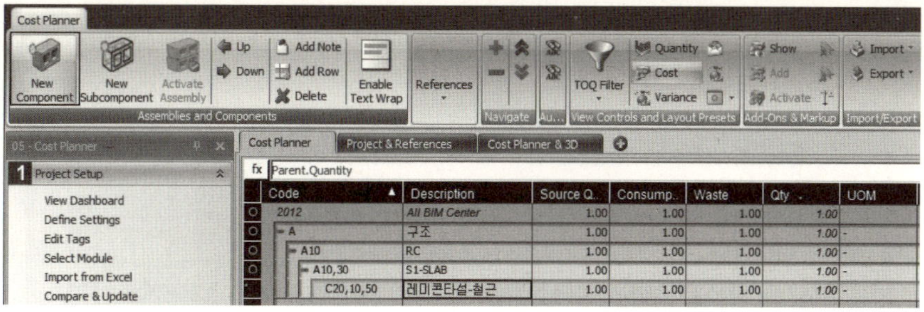

그리고 입력창에서 다음과 같이 입력한다. 참고로 이 일위대가 표는 엑셀로 작업해서 [04-Cost Planner] [Project]의 [Import from Excel] 메뉴를 이용해 입력할 수도 있다. 이때는 엑셀 각 컬럼이 Vico Office에서 어떻게 처리하는 정보인지 Data Type(데이터 유형)을 설정해 주어야 한다. Data Type은 Code, Description, Source quantity 등이 있으며 각자 적절히 설정해 주어야 한다.

Code 1	Code 2	Code 3	Code 4	Code 5	Description	UOM	Consumption	Waste	Unit Cost
A					구조				
	A10				RC				
		A10.30			S1-SLAB	M3	1	1	
			C20.10.50		레미콘타설-철근	M3	1.000	1	
				M1544.11	레미콘-21Mpa	M3	1.010	1	60,000
				L1984.19	콘크리트공	hr	1.344	1	15,000
				L1984.53	인부	hr	2.296	1	7,568
			C20.22.50		철근가공조립	톤	0.150	1	
				M1913.10	철근-각종	톤	1.030	1	1,000,000
				L1984.13	철근공	hr	26.800	1	14,000
				L1984.53	인부	hr	10.000	1	8,000
			C20.24.12		합판거푸집-3회	M2	1.000	1	
				M1481.16	내부합판1급	M2	0.366	1	6000
				M1456.11	각재-외송	M3	0.013	1	230,000
				M2078.11	소철선	KG	0.134	1	600
				M1390.16	못-N75	KG	0.092	1	700
				M1429.10	박리제	L	0.088	1	800
				L1984.48	형틀목공	hr	0.829	1	12,000
				L1984.53	인부	hr	0.490	1	8000

[Cost Planner]의 [Navitage] 메뉴를 이용하면 입력한 항목의 상위 및 하위 레벨별로 정보를 손쉽게 확인할 수 있다.

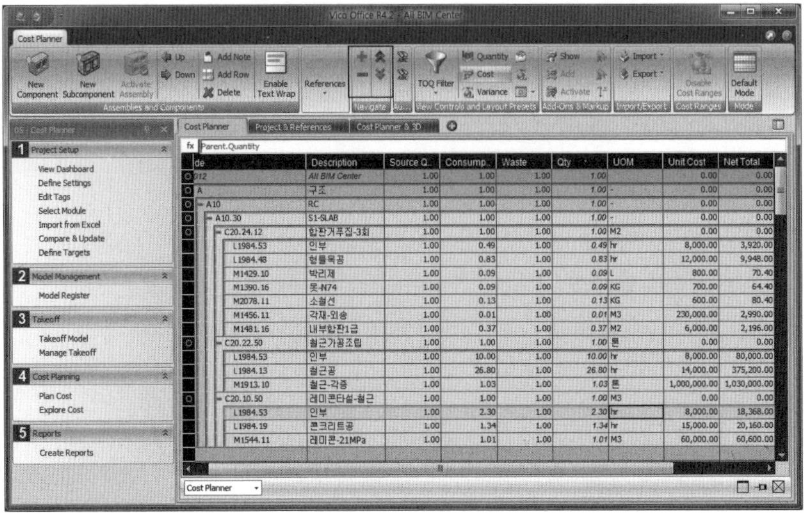

6. BIM 모델과 내역항목 연결

BIM 모델과 앞서 만든 일위대가 내역항목과 연결하기 위해 다음 그림과 같이 [Cost Planner]의 [Source Quantity]에서 fx 아이콘 버튼을 클릭해 [Formula Editor] 창을 연다.

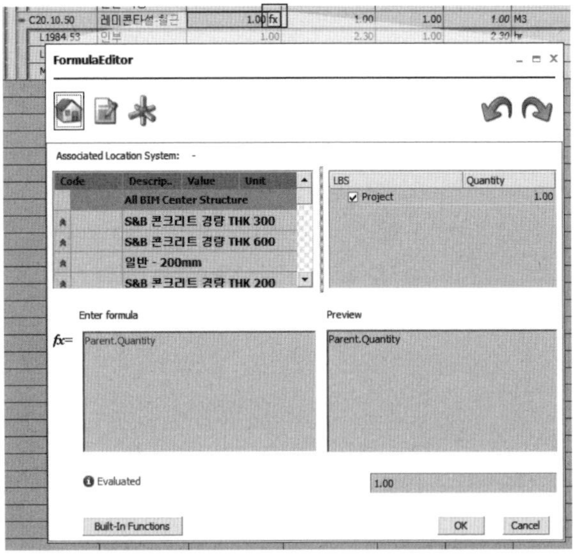

여기서 왼쪽 그리드 창에 물량정보가 표시되어 있고, 오른쪽 그리드 창에 WBS 물량정보가 표시되어 있다.

BIM 물량정보 중에 내역항목을 추출하기 위해서는 [FormulaEditor] 창에서 필요한 수량항목을 왼쪽 그리드 창에서 선택해 [+] 버튼을 클릭하면 수량이 산출된다.

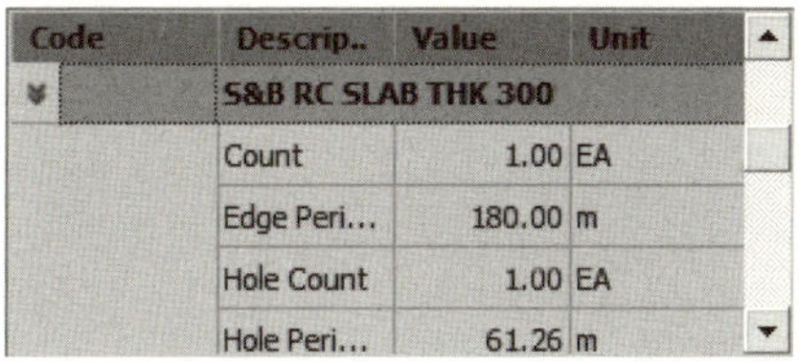

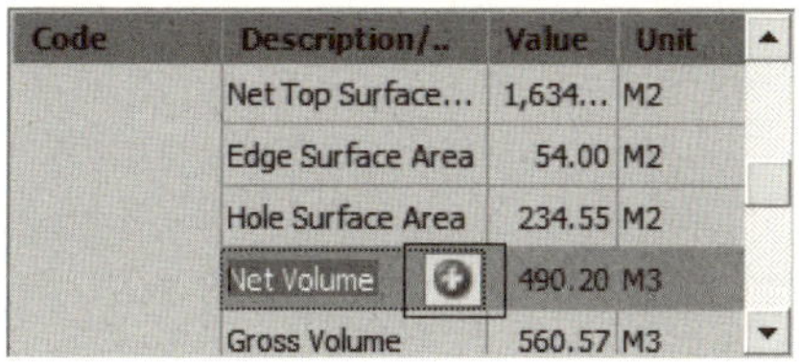

다음과 같이 fx= 수식에 수량에 대한 수식이 표현된 것을 알 수 있다.

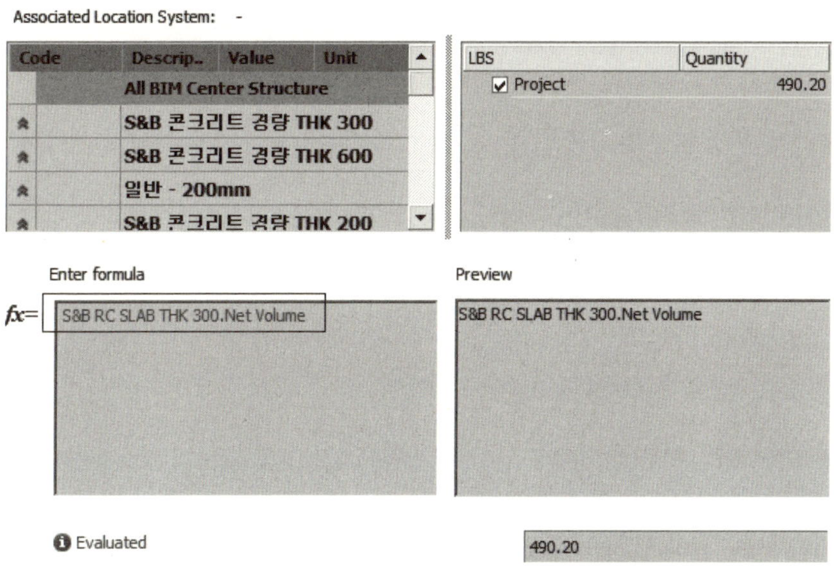

확인을 클릭하면 수량이 적용되어 금액이 계산된 것을 볼 수 있다.

이런 방식으로 나머지 수량도 적용해 본다.

레미콘타설-철근 = S & B RC SLAB THK 300.Net Volume

철근가공조립 = S & B RC SLAB THK 300.Net Volume

합판거푸집-3회 = S & B RC SLAB THK 300.Bottom Surface Area

공사비를 산출하는 계산식은 단순이 산출된 수량과 단가를 곱해서 나올 수 있지만 계산식이 포함될 수도 있으므로 [Function]을 이용해 원하는 수량값을 수식에 의해 계산해 산출할 수도 있다.

내역항목의 “C20.10.50 레미콘타설-철근”을 선택하고 [Planner]의 [Activate Assembly] 메뉴를 클릭하면 내역항목 일위대가 금액이 합쳐지고 단위 비용이 처리되어 Total Price가 계산된다.

Total Price = Quantity x Unit Cost

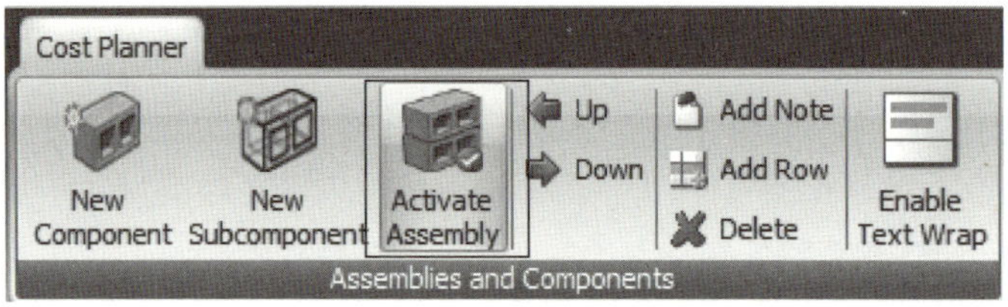

계산된 총 공사금액은 다음과 같다.

Code	Description	Source Q..	Consump..	Waste	Qty	UOM	Unit Cost	Net Total	Cost/Par..	%/Parent..
C20.	**레미콘타설-철근**	**490.20**	**1.00**	**1.00**	**490.20**	**M3**	**99,128.00**	**▲ 48,592,65...**	**48,592,657.24**	**6.01 %**
L1	인부	490.20	2.30	1.00	1,125.50	hr	8,000.00	9,004,014.29	18,368.00 /	18.53 %
L1	콘크리트공	490.20	1.34	1.00	658.83	hr	15,000.00	9,882,454.70	20,160.00 /	20.34 %
M	레미콘-21MPa	490.20	1.01	1.00	495.10	M3	60,000.00	29,706,188...	60,600.00 /	61.13 %

다른 항목도 같은 방식으로 처리한다.

Code	Description	Source Q..	Consump..	Waste	Qty	UOM	Unit Cost	Net Total	Cost/Par..	%/Parent..
2012	All BIM Center	1.00	1.00	1.00	1.00		0.00	0.00	N/A	N/A
A	구조	1.00	1.00	1.00	1.00	-	0.00	0.00	N/A	N/A
A10	RC	1.00	1.00	1.00	1.00	-	0.00	0.00	N/A	N/A
A10.30	**S1-SLAB**	**1.00**	**1.00**	**1.00**	**1.00**	**-**	**808,125,315...**	**▲ 808,125,3...**	**N/A**	**N/A**
C20.	**합판거푸집-3회**	**1,634.00**	**1.00**	**1.00**	**1,634.00**	**M2**	**19,269.20**	**▲ 31,485,94...**	**31,485,945.14**	**3.90 %**
L1	인부	1,634.00	0.49	1.00	800.66	hr	8,000.00	6,405,294.72	3,920.00 /	20.34 %
L1	형틀목공	1,634.00	0.83	1.00	1,354.59	hr	12,000.00	16,255,069...	9,948.00 /	51.63 %
M	박리제	1,634.00	0.09	1.00	143.79	L	800.00	115,033.86	70.40 / M2	0.37 %
M	못-N74	1,634.00	0.09	1.00	150.33	KG	700.00	105,229.84	64.40 / M2	0.33 %
M	소철선	1,634.00	0.13	1.00	218.96	KG	600.00	131,373.90	80.40 / M2	0.42 %
M	각재-외송	1,634.00	0.01	1.00	21.24	M3	230,000.00	4,885,671.22	2,990.00 /	15.52 %
M	내부합판1급	1,634.00	0.37	1.00	598.05	M2	6,000.00	3,588,272.24	2,196.00 /	11.40 %
C20.	**철근가공조립**	**490.20**	**1.00**	**1.00**	**490.20**	**톤**	**1,485,200.00**	**▲ 728,046,7...**	**728,046,712...**	**90.09 %**
L1	인부	490.20	10.00	1.00	4,902.01	hr	8,000.00	39,216,090...	80,000.00 /...	5.39 %
L1	철근공	490.20	26.80	1.00	13,137.39	hr	14,000.00	183,923,46...	375,200.00 ...	25.26 %
M	철근-각종	490.20	1.03	1.00	504.91	톤	1,000,000.00	504,907,15...	1,030,000.0...	69.35 %
C20.	**레미콘타설-철근**	**490.20**	**1.00**	**1.00**	**490.20**	**M3**	**99,128.00**	**▲ 48,592,65...**	**48,592,657.24**	**6.01 %**
L1	인부	490.20	2.30	1.00	1,125.50	hr	8,000.00	9,004,014.29	18,368.00 /	18.53 %
L1	콘크리트공	490.20	1.34	1.00	658.83	hr	15,000.00	9,882,454.70	20,160.00 /	20.34 %
M	레미콘-21MPa	490.20	1.01	1.00	495.10	M3	60,000.00	29,706,188...	60,600.00 /	61.13 %

7. Task(Activity) 생성

[07-Schedule Planner]의 [Task Management] [Manage Tasks] 메뉴를 선택한다.

[Task Manager]의 [New Task] 아이콘 버튼을 클릭해 Task를 다음과 같이 생성한다.

Code	Name
0001	슬래브 철근콘크리트타설
0002	슬래브 철근배근
0003	슬래브 거푸집설치

참고로 Vico Office는 Task가 공사 관리현장 여건에 따라 효과적으로 그룹핑될 수 있도록 기능을 지원하고 있다.

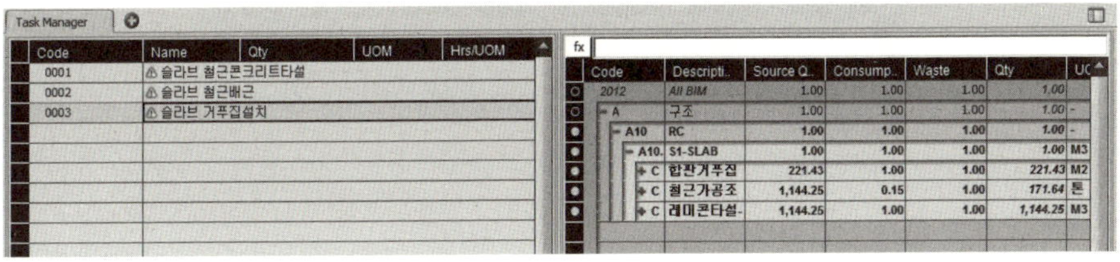

Task에 내역물량 및 일위대가를 드래그 앤 드롭으로 다음과 같이 연결한다.

Task	일위대가
슬래브 철근콘크리트타설	레미콘타설-철근
슬래브 철근배근	철근가공조립
슬래브 거푸집설치	합판거푸집-3회

드래그하는 방법은 일위대가의 항목 이름 제일 왼쪽의 'O'표 아이콘을 클릭해 드래그하여 [Task Manager]의 해당 항목에 가져다 놓으면 된다.

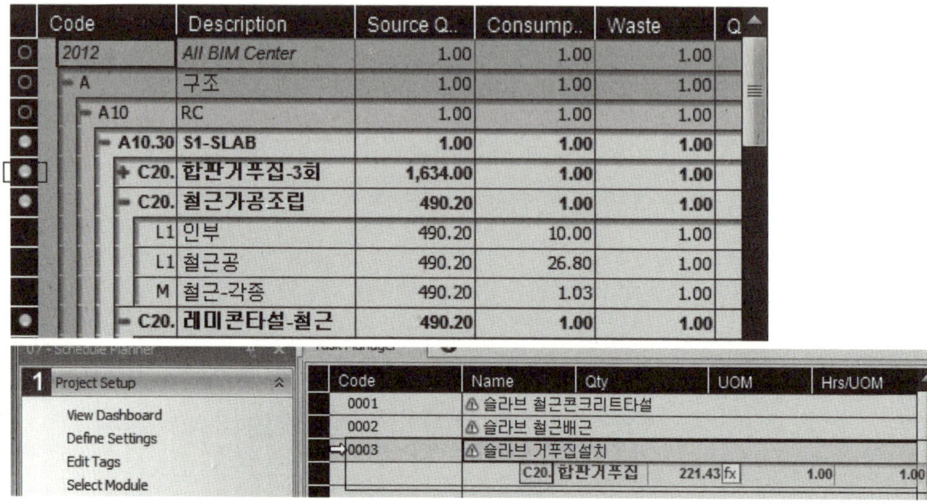

그럼 다음과 같이 일위대가와 Task 항목이 서로 연결된다.

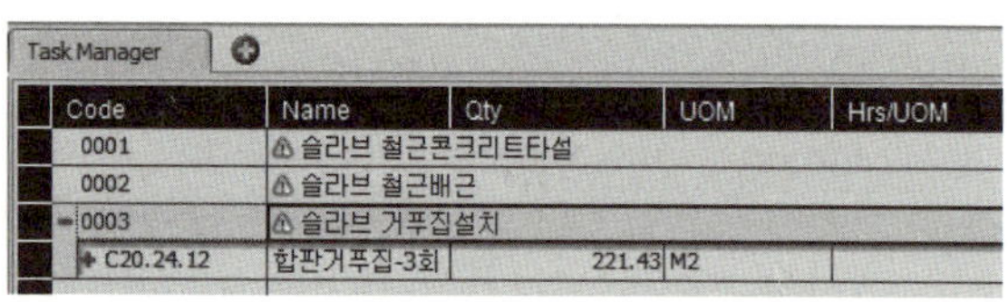

나머지도 같은 방식으로 연결한다.

다 연결한 후에는 일위대가 물량 중에서 시간으로 산출되는 노무는 Hrs/Unit 컬럼에 1을 입력한다.

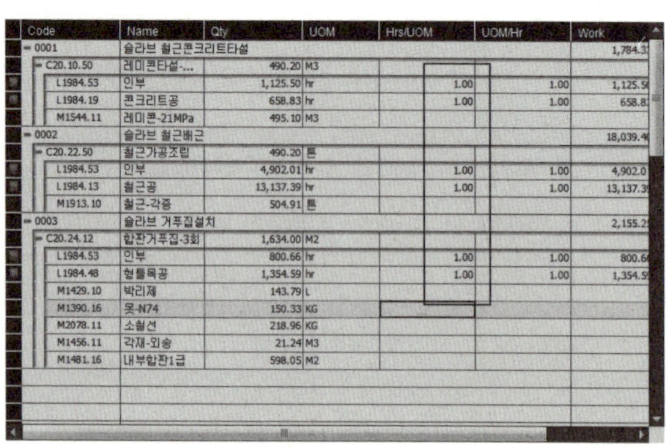

8. WBS 작업

[06-LBS Manager]의 [LBS] [Define Locations] 메뉴를 선택해 LBS(Location Breakdown Structure) 기반 WBS를 작성한다. 이는 LOB 그래프 차트에서 공간위치에 관한 정보를 얻기 위해 입력하는 것이다. 공사의 공간 위치 관한 정보는 슬래브 등 공사 부위의 타설 구간 및 범위 등 공간/위치 정보이므로 하나의 슬래브도 여러 개의 LBS로 구획된다. 이런 이유로 BIM에서 모델링된 부재들은 LBS Manager에서 공사가 가능한 단위로 적절히 분할(Split) 처리를 하게 된다.

본 장에서는 핵심적인 처리방법만 학습하기 위해 "All BIM Center"의 슬래브 일부 구간을 대상으로 실습한다.

[Project]에서 우클릭해 [Floor Split] 메뉴를 선택한다.

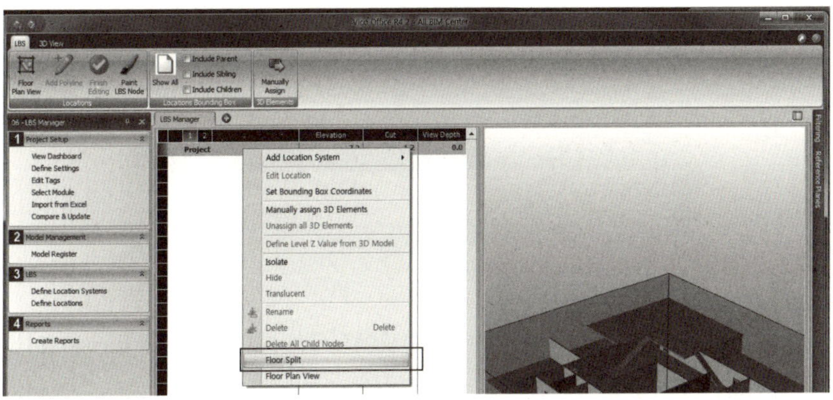

그림 "Project"에 [+]아이콘이 표시되고 클릭하면 다음과 같이 추가된 LBS가 표시된다.

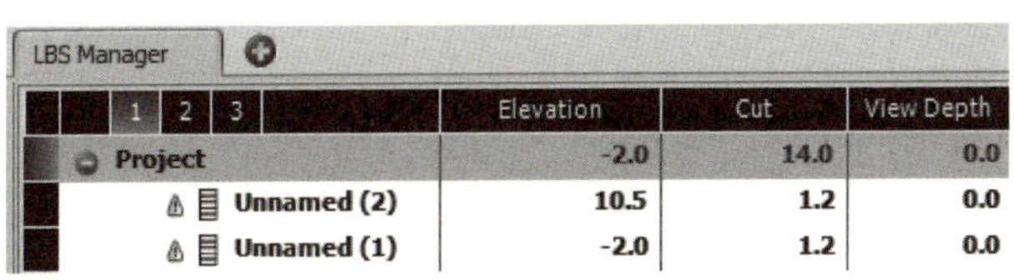

여기서 unnamed(2)를 다음 그림과 같이 [Rename] 메뉴를 이용해 이름을 "4F Slab"로 수정하고 [Elevation]은 10.0, [Cut] 필드의 숫자를 3.0m로 설정한다. 이런 방식으로 높이에 따른 공사영역을 구분할 수 있다. Elevation은 해당 층의 시작 높이이며 Cut은 평면 View를 보기 위해 절단하는 높이를 말한다.

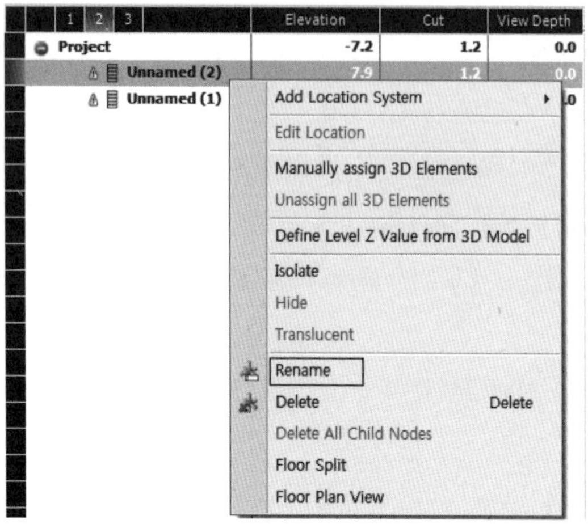

나머지도 다음과 같이 간단히 설정한다.

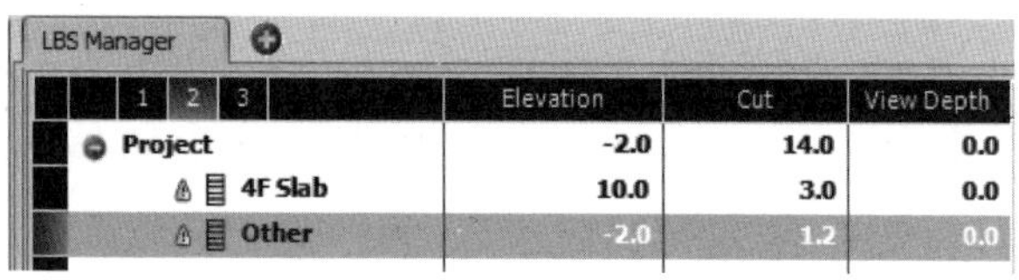

참고로 높이는 Revit에서 다음과 같이 입면도에서 [Annotate] [Spot Elevation] 기능을 이용해 정확한 높이를 확인할 수 있다.

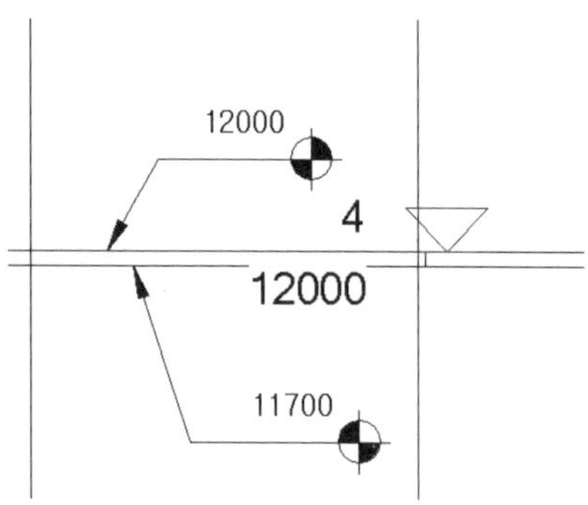

[Ground]를 좌클릭하여 LBS 리본 툴바에서 [Floor Plan View]를 선택하여 평면 뷰를 나타내게 한다.

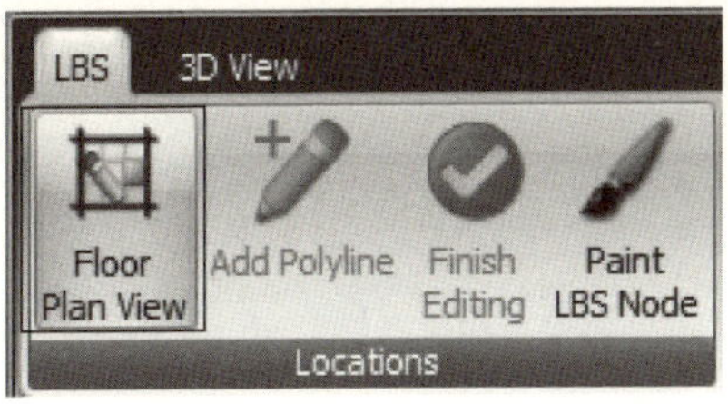

그럼 해당 높이로 절단한 슬래브 단면이 다음과 같이 표시된다.

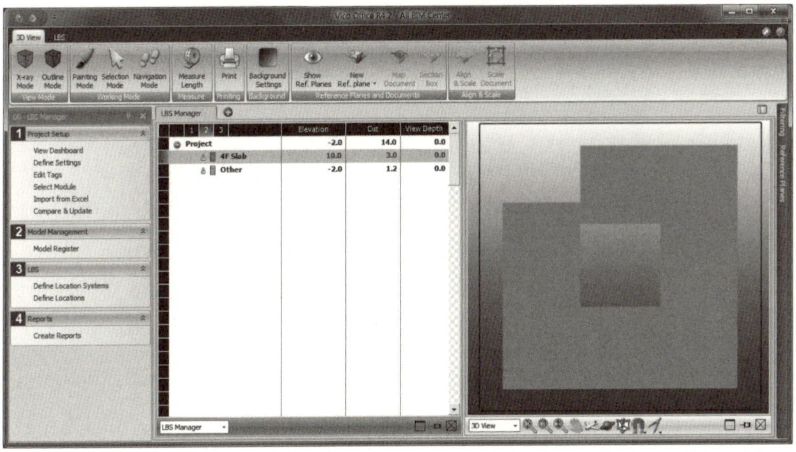

실제로 이 영역을 모두 한 번에 시공할 수는 없을 것이다. 이는 현장 소장이 공사와 관련된 각 업체 소장의 의견, 현장여건, 시공방식, 인력 및 자원 수급상황, 안전문제, 환경적인 문제 심지어 공사 자재의 위치나 운반동선 등 다양한 문제를 고려해 어떤 영역을 어떤 순서로 시공할 지 결정한다. 실제로는 이런 식으로 고려된 LBS를 만들어야 하며 다른 부재와 간섭된 부분이 있다면 이는 미리 공제되어야 한다.

여기서는 LBS의 이해를 위해 앞의 절단된 영역에 대해서만 간단하게 두 개 영역을 나누고 LBS를 만든다.

[Add Polyline]을 선택해 평면 뷰에서 Zoning 작업을 한다.

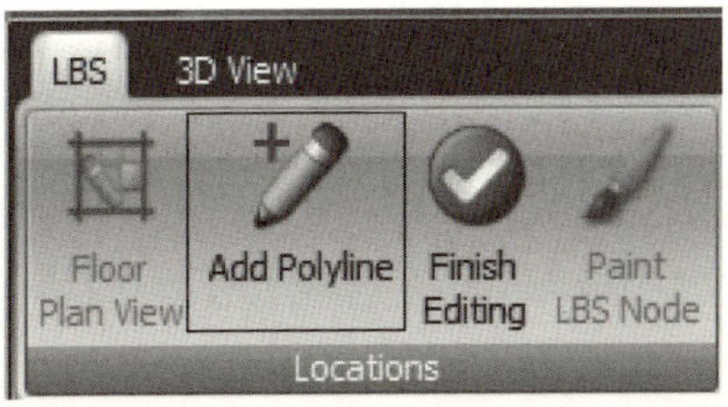

그려지는 Polyline은 일종의 영역을 절단하는 절단 선역활을 한다. 다음 그림과 같이 슬래브를 4등분하도록 선을 그린다. [Snap] 기능을 이용해 슬라브의 중간지점을 클릭하는 방식으로 선을 그린다.

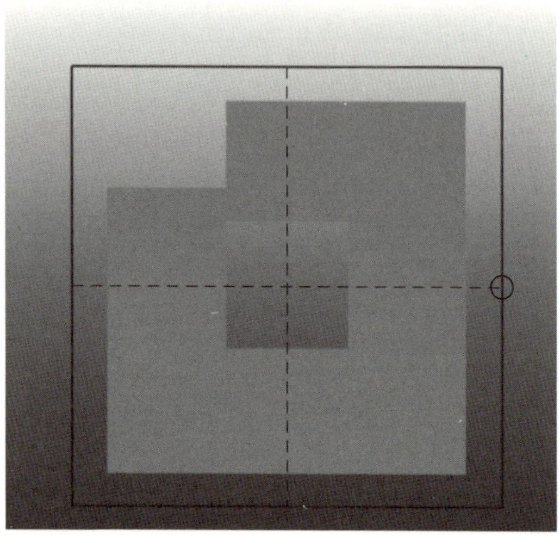

다 그린 다음에 엔터키를 치면 영역을 자동으로 분할해 "4F Slab" 하위에 4개 LBS가 생성된 것을 확인할 수 있다. 만약 잘못 그렸다면 그려진 폴리라인을 [Selection Mode]를 클릭해 선택한 후에 Delete 키를 이용해 삭제하고 다시 그리면 된다.

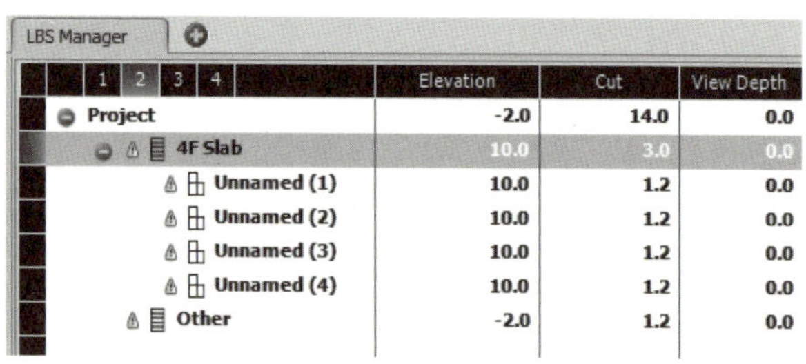

분할된 영역의 형상과 수량을 Vico Office에 반영시키기 위해 [06 LBS Manager] [Model Management]의 [Manage Models] 메뉴를 클릭한다.

"All BIM Center"에서 우클릭하고 [Change Activation Options]을 선택해 다음과 같이 [Family Type]만 선택한다. 그리고 [Create Takeoff Items]을 선택한다.

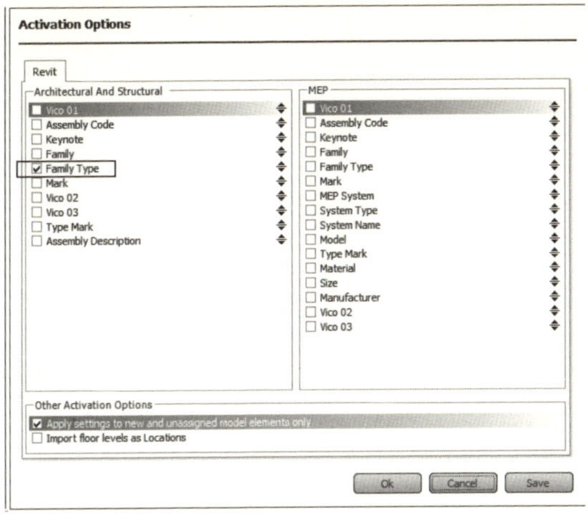

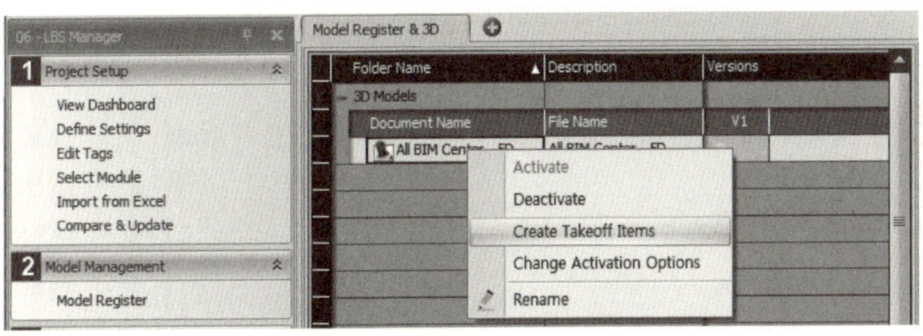

[Takeoff Item Creation Settings]에서 [Activate]를 선택해 작업한 Zoning 영역을 형상 모델에 반영한다. [06-LBS Manager]의 [LBS] [Define Locations]에서 각 영역을 클릭하면 다음과 같이 영역이 분할된 것을 확인할 수 있다(*주: 다른 4D/5D 시뮬레이션 소프트웨어의 경우 부재가 미리 수량을 산출할 단위로 다 분할해 모델링해야 하나 Vico Office는 원 모델링 파일을 건들지 않고 공정을 고려한 시공 부재 분할을 지원한다는 점이 차이가 있다).

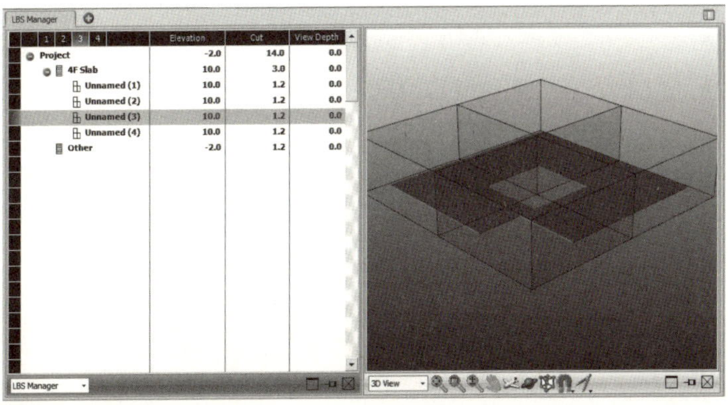

LBS Manager 정보를 확인하여 볼드체로 표시된 부분의 이름을 다음과 같이 변경하고 나머지는 삭제한다.

1	2	3
Project		
	4F Slab	
		Zone 1
		Zone 2
		Zone 3
		Zone 4

참고로 다음 메뉴를 이용해 이런 방식이 아닌 직접 화면에서 수동으로 특정 영역에 포함된 객체를 추가할 수도 있다.

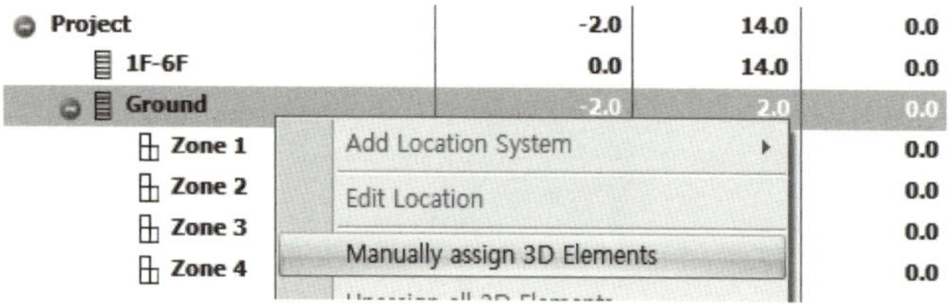

[04-Takeoff Manager] [Takeoff] [Manage Takeoff] 메뉴를 선택한다. 여기서 LBS에서 구획된 물량을 설정한 수량 항목별로 확인할 수 있다.

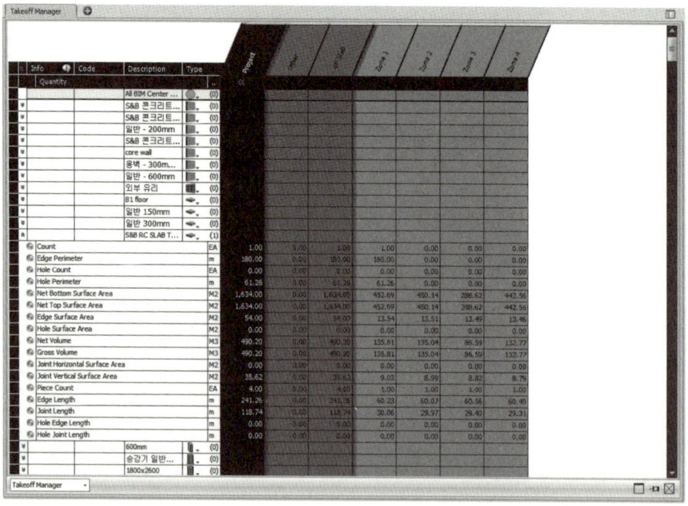

9. BIM 기반 공정관리

[07-Schedule Planner]의 [Schedule Management] [Open Schedule] 메뉴를 선택하면 공정관리를 할 수 있도록 "Schedule Planner"가 별도 프로그램으로 실행된다. 이 프로그램은 MS-Project와 매우 유사한 부분이 있는 일정 및 자원 관리 프로그램이다. 다만, LOB와 BIM객체를 연계해 공정관리를 지원한다는 점이 다르다.

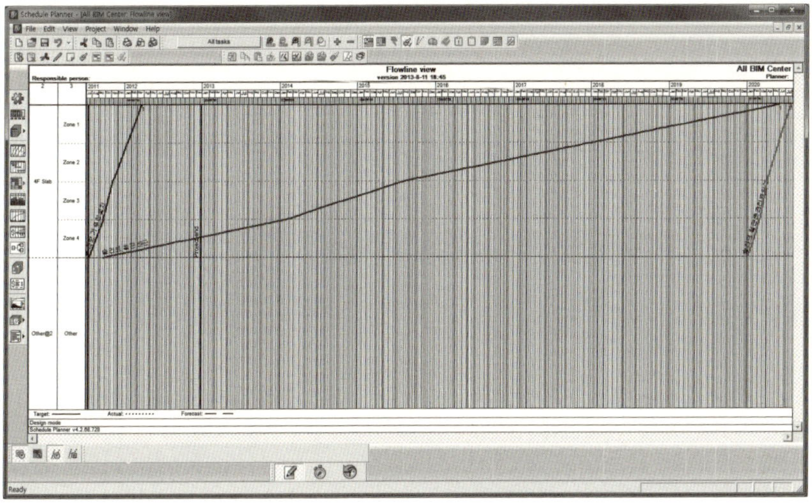

[Project] 메뉴의 [Project settings] 메뉴를 실행해 다음과 같이 프로젝트 기간을 입력한다.

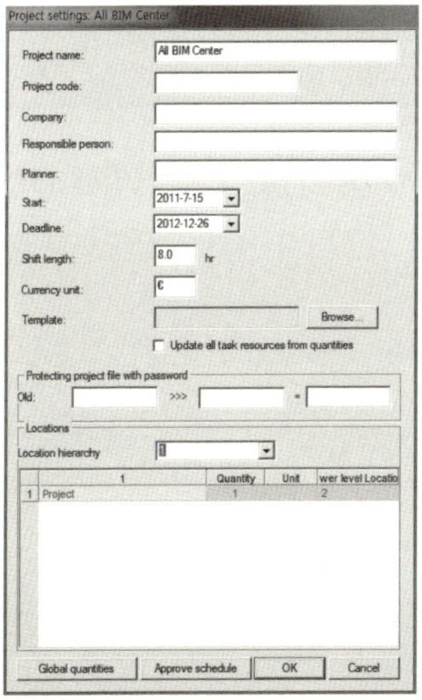

[Project]메뉴의 [Resource Registry] 메뉴를 선택한다. [Update resources from quantities] 메뉴를 선택해 [Mapping resources from quantites] 창을 띄운다.

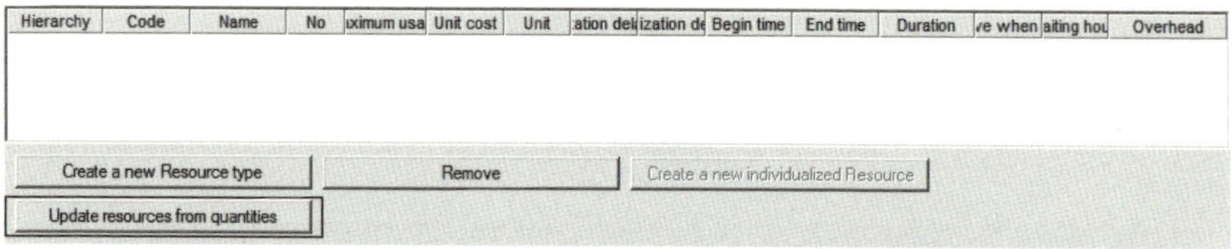

그럼 위도우드 창이 나타나는 데 [Next] 버튼을 클릭해 수량과 리소스를 맵핑시키도록 한다.

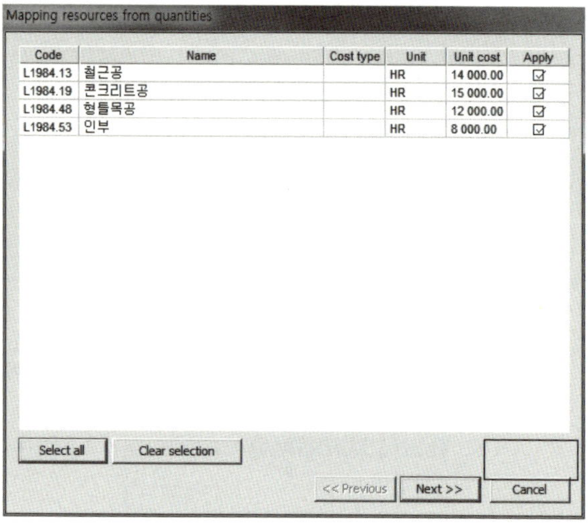

입력한 일위대가에서 노무비에 해당하는 인부 작업에 대한 정보가 다음과 같이 계산되어 표시된다. 프로젝트 종료일까지 완공되기 어려운 상황으로 [End time]이 표시되어 있다.

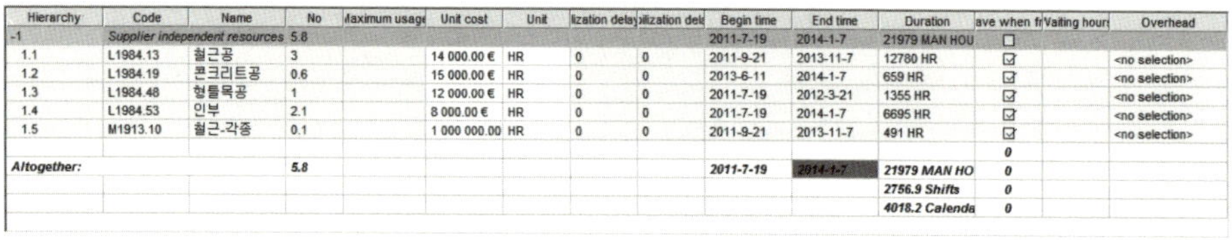

Hierarchy	Code	Name	No	laximum usage	Unit cost	Unit	lization delay	ilization del	Begin time	End time	Duration	ave when fr	Vaiting hours	Overhead
-1	*Supplier independent resources*		5.8						2011-7-19	2014-1-7	21979 MAN HOU	☐		
1.1	L1984.13	철근공	3		14 000.00 €	HR	0	0	2011-9-21	2013-11-7	12780 HR	☑		<no selection>
1.2	L1984.19	콘크리트공	0.6		15 000.00 €	HR	0	0	2013-6-11	2014-1-7	659 HR	☑		<no selection>
1.3	L1984.48	형틀목공	1		12 000.00 €	HR	0	0	2011-7-19	2012-3-21	1355 HR	☑		<no selection>
1.4	L1984.53	인부	2.1		8 000.00 €	HR	0	0	2011-7-19	2014-1-7	6695 HR	☑		<no selection>
1.5	M1913.10	철근-각종	0.1		1 000 000.00	HR	0	0	2011-9-21	2013-11-7	491 HR	☑		<no selection>
												0		
Altogether:			*5.8*						*2011-7-19*	*2014-1-7*	*21979 MAN HO*	*0*		
											2756.9 Shifts	*0*		
											4018.2 Calenda	*0*		

좌측 아이콘에서 [Network view]를 선택한다.

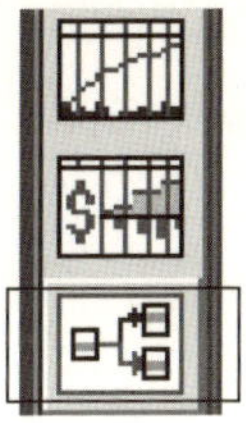

그럼 다음과 같은 "Network view" 창이 표시된다.

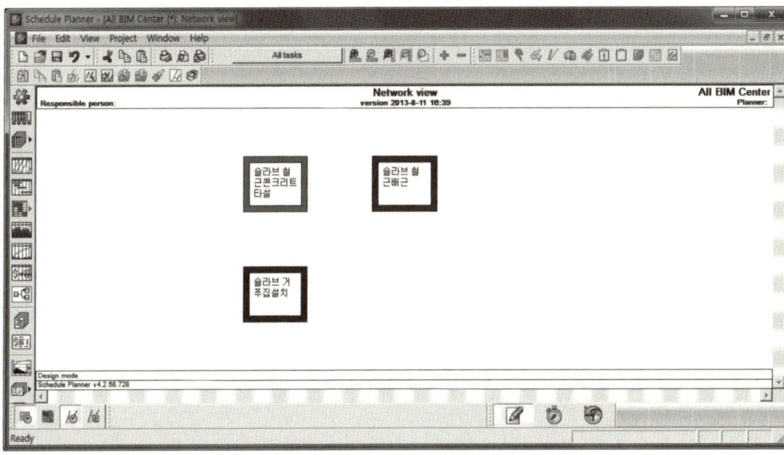

이를 통해 Task 간 작업 선후행 관계를 설정한다. 다음과 같이 Task를 각각 드래그 앤 드롭으로 선후행 공정을 연결한다. 선후행 공정작업이 설정되면 Task 간 관계선이 적색으로 표시된다.

[Flowline view] 아이콘 메뉴를 선택하면 선후행 공정작업이 완료된 LOB가 출력된다.

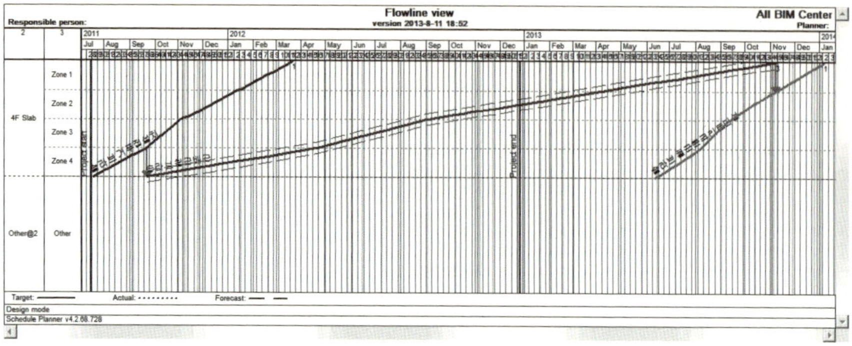

이 차트는 Location 기반으로 Activity의 공정 선후관계가 생성되어 있으므로 위치와 작업순서에 따른 공정간섭을 직관적으로 체크할 수 있다. 다음 그림은 공정상 문제가 있는 예를 보여주고 있다. 그림에서 2의 경우는 공정간섭이 발생되고 있다. 3의 경우 선후행 Activity 간 일정 버퍼가 부족하다. 4의 경우 같은 날에 3개의 Activity가 시작되고 있다. 5, 6은 일정이 비어있어 비효율적인 부분을 나타낸다. 효과적인 공정 Activity는 기울기가 마감일정에 맞게 기울어져있고 이러한 빈곳이 없이 오른쪽 그림과 같이 일정하면 좋다.

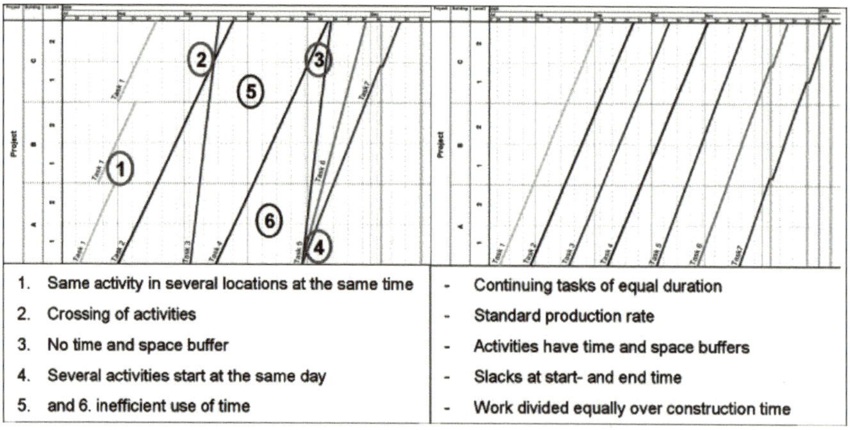

그림 5-12 LOB를 통한 공정상 문제 확인 방법
(Rogier Jongeling, Thomas Olofsson, 2006.4, A method for planning of work-flow by combined use of location-based scheduling and 4D CAD, Automation in Construction)

VICO는 이런 문제들을 LOB차트를 이용해 해결하고 최적화하는데 필요한 기능을 지원한다.

LOB에서는 공정 위치별, 일정 별, 기간 별, 공정 선후 관계가 표시되며 Vico Office에서는 공정 간섭되는 부분을 없애거나 공정 기울기를 줄이기 위해 인력 등 자원을 더 투입해 전체적으로 공사기간을 줄이는 등의 기능을 지원한다.

선으로 표시된 Activity 중 기간이 긴 Activity를 하나 선택해 더블클릭한다. 그리고 [2. Resources] 탭을 클릭하고 [Number]를 1에서 5로 설정하고 [OK]를 한다. 이 탭은 해당 Activity에 투입되는 인력조 구성 및 수(Number)를 설정해 기울기를 조정할 수 있다.

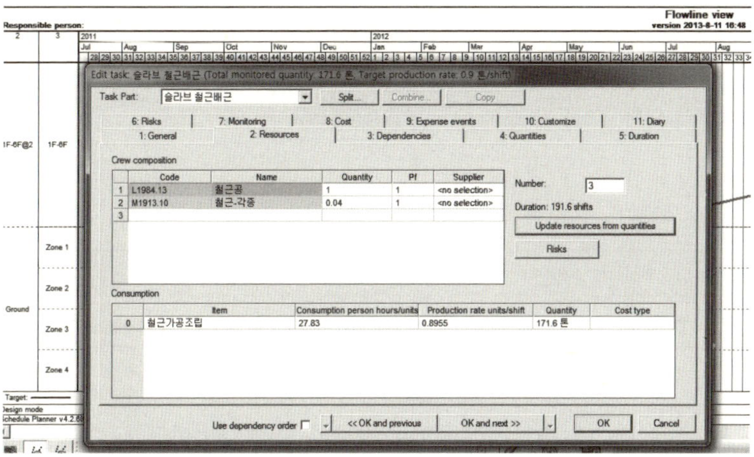

다음 LOB차트와 같이 LBS와 Activity 일정/기간/선후행 관계가 고려되어 자동생성된 것을 확인할 수 있다.

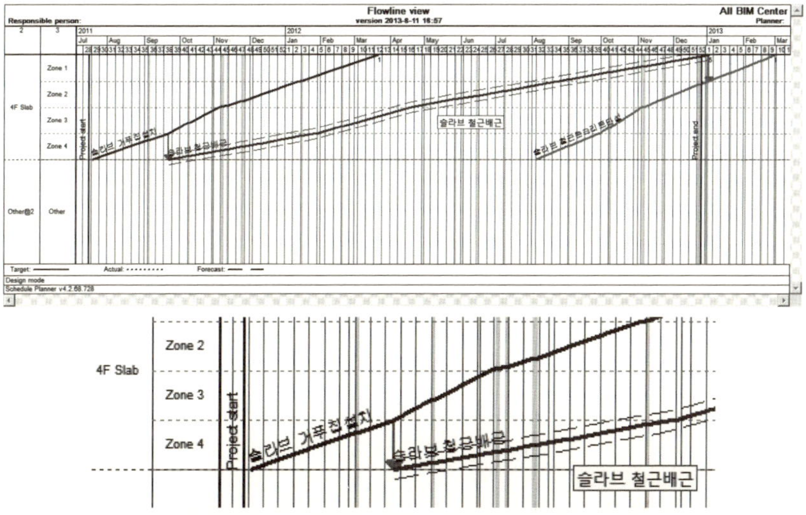

이외에도 선후행 Activity관계를 다음과 같은 [Dependencies] 탭의 [Level of precision] 우선순위를 수정함으로써 조정할 수 있다.

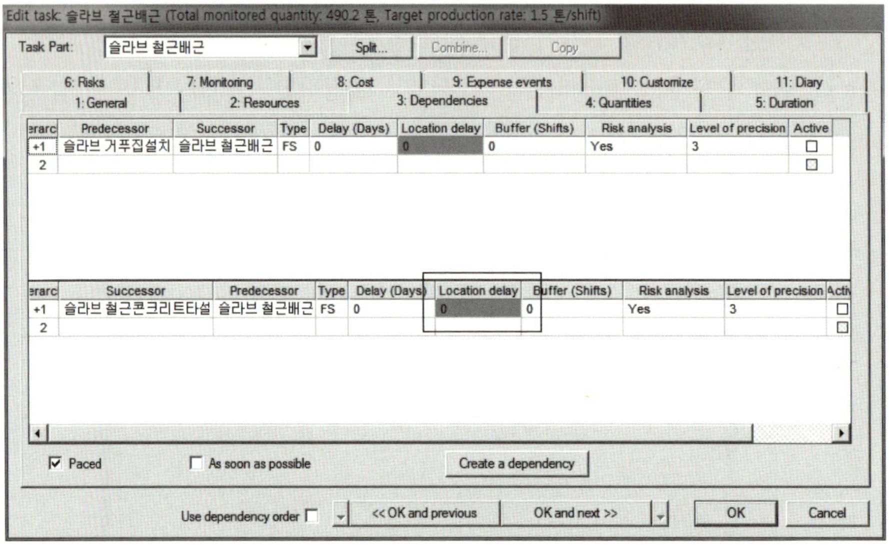

이외 [Flowline View] LOB창에서 [Dependency] 툴바 아이콘을 클릭해 Activity의 녹색 정점을 그래픽적으로 드래그 앤 드롭화하여 선후관계를 직관적으로 조정할 수 있는 기능 등을 지원한다.

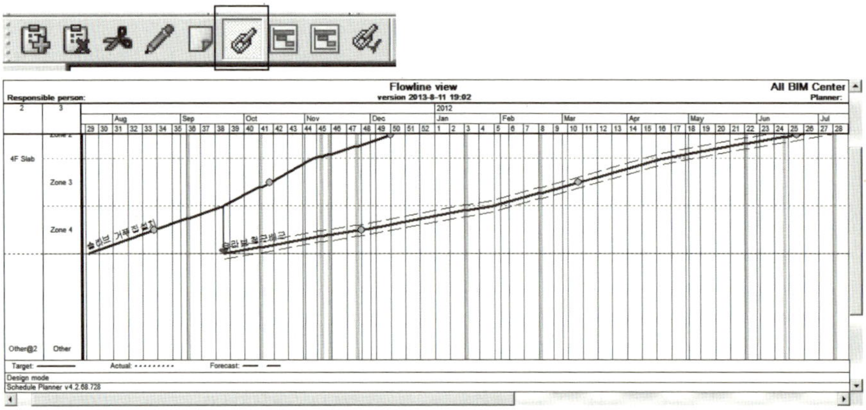

다음는 특정 Activity의 시작이 이전 Activity의 특정 종료 이후로 설정한 모습이다.

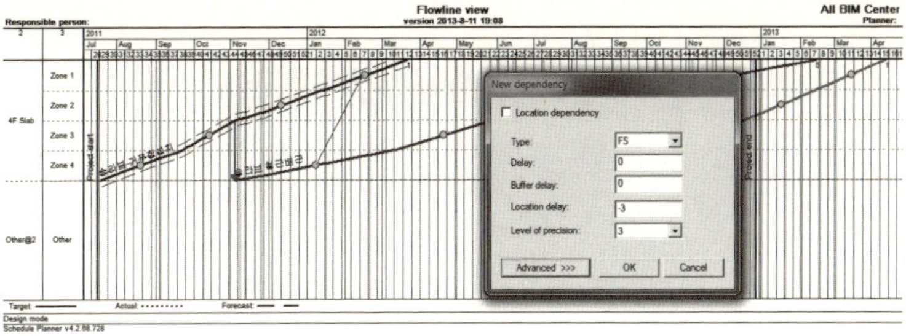

다음 그림과 같이 Activity가 Finish-Start(FS) 타입으로 수정되었음을 알 수 있다.

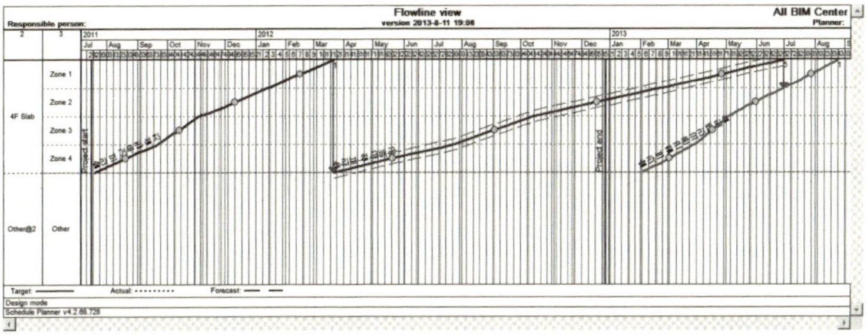

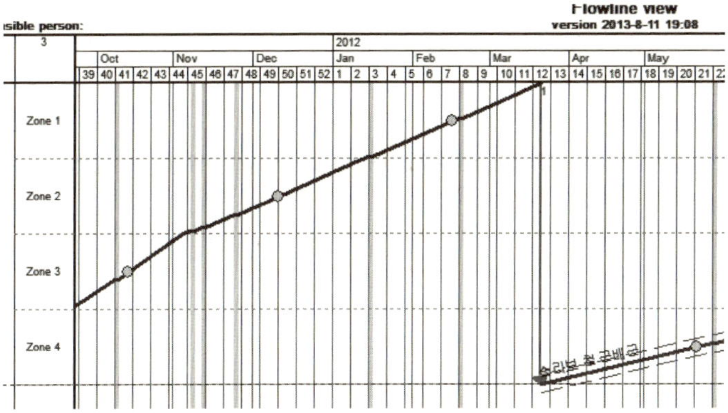

실제로는 LBS를 지하층과 더불어 각 층별로 구분하고 각 층도 시공방식을 고려해 여러 개의 Zone으로 구분되어 각 Activity가 일위대가와 연계되어 LOB를 구성한다. 또한 각 Activity의 기간과 다른 Activity와의 의존성은 MS-Project의 프로젝트 일정관리와 마찬가지 방식으로 선후행의 적절한 시작시점과 지연기간 등을 포함할 수 있다. 본 실습은 기능의 이해를 돕기 위해 이런 분할 및 설정과정을 거치지 않았음을 밝힌다.

[File]에서 [Save] 메뉴를 선택해 작업내용을 저장한다.

10. 4D 시뮬레이션

[07-Schedule Planner] [4D Simulation]의 [Define 4D Simulation] 메뉴를 선택한다.

[New 4D Group Set] 아이콘 메뉴를 선택하여 “All BIM Center”를 입력한다.

[4D Task Groups]에 [Grouping Name]을 다음과 같이 입력한다. [Color] 필드는 구분되는 색상으로 적절히 입력한다.

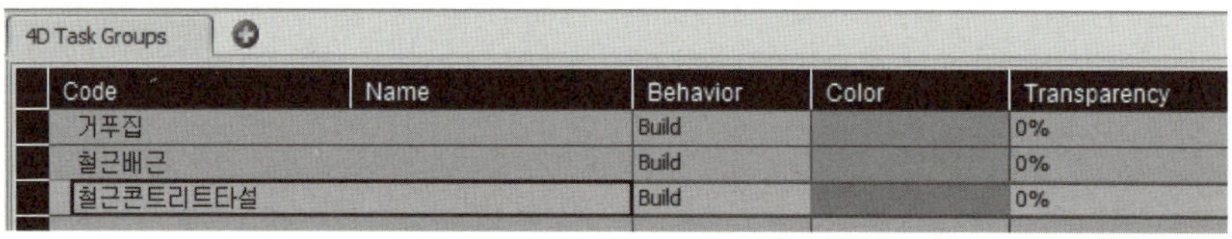

[4D Task Groups Name]과 Task를 드래그 앤 드롭으로 연결한다.

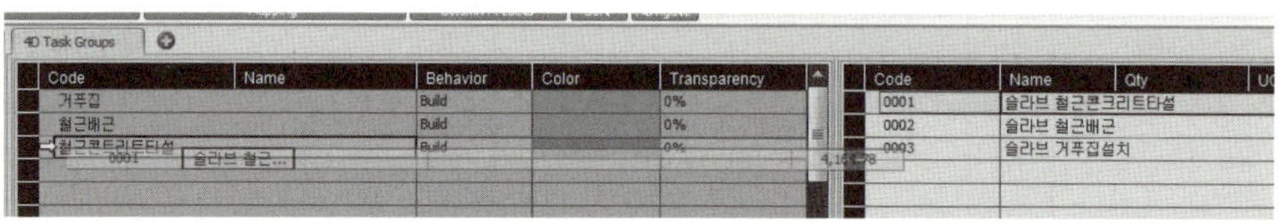

[07-Schedule Planner] [4D Simulation]의 [Explore 4D] 메뉴를 선택한다.

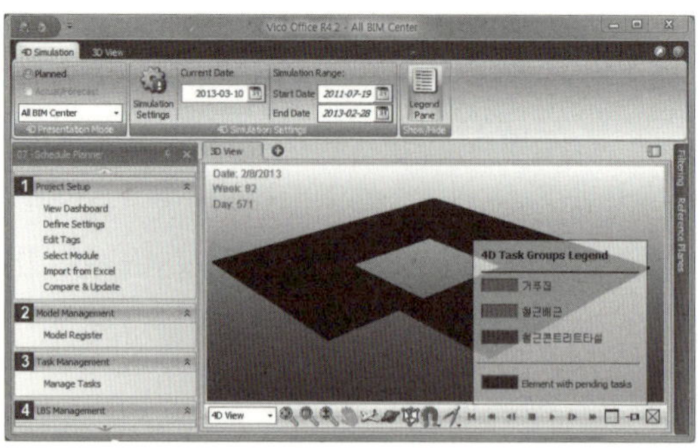

리본 메뉴의 [Simulation Settings] 메뉴를 선택한다. 그리고 시뮬레이션 간격을 일, 주, 월 중 하나로 설정하고 확인한다.

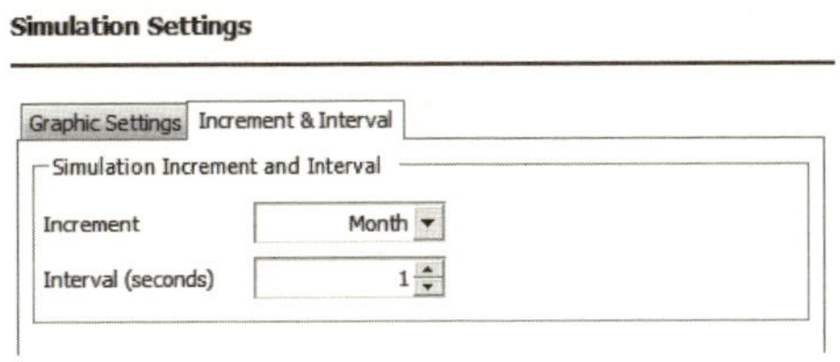

3D 뷰 창 다음 툴바에서 시뮬레이션 실행 버튼을 이용해 시뮬레이션 한다.

그럼 다음과 같이 4D시뮬레이션을 확인할 수 있다.

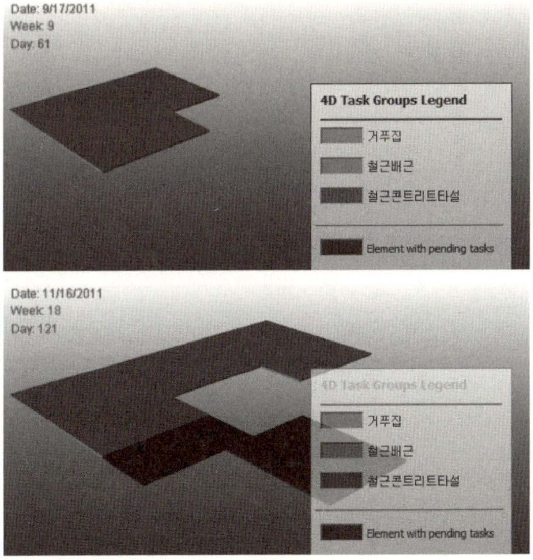

이외에도 [05-Cost Planer]의 [Project] [Define Targets] 메뉴를 이용해 Target cost를 설정하여 프로젝트 전체 목표 공사비를 입력하고 견적된 항목의 Target cost 비율을 설정하여 특정 시점의 비용 버전(Cost Version)과 비교할 수 있다.

예를 들어 다음과 같이 Vico Office 프로그램의 왼쪽 상단에 있는 [Create snapshot] 기능으로 현재 Vico Office의 프로젝트 정보를 저장할 수 있다. [Plan cost] 등에서 수정한 수량 및 견적을 스냅샷으로 저장하면 [Explore Cost] 메뉴에서 계획된 Target cost와 비교를 할 수 있고 어느 견적 항목에서 비용이 초과되는지 등을 Cost Explorer & Cost Planner 창에서 비용 계층 그래프 형식으로 파악할 수 있다. 또한, 그래프의 각 비용 항목을 선택해 3D에서 해당 부재를 직관적으로 확인할 수 있다.

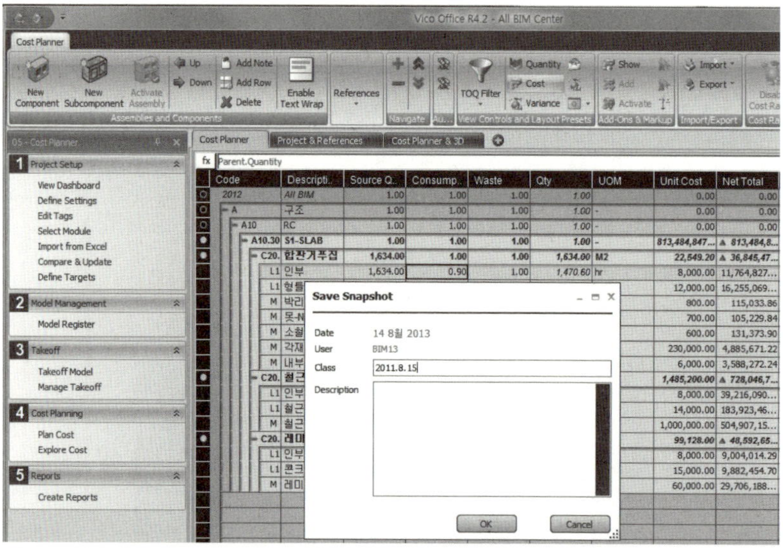

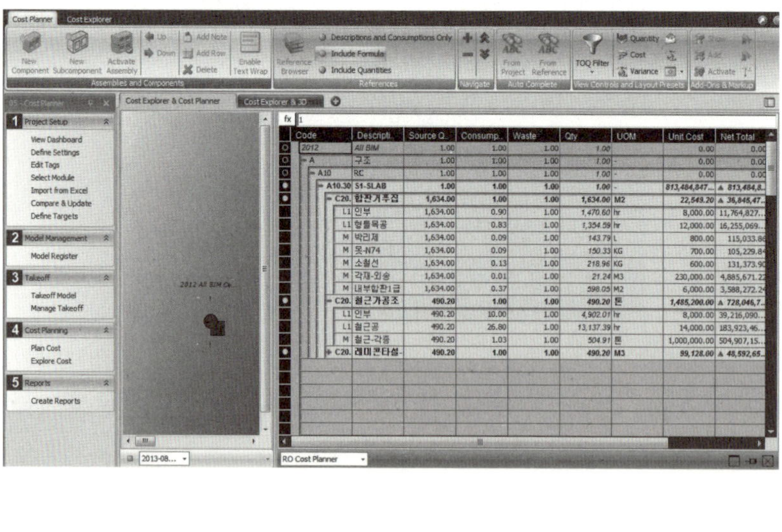

지금까지 작업한 내용을 파일로 저장하고 싶다면 다음과 같이 [Pack Project] 메뉴를 실행하면 ".vico"확장자로 된 프로젝트 파일을 저장할 수 있으며 다른 곳에서 로드할 수 있다.

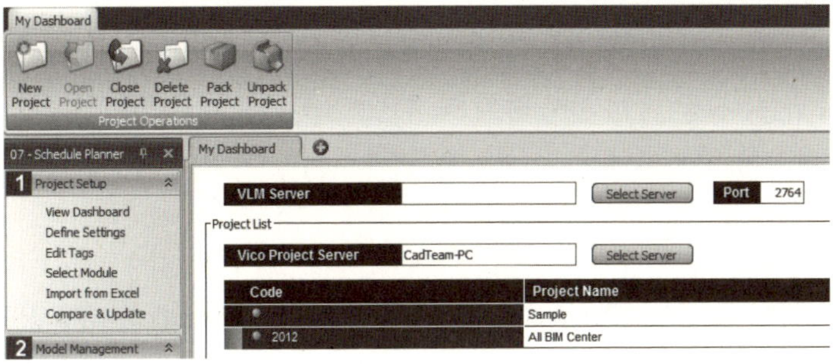

5.3.4 결론

Vico Office는 다른 시뮬레이션보다 좀 더 전문적으로 4D, 5D 관리를 BIM 기반으로 할 수 있다. 협업 시스템을 기반으로 동작하며 MS-Project에 BIM을 연계한 듯한 공정 및 LBS 기반으로 시공을 관리하고 필요한 시점에 대한 비용과 공사진행 상황을 시각적으로 확인하고 필요한 보고서를 사용자가 커스터마이징해서 얻을 수 있다.

다만, 프로그램을 구동하는데 꽤 높은 HW스펙이 요구되고 스펙에 뒷받침이 안되어 있는 상태에서 모델을 Activate하는 등의 실행하면 작업이 어려워지는 경우가 있다. 이는 BIM 형상을 Activate하는 순간영역을 솔리드 연산을 통해 분할하고 지정한 수량 정보를 추출하는 부하가 많은 프로세스를 내부적으로 실행하기 때문인 것으로 추측된다. 보통 솔리드의 분할연산은 수많은 교차계산 연산으로 구성되고 잘못처리될 경우 부분적으로 교차된 부분에 기하형상이 문제가 되는 경우도 생길 수 있다.

그럼에도 불구하고 LOB를 자동으로 출력하고 LOB에 표시된 Activity를 시각적으로 구성하는 속성을 수정하고 최적화해 일정과 리소스를 관리할 수 있는 강력한 기능을 지원한다. Vico Office는 LOB를 구성하기 위한 LBS에 BIM을 적절히 활용하고 있는 대표적인 예이며 조율과정에 Target cost 기능도 신속한 의사결정에 도움이 된다. 또한, 초기 모델링에서 수량을 얻기 위해 분할해야 하는 다른 시뮬레이션 소프트웨어의 접근과는 다르게 자동처리되는 계획 분할 기법을 쓰는 것도 원 모델 형상을 다시 모델링하지 않고 다양한 시공 대안을 비교하고 수량을 뽑는데 괜찮은 접근방법이다.

5.4 공정조율 - Navisworks

5.4.1 개요

나비스웍스는 프로젝트 검토, 분석, 시뮬레이션, 디자인 의도 및 시공성을 체크하기 위한 솔루션으로 프로젝트 이해당사자들이 함께 모델을 프로토타이핑하고, 간섭 체크를 통해 시공성을 검토하며, 시공 대안 검토 등의 목적으로 4D 공정 시뮬레이션을 지원한다. 또한, 외부 소프트웨어 및 시스템과 상호 연계를 위한 API를 지원해 필요한 프로그램 모듈을 개발하고 관련 업무를 자동화할 수 있다.

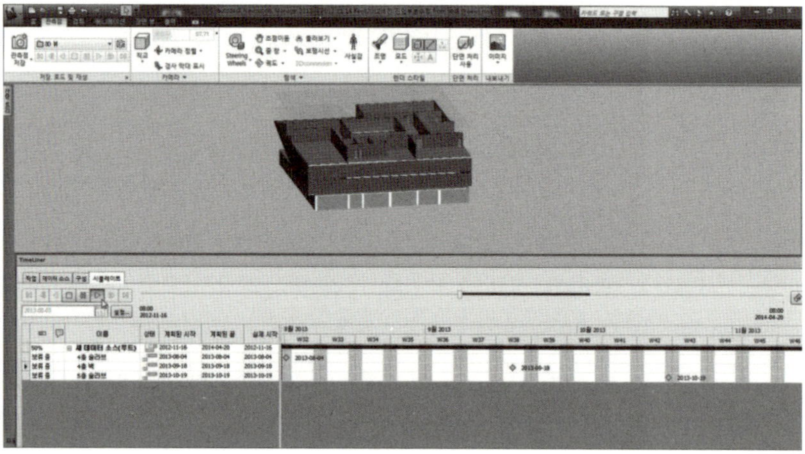

그림 5-13 Navisworks 화면

나비스웍스는 프로젝트 관련 모델들을 NWD 파일로 저장하고 DWF, REVIT RVT등 다양한 포맷을 지원한다.

나비스웍스를 설치하면 Navisworks Manager와 Freedom 두 개 메뉴가 생성되는데 Freedom은 무료 버전으로 모델 관찰 기능 및 검토만 가능한 Viewer이다.

5.4.2 인터페이스

인터페이스는 다음과 같이 [홈] 탭에서 주로 사용되는 기능이 표출되어 있으며 객체 [선택], 간섭체크를 위한 [Clash Detective], 4D 공정 시뮬레이션을 위한 [Time Liner] 등이 포함되어 있다.

[관측점] 탭에서는 관측할 지점을 저장하고 다시 재생할 수 있는 [관측점 저장] 메뉴 및 3차원 모델을 화면에서 탐색해 보기 위한 [초점이동], [줌 창], [궤도]와 같은 카메라 조작 메뉴 등이 포함되어 있으며 보다 사실적인 렌더링을 위한 [조명], [모드] 메뉴가 [렌더 스타일] 리본바에 포함되어 있다.

[검토] 탭은 거리, 각도, 면적 등을 측정하는 [측정] 메뉴, 주석을 달고 모델링 수정 지시 정보를 화면에 표시하기 위한 [문자], [그리기] 메뉴 및 [주석 찾기] 메뉴가 포함되어 있다.

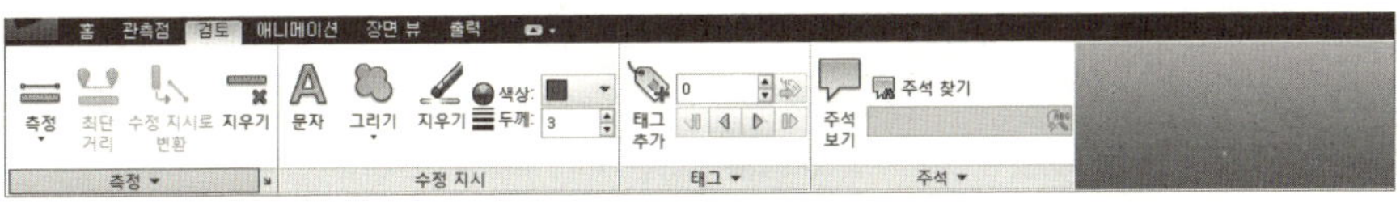

기타 모델 3차원 애니메이션을 위한 [애니메이션] 탭, 화면 표시를 제어하기 위한 [장면 뷰] 탭, DWF, KML(Google Earth 파일 포맷), 간섭 테스트 보고서, 관측점 보고서 등 다양한 파일 포맷 및 보고서 출력을 위한 [출력] 탭을 제공하고 있다.

5.4.3 실습

1. 옵션 설정

본 장에 해당하는 예제 파일 중 "All BIM Center - Simulation.mwc" 파일을 [열기] 메뉴를 이용해 연다.

다음과 같이 미리 만들어진 mwc 파일에 포함된 모델이 로딩되는데 이 파일은 지금까지 모델링된 Revit 파일을 로딩해 실습에 맞게 정리한 것이다.

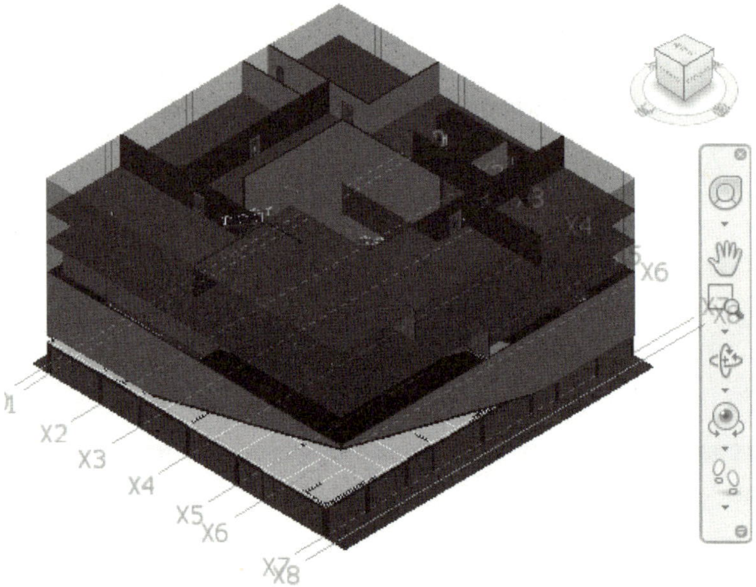

여기서 화면 우상단에 표시된 다음과 같은 뷰 큐브(View Cube)의 한 면을 클릭함으로써 모델을 보는 카메라의 방향을 좌우상하로 손쉽게 설정할 수 있다.

오른쪽에 붙어있는 다음과 같은 메뉴는 카메라를 편리하게 제어하기 위한 메뉴들로 [전체 탐색 휠], [초점 이동], [줌 창], [궤도], [둘러보기], [보행시선] 메뉴이다.

[전체 탐색 휠] 메뉴를 선택하면 다음과 같이 모델 전체를 탐색하기 위한 휠 메뉴가 표시되며 각 메뉴들을 선택해 [줌], [궤도], [초점이동] 등을 할 수 있다.

옵션 설정을 위해 다음과 같이 [옵션] 메뉴를 선택한다.

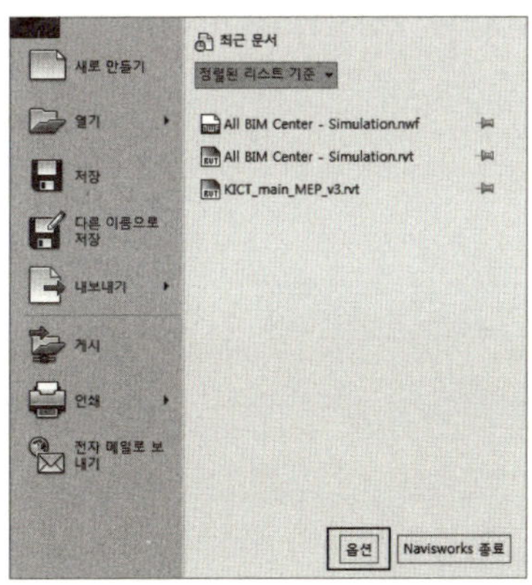

옵션 메뉴에서는 자동저장 위치나 인터페이스 단위, 스냅 방법, 지원 파일 포맷에 대한 세부설정 및 간섭체크 같은 도구에 대한 설정 등을 제공한다.

다음의 옵션 대화창에서 [인터페이스]의 [표시 단위]가 다음과 같은지 확인한다.

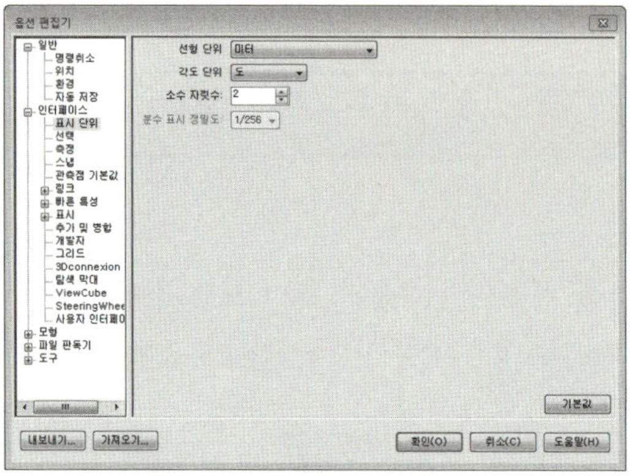

나비스웍스는 모델 관리 및 체크에 필요한 정보를 여러 창을 통해 표시하는 데 모델의 객체 트리 등은 다음과 같이 [장면 뷰] 리본 탭의 [창] 메뉴 선택을 통해 보이게 할 수 있다.

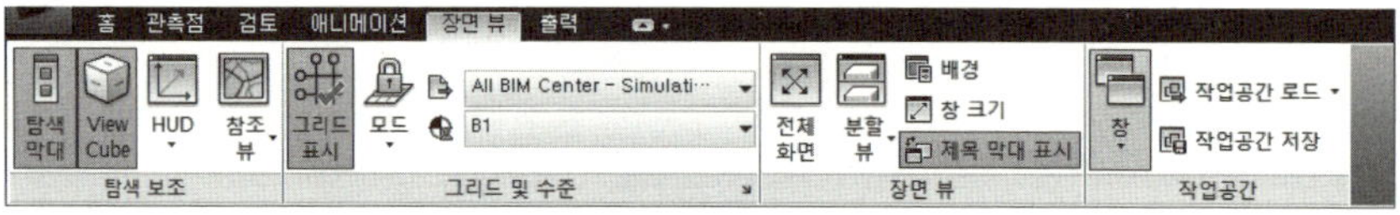

예를 들어 [선택 트리] 메뉴를 다음 좌측 그림과 같이 선택하면 중간 그림과 같이 객체 트리가 표시되고 트리의 각 객체를 선택하면 화면에 해당 부분의 색상이 변경되어 표시된다. 이외에 유용한 창 중 하나인 [특성] 창도 오른쪽 그림과 같이 화면에 보이도록 한다.

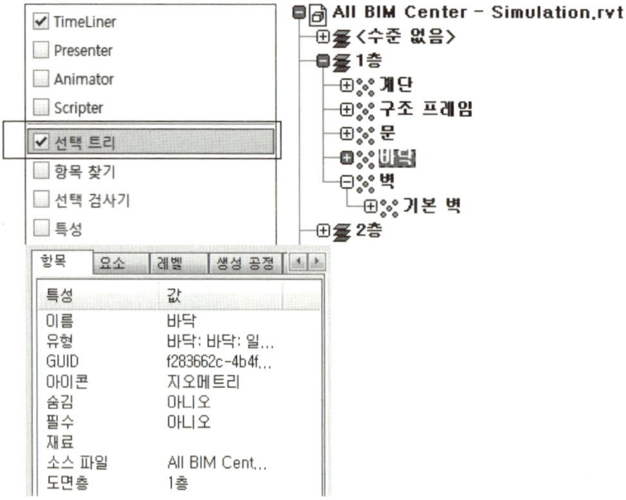

이제 화면 상에 표시되는 객체를 선택할 때마다 해당 객체가 모델의 객체 트리에서 어디에 속해 있는 것인지, 그 객체의 속성은 무엇인지 쉽게 확인할 수 있다.

간섭 체크(Clash Detection)

간섭 체크를 하기 전에 “세트”라는 유용한 개념을 설명하겠다. 세트는 어떤 목적으로 선택한 객체들을 담아둔 객체들의 집합이나 모음같은 것으로 한번 선택해 객체들을 세트로 담아두면 여러 가지 목적으로 재활용하기 편하다.

예를 들어, 간섭 체크와 같은 경우 MEP와 벽체 객체들의 간섭을 체크할 때 일일이 [선택 트리]에 있는 객체들을 하나씩 선택하여 간섭 체크하는 과정을 거치는 것보다 한번 객체를 선택해 세트 A로 만들어 놓고 다음에 나비스웍스를 실행해 해당 간섭을 체크할 때 세트 A를 이용하면 객체 선택 과정들을 생략할 수 있다.

우선 다음과 같이 [세트] 메뉴를 선택해 세트 창을 활성화한다.

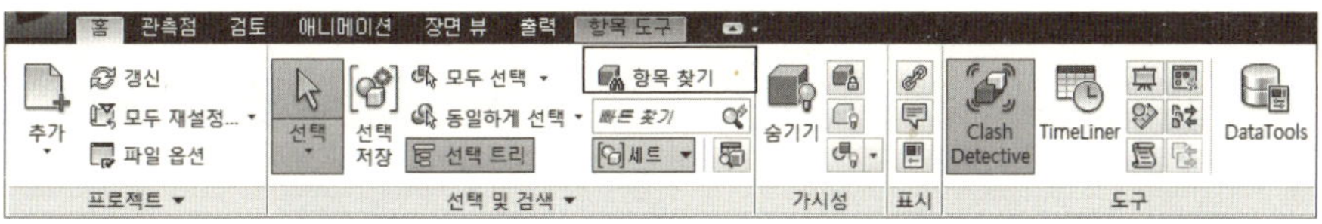

세트 창은 다음과 같이 선택된 객체를 세트에 저장하는 [선택 저장], [검색 저장], [새 폴더], [중복], [주석 추가], [삭제] 및 저장된 검색 세트 정보를 XML파일 등으로 [내보내기] 하거나 [가져오기] 하는 메뉴로 구성되어 있다.

본 예제에서는 간단히 1층의 바닥과 벽체의 간섭을 체크하는 규칙(Rule)을 만들어 보도록 한다.

[선택 트리]에서 다음과 같이 [1층]의 [바닥]을 선택하고 [세트] 창의 [선택 저장] 메뉴를 클릭한 후 다음과 같이 “1-Floor”로 선택 세트 이름을 입력한다.

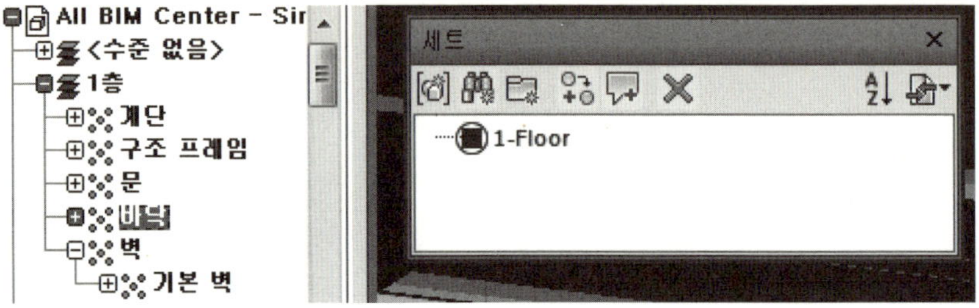

다시 [선택 트리]에서 [1층]의 [벽]을 선택하고 [세트]창의 [선택 저장] 메뉴를 클릭한 후 "1-Wall"로 선택 세트 이름을 입력한다.

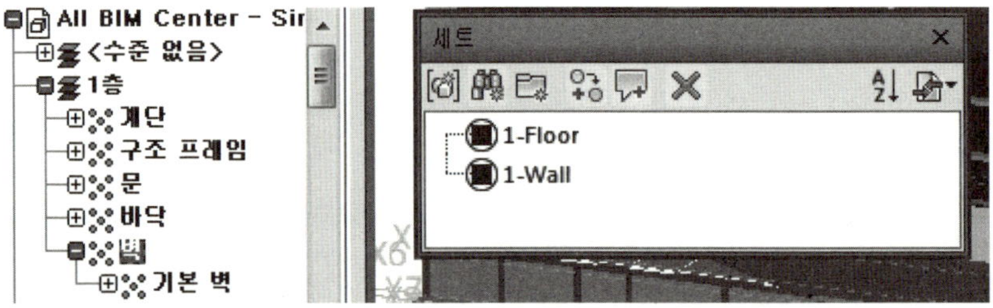

이제 [홈]탭에서 [Clash Detective] 메뉴를 선택해 다음과 같이 Clash Detective 창을 띄우고 [테스트 추가] 메뉴를 선택해 "1-Floor-Wall"이란 이름의 간섭 체크 테스트 하나를 추가한다.

그리고 [선택] 탭의 [세트]를 선택하고 [선택 사항 A]와 [선택 사항 B]를 각각 "1-Floor"과 "1-Wall"로 선택한다.

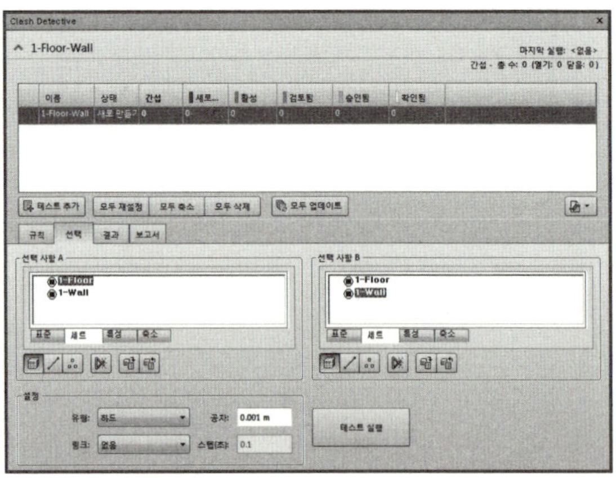

간섭 체크를 위한 옵션들이 창 다음 부분에 설정되어 있는 데 [설정]그룹 박스에 초기값으로 간섭 체크 유형은 실제 두 객체의 교차를 체크하도록 “하드”로 설정되어 있으며 간섭 체크시 두 객체 간섭 여부를 판단하는 공차범위는 0.001m로 설정되어 있다.

[설정] 그룹 박스 위에는 간섭 체크할 객체 형상의 유형 등을 설정하는 메뉴가 있는 대 차례대로 객체 형상 표면을 대상으로 간섭을 체크하는 [표면], 파이프와 같은 객체 형상의 중심선과 같은 선을 대상으로 간섭 체크하는 [선], 라이다(Lidar) 등으로 획득한 포인트 클라우드와 같은 점들을 대상으로 간섭 체크를 하는 [점] 옵션 메뉴가 있으며 [자체 교차] 메뉴를 이용해 객체 형상 자체적으로 일어나는 간섭을 체크할 수 있다.

설정 값은 초기값 상태로 놓아 두고 [테스트 실행] 버튼을 클릭하면 1층의 바닥과 1층의 벽체간 간섭이 있는 부분이 다음과 같이 표시된다.

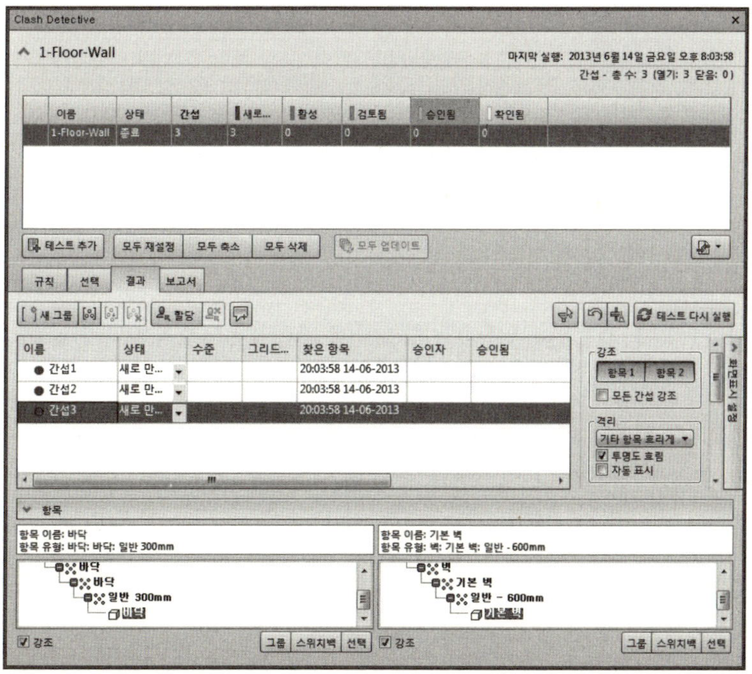

간섭 체크된 [결과] 탭에서 "간섭3"을 선택하고 다음의 [항목] 버튼을 클릭하면 어느 부분에서 간섭이 발생되었는지 객체 트리로 표시된다. 간섭 내용을 검토한 검토자가 각 간섭을 확인한 상태도 각 간섭 항목별로 관리되는데 간섭 리스트의 [상태]컬럼은 다음과 같이 간섭을 검토한 상태를 구분해 표시할 수 있도록 하고 있다.

이름	상태	수준	그리드...	찾은 항목	승인자	승인됨
● 간섭1	검토됨			20:03:58 14-06-2013		
● 간섭2	승인됨			20:03:58 14-06-2013	PSW	20:18:32 14-06-201
● 간섭3	확인됨			20:03:58 14-06-2013		

해당 간섭 항목을 선택하면 발생된 부분도 다음과 같이 화면에 직접 표시가 되는 데, 간섭한 부분만 확인하고 싶다면 [화면표시 설정] 메뉴들에서 [격리] 그룹박스에서 [기타 항목 그리기]를 [기타 항목 숨기기]로 변경하면 된다.

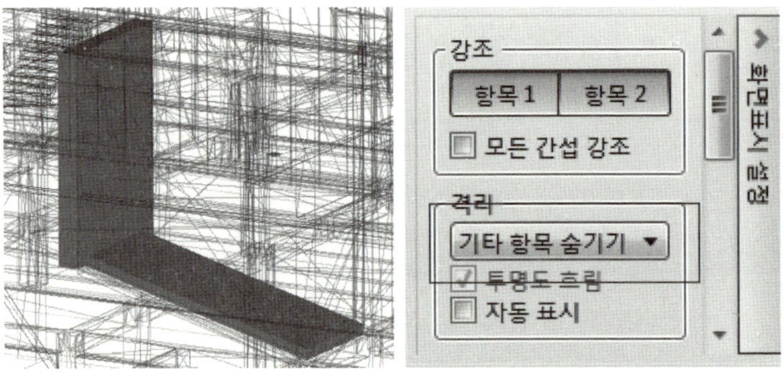

그 외에 [화면표시 설정] 메뉴들에는 다양하게 간섭 체크 결과를 확인할 수 있는 옵션 메뉴들이 있으니 확인해 보길 바란다.

이제 [보고서] 탭을 선택하고 보고서 내용을 선택하는 [내용] 그룹박스의 항목은 초기값으로 둔 채로 [보고서 쓰기] 버튼을 선택해 "1-Floor-Wall"이란 이름으로 HTML 파일 형식을 선택해 간섭 체크 보고서를 생성한다. 인터넷 익스플로러 프로그램 등으로 출력된 HTML 파일을 열어보면 다음과 같이 각 간섭 항목별로 간섭된 객체와 간섭 거리, 간섭 검토 상태 등이 해당 화면과 함께 일목요연하게 표시된다.

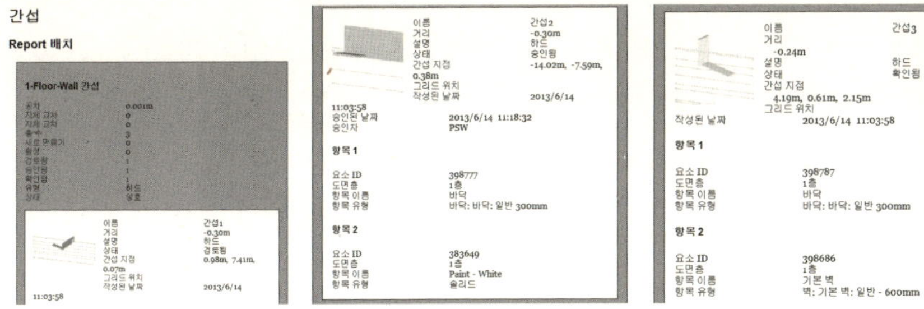

공정 시뮬레이션

원칙적으로 공정 시뮬레이션은 시공현장의 상황이나 시공경험을 고려해 작업단위별로 현장에서 공사 가능한 단위를 반영해서 모델링되어야 한다.

그러므로 하나의 기초나 바닥으로 모델링되었다고 하더라도 현장여건이나 작업단위를 고려한다면 실제 매우 넓은 기초나 바닥을 한꺼번에 한 단위로 시공한다는 것은 매우 어려운 일이다. 실제 현장의 시공방식은 현장의 여건, 공사 진행방식, 작업자, 재료 수급상황, 콘크리트 양생상황 등에 따라 다양하게 달라질 수 있다.

이러한 시공 여건이나 전략을 반영해 각 객체를 여러 개의 작업 단위로 분리해 모델링해야 한다. 이렇게 분리된 각 작업 단위별 객체들을 해당 시공 일정과 연계시켜 시뮬레이션을 해야 한다. 이런 방식으로 시공은 현장여건에 따라 달라지는 것이므로 시공자의 입장을 반영해야 공정 시뮬레이션 결과가 좀 더 의미있게 활용될 수 있다.

본 예제에서는 공정 시뮬레이션의 쉬운 이해를 위해 간단히 바닥과 벽체 등 구조에 대해서만 공정 시뮬레이션을 한다.

우선 공정 시뮬레이션을 위해서는 공정 단위별로 객체를 세트로 모아두는 것이 필요하다.

이를 위해 각 층과 구조체를 구분해 공정 단위 별 선택 객체를 만들도록 하며 이를 위해 객체의 속성 중 "항목"범주의 "이름"과 "도면층" 속성을 이용해 해당 속성과 일치하는 객체들을 탐색하여 공정 단위에 맞는 세트를 저장하는 작업을 할 것이다.

우선 다음과 같이 [홈] 탭에서 [항목 찾기] 메뉴를 선택한다.

이 메뉴를 실행하면 항목 찾기 대화상자가 뜨고 여기에 검색 위치나 검색 범주 및 특성과 조건 값을 설정함으로써 조건에 부합되는 객체들을 [모두 찾기]로 찾을 수 있다. 그리고 해당 조건에 대해 찾은 객체들을 [가져오기…]나 [내보내기…] 메뉴를 이용해 외부 파일로 저장하거나 다시 로드해 재활용할 수 있다.

이제 다음 그림과 같이 범주, 특성, 조건, 값을 입력하고 [모두 찾기]메뉴를 실행한다.

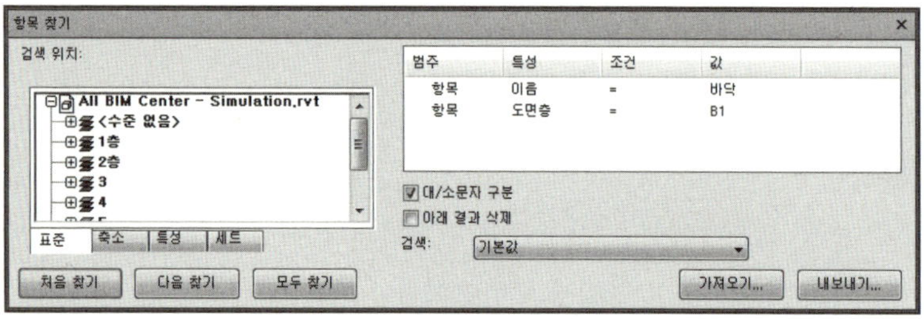

그럼 다음과 같이 입력한 두 가지 조건에 만족하는 객체들이 [선택 트리] 창의 [표준] 탭에 표시된 객체 트리에 표시되고, 화면에 해당 객체들이 선택된다(*주: 여러 개의 조건이 AND 조건으로 만족되는 객체들이 탐색되어 선택된다).

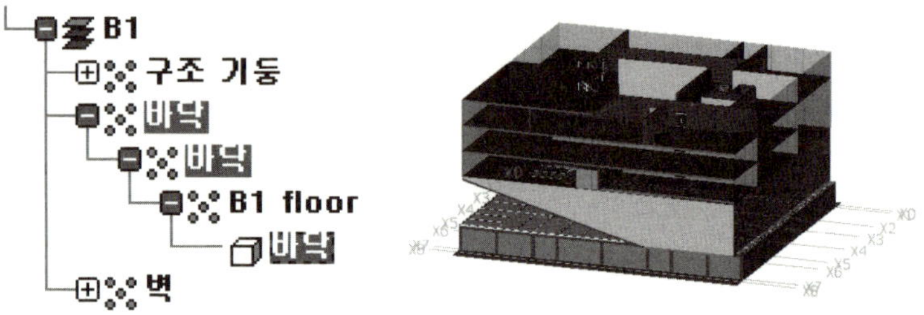

이제 [홈]의 [세트] 메뉴의 [세트 관리] 메뉴를 실행해 [세트] 창을 띄우고 선택된 객체들을 “B1-Floor”로 다음과 같이 [선택 저장]한다.

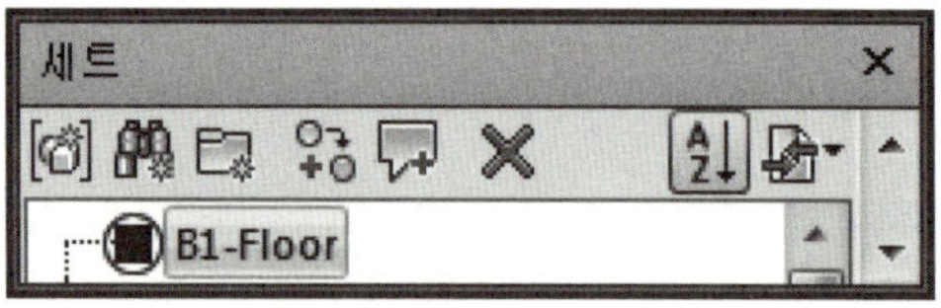

이제 다음 표와 같이 각 층별 바닥 객체들을 선택하기 위해 항목 찾기 조건을 설정해 각각 세트를 [선택 저장]한다.

No	범주	특성	조건	값	세트 이름
1	항목	이름	=	바닥	B1-Floor
	항목	도면층	=	B1	
2	항목	이름	=	바닥	1F-Floor
	항목	도면층	=	1층	
3	항목	이름	=	바닥	2F-Floor
	항목	도면층	=	2층	
4	항목	이름	=	바닥	3F-Floor
	항목	도면층	=	3	
5	항목	이름	=	바닥	4F-Floor
	항목	도면층	=	4	
6	항목	이름	=	바닥	5F-Floor
	항목	도면층	=	5	
7	항목	이름	=	바닥	6F-Floor
	항목	도면층	=	6	

마찬가지로 다음 표와 같이 각 층별 벽체 객체들을 선택하기 위해 항목 찾기 조건을 설정해 각각 세트를 [선택 저장]한다.

No	범주	특성	조건	값	세트 이름
1	항목	이름	=	벽	B1-Wall
	항목	도면층	=	B1	
2	항목	이름	=	벽	1F-Wall
	항목	도면층	=	1층	
3	항목	이름	=	벽	2F-Wall
	항목	도면층	=	2층	
4	항목	이름	=	벽	3F-Wall
	항목	도면층	=	3	
5	항목	이름	=	벽	4F-Wall
	항목	도면층	=	4	
6	항목	이름	=	벽	5F-Wall
	항목	도면층	=	5	

이렇게 [선택 저장]된 세트는 다음과 같이 세트 창에 표시된다.

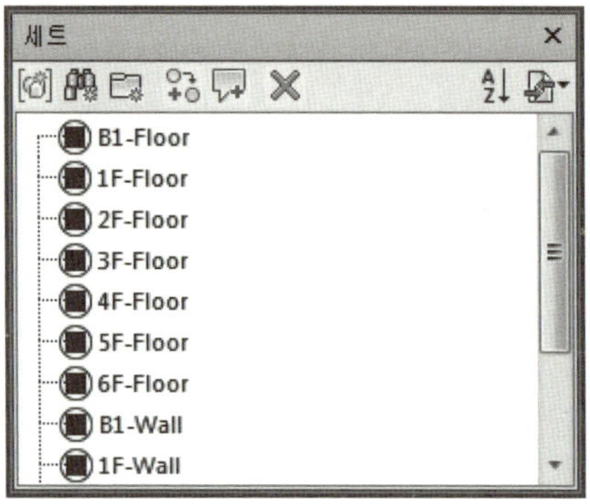

이제 만들어진 세트들에 포함된 객체를 공정과 연결시키면 된다.

우선 [홈] 탭의 [TimeLiner] 메뉴를 선택한다.

다음과 같은 TimeLiner 창이 표시된다. TimeLiner 창은 작업을 추가하거나 설정하는 [작업] 탭, MS-Project나 Premavera 와 같은 외부 공정 파일을 이용하는 [데이터 소스] 탭, 현재 시뮬레이션시에 작업 유형에 따른 객체의 색상이나 투명도 등을 설정하는 [구성] 탭, 공정 시뮬레이션에 관련된 [시뮬레이트] 탭으로 구성된다.

만약, 미리 만들어 놓은 공정일정 파일이 없다면 [작업] 탭의 [작업추가] 메뉴를 이용해 공정별로 작업을 하나씩 추가하고 작업에 대한 이름, 상태, 계획된 시작 및 끝 일정, 작업 유형, 객체와 공정을 연결하는 등의 작업 등을 해야 한다.

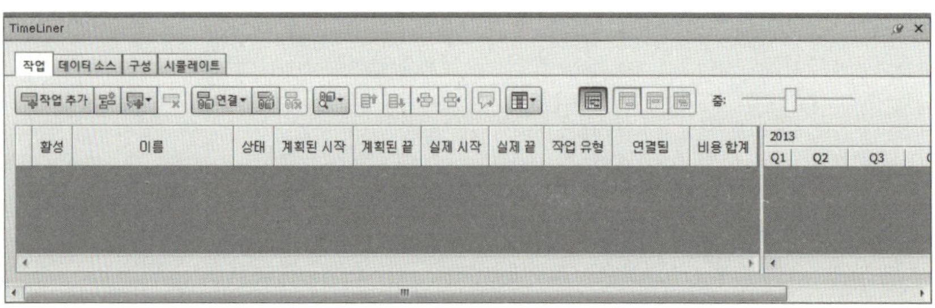

실제 이렇게 작업하려면 객체를 일일이 선택하고 공정작업 정보를 설정해야 하는 번거로운 부분들이 많다.

이러한 작업을 간단히 하고 외부에서 관리되는 공정관리 파일을 재활용하는 방법을 익히기 위해 미리 다음과 같이 공정이 간단히 디자인된 MS-Project 예제 파일을 이용한다.

공정과 객체를 손쉽게 연결시키기 위해 선택 세트와 공정의 Task 이름을 동일하게 하였다. 참고로 나비스웍스는 이름 등의 값을 이용해 손쉽게 공정을 연결할 수 있는 규칙을 지원하며 이외 다른 값들을 이용해 공정과 객체를 연결할 수도 있다.

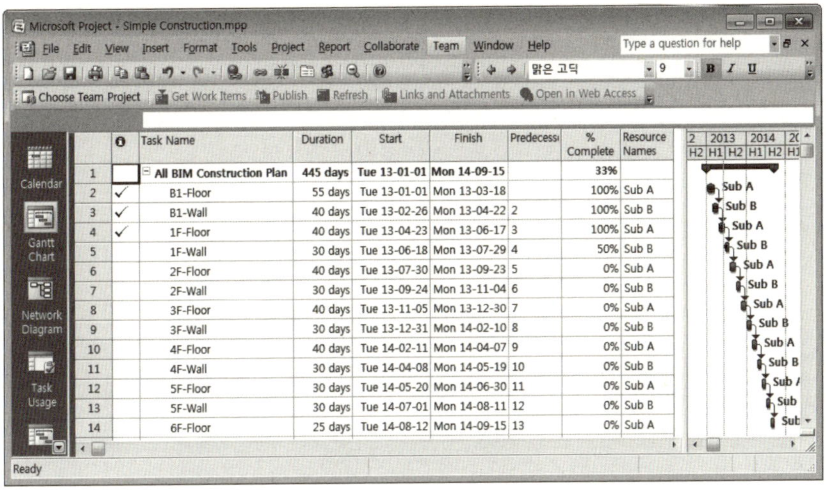

이 파일을 이용해 공정 시뮬레이션에 필요한 작업을 추가하도록 한다.

우선 TimeLiner 창의 [데이터 소스] 탭을 선택하고 [추가] 버튼에서 Microsot Project 2007-2010 메뉴를 선택하고 곧 이어 나타나는 열기 대화창에서 본 장의 예제파일 중 "Simple Construction.mpp" 파일을 선택한다.

이제 필드 선택기 창이 표시되는데, 여기서 나비스웍스의 공정 시뮬레이션을 위한 작업의 각 필드들과 MS-Project의 공정에 관련된 필드들을 어떻게 연결할 것인지 선택해야 한다. 다음과 같이 외부 필드 이름을 선택한다(*주: 여기서 외부 필드는 MS-Project의 각 Task 필드를 말하는 것이다. 만약 Primavera 파일과 연결한다면 외부 필드는 이에 해당하는 이름들이 표시될 것이다). 모두 어떻게 각 필드와 연결할 지 선택했으면 확인을 한다.

이제 [데이터 소스] 탭의 [갱신] 버튼에서 [모든 데이터 소스] 메뉴를 선택해 나비스웍스 작업을 외부 데이터 소스를 이용해 갱신한다.

그리고 [작업] 탭을 선택하면 다음과 같이 작업들이 MS-Project 파일에서 읽혀져 추가되어 있을 것이다. MS-Project에서 만들어 놓은 계획된 시작과 끝, 각 Task에 대한 작업 완료율, 관련비용이 자동으로 추가되어 있는 것을 확인할 수 있다.

작업들이 표시된 스프레드 시트에서 우클릭을 하면 작업에 대해 적용되는 컨텍스트 메뉴들이 표시된다.

이제 각 작업에 해당하는 객체들을 연결시켜야 한다. 이는 미리 만들어 놓은 세트를 이용한다. [작업] 탭의 툴바에서 [규칙을 사용하여 자동연결] 아이콘을 선택한다.

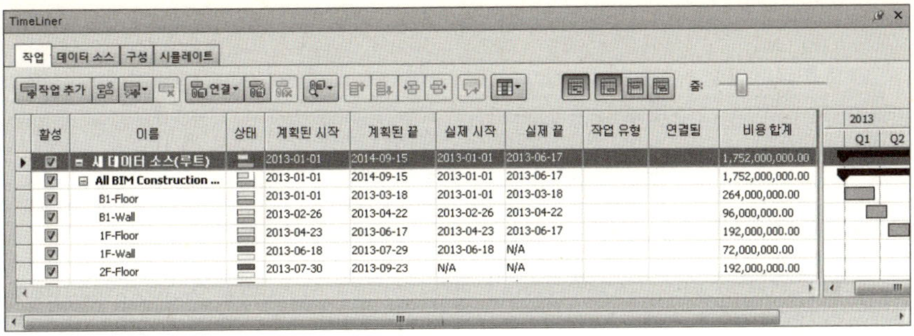

작업과 객체를 연결할 규칙을 설정하기 위한 TimeLiner 규칙 창이 다음과 같이 표시된다. 여러 가지 방식으로 규칙을 만들어 적용할 수도 있지만 미리 만들어져 있는 규칙 중 [이름열의 TimeLiner 작업을 이름이 같은 선택 세트 열(일치 대/소문자)로 매핑합니다] 규칙을 이용해 연결한다. 해당 규칙을 선택하고 [규칙 적용] 버튼을 클릭한다.

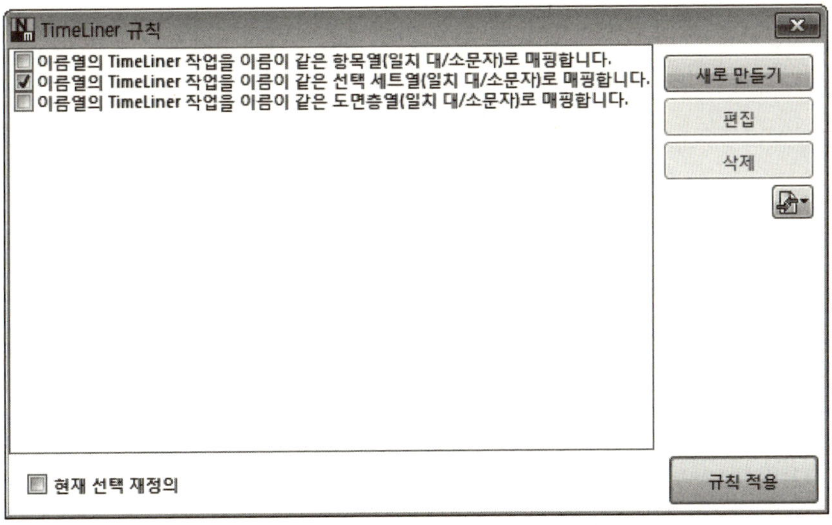

그럼 다음과 같이 이름열의 값이 같은 객체의 선택 세트와 작업이 자동으로 연결된다(*주: 가끔 연결이 잘 안된 작업이 있을 수 있다. 이때는 각각 수동으로 연결시켜야 한다).

각 작업의 유형은 구성, 철거, 임시 3가지 유형을 기본적으로 제공하는데 우리는 간단히 작업 유형을 구성으로만 가정해 일정이 짜여져 있으므로 모두 "구성"으로 선택한다.

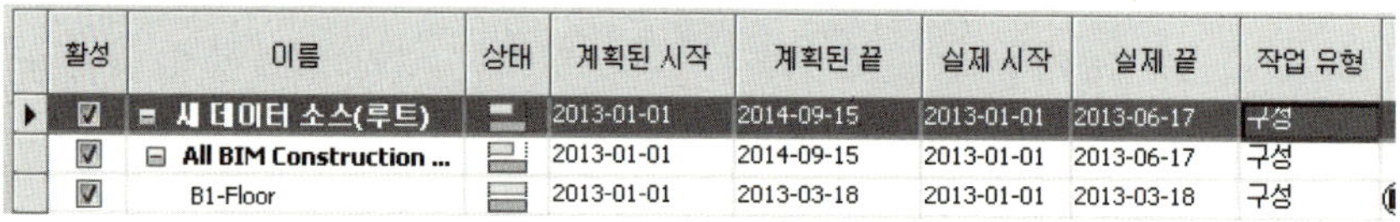

이제 [시뮬레이트] 탭을 선택하고 [설정] 버튼을 선택해 [뷰] 그룹 박스에서 [계획] 라디오 버튼을 선택하여 계획의 공정 진행상태를 확인해 보도록 하자. 이외 계획과 실제 비교 등의 옵션을 통해 다양한 관점에서 시뮬레이션을 할 수 있다.

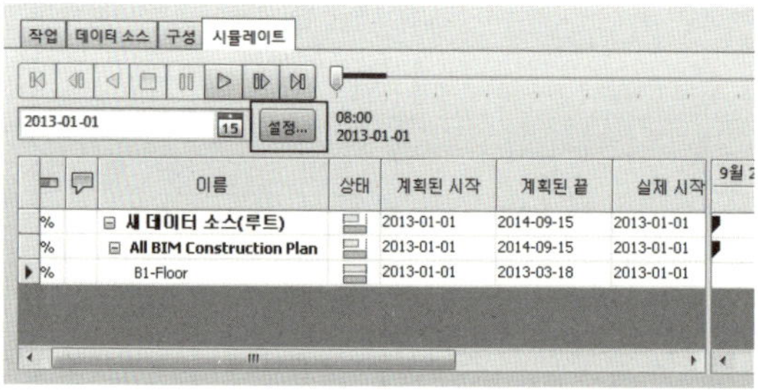

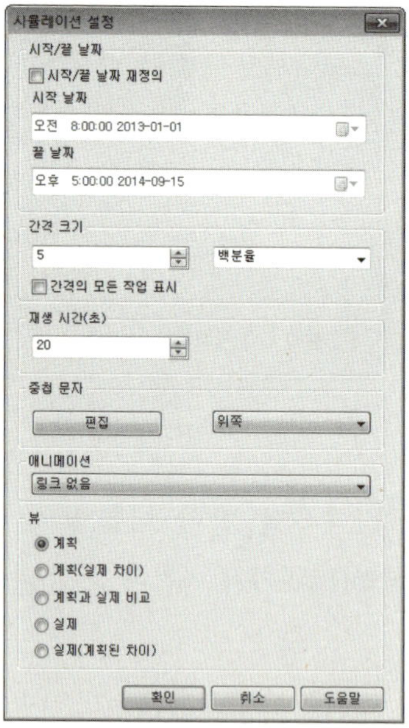

공정 시뮬레이션을 위해 [재생] 버튼을 선택한다.

다음 그림과 같이 특정 시점에 따른 공정의 완성도가 화면에 표시되면서 시뮬레이션된다. 스크롤 바를 이용하거나 달력을 이용해 특정 시점에 대한 건물 시공 정도를 확인할 수 있다. MS-Project에서 설정한 리소스에 따른 공사비용이 함께 표시되는 것을 볼 수 있다.

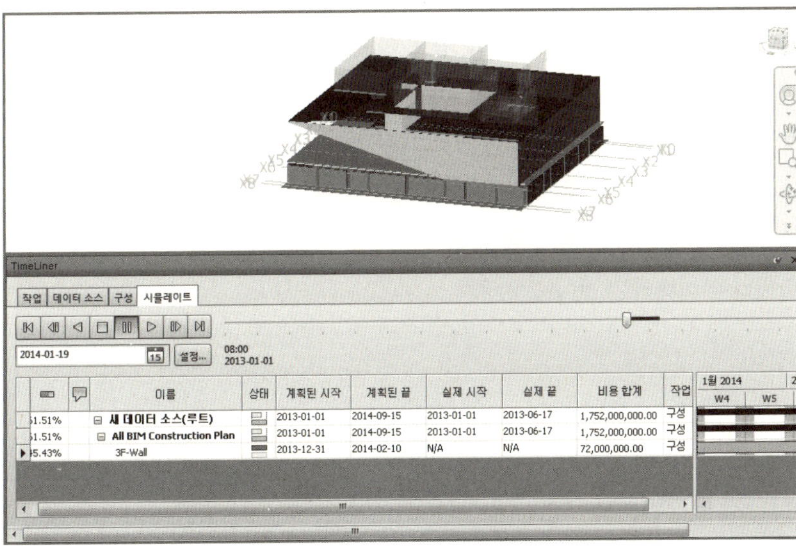

지금까지 공정 시뮬레이션 작업을 해 보았다.

나비스웍스는 이외에 [검토] 탭에서 거리나 면적을 측정하고 주석을 [문자]나 [그리기] 메뉴를 이용해 화면에 표시해 관련 내용을 특정인에게 전달할 수 있다. 또한, 주석을 추가해 놓으면 [주석 찾기] 메뉴를 이용해 해당 주석이 있는 부분을 쉽게 찾을 수 있다. 이런 기능들은 프로젝트 이해당사자간 의견과 정보를 쉽고 편리하게 공유하고 교환할 수 있도록 한다.

또한, [애니메이션]탭을 이용해 TimeLiner 시뮬레이션 결과 등을 AVI 파일 등으로 출력할 수 있어 프리젠테이션에도 효과적이다.

나비스웍스는 이 책에서 소개된 다른 도구들과 마찬가지로 API를 지원하므로 단순 반복작업이나 어려운 알고리즘이 포함된 작업들을 추가할 때 혹은 다른 이기종 시스템과 연동해야 할 때 플러그인을 개발하여 이런 일들을 자동화할 수 있다.

5.4.4 결론

나비스웍스는 간섭이나 공정 등의 시공성을 체크하고 프로젝트 이해당사자 간의 의견을 조율하도록 최적화된 솔루션이다. 나비스웍스는 다양한 BIM 및 3D 파일 포맷을 지원하고 자체적으로 경량화된 파일포맷을 이용해 정보를 관리한다.

이런 시공성 체크를 위한 솔루션을 적절히 활용하기 위해서는 BIM 작업 전에 미리 객체에 어떤 시공성과 관련된 체크를 할 것인지 활용 목적을 분명히 정하고 이를 실현할 수 있도록 객체에 필요한 속성 정보를 미리 입력해 넣어야 한다.

그렇지 않으면 막상 간섭이나 공정체크를 할 때 필요한 객체 속성값이 없거나 적절한 LOD로 분할되어 있지 않는 바람에 시공성을 체크한다는 것이 무의미해질 수도 있다.

이런 이유로 인해 미리 BIM 수행 계획서를 명확히 작성하고 관련 이해당사자들이 사용 목적을 합의하고 이해하는 것이 중요하다.

Collaborative architecture design with BIM

BIM 기반 건축 협업 디자인

6. 모델 품질 검증

6. 모델 품질 검증

6.1 개요

모델 검증은 BIM 작업의 결과물인 정보모델의 품질을 체크하는 매우 중요한 단계이다. 모델의 검증은 정보모델에 포함된 각 객체의 속성에 대해 발주자 관점에서 제대로 정의되어 있는지 확인하는 작업들을 포함한다.

이외에도 모델링된 객체들 간 간섭체크, 모델링된 객체들의 유부 체크, 객체의 속성 정보 유무 및 정보 무결성 확인과 같이 발주자의 요구사항에 따라 모델링이 되었는지 확인할 수 있는 기능들을 지원해야 한다.

이러한 모델의 품질을 체크할 수 있는 프로그램 중 현재 유명한 것은 솔리브리 모델 체커(SMC - Solibri Model Checker)이며 다음 링크에서 체험판을 다운로드 받을 수 있다.

http://www.solibri.com/solibri-model-checker-trial-version.html

SMC의 중요한 기능은 다음과 같다.

표 6-1 SMC의 주요 기능

No	주요 기능	내용
1	디자인 검토	AECO(Architectural, Engineering, Construction, Owner/Operator) 분야에서 BIM 모델이 모델링될 때 포함되는 데이터가 신뢰성 있는 데이터인지를 검토한다. 이를 위해 다양한 디자인 규칙 검토를 위한 규칙 집합(Rule set)을 지원하고 문제가 있다면 리포트를 통해 문제를 확인할 수 있다.
2	규칙 기반 분석	SMC의 구성요소는 규칙(Rule)이라 불리는 컴포넌트인데, 이는 BIM 모델을 사용하는 사용자 관점에서 필요한 정보의 무결성 유무를 체크하는 명제로써 모델을 어떻게 체크하는 지에 대한 알고리즘과 로직이 포함된 일종의 스크립트이다. 예를 들어 특정공간이 특정 벽으로 둘러싸여 있는 지, 객체 간 간섭되지 않았는 지, 사용된 윈도우 제품과 크기는 적합한지 등을 미리 규칙으로 만들어 놓고 BIM 모델이 제대로 디자인되었는지 확인할 수 있다. 확인해야 할 대상이 몇 개가 아닌 수 천개가 될 경우 이런 접근은 디자인 검토 작업 생산성에 큰 도움이 된다.
3	정보 추출	정보 추출(ITO-Information Take Off)을 지원한다. 이러한 기능을 통해 디자인 검토나 시공성 검토에 필요한 정보를 BIM객체에서 추출하고 리포팅할 수 있다.
4	결과 커뮤니케이션	규칙에 의해 검토된 디자인의 문제점은 리스트 형태로 화면에 표시되며 각 항목을 선택하여 시각적으로 어떻게 문제가 있는지 확인할 수 있다. 이렇게 확인된 장면은 모아서 프리젠테이션처럼 모아둘 수 있으며 관련된 리포트를 생성할 수 있다.

다음의 작업 흐름도는 SMC를 이용해 BIM 품질 검토를 자동화한 프로세스이다.

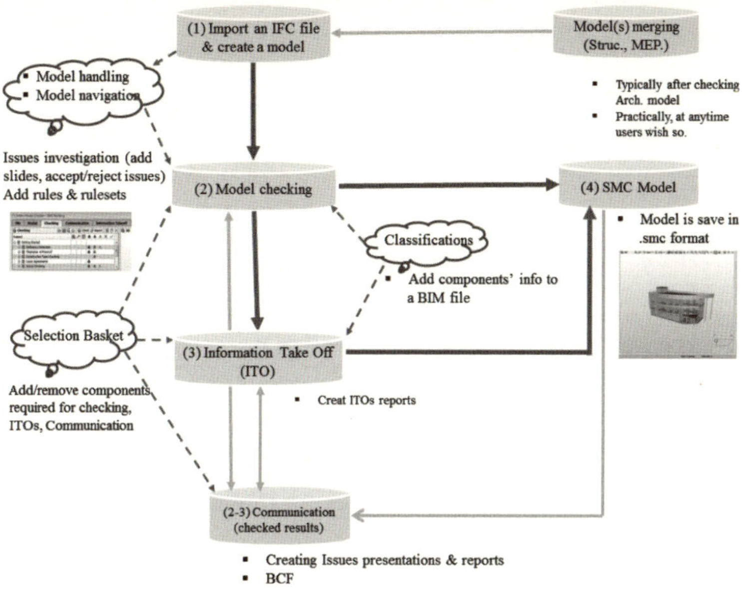

그림. BIM 품질 검토 자동화 프로세스(출처: Solibri Model Checker Getting Started)

6.2 실습

SMC를 실행하면 다음과 같은 화면이 표시된다. Trial License를 통해 15일간은 무료로 사용할 수 있다. 선택하고 다음 버튼을 클릭한다.

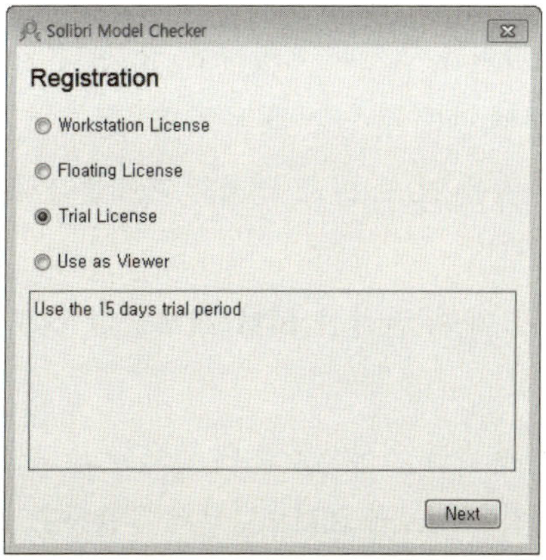

그림. 라이센스 표시 화면

6.2.1 클릭하면 다음과 같은 SMC 창을 볼 수 있다.

여기서 왼쪽 상단의 Open Model을 선택하면 BIM모델 파일 IFC를 로딩하여 정보품질을 체크할 수 있으며, 하단에 Setting 메뉴를 클릭하면 BIM 품질검토시 화면이나 기능에 대한 기본 설정을 할 수 있는 다이얼로그가 표시되며, Ruleset Manager 메뉴를 선택하면 본인이 필요한 Ruleset를 만들 수 있다. 오른쪽 상단에 보면 필름모양의 아이콘이 보이는 데 이를 클릭하면 Tutorial Video를 볼 수 있다.

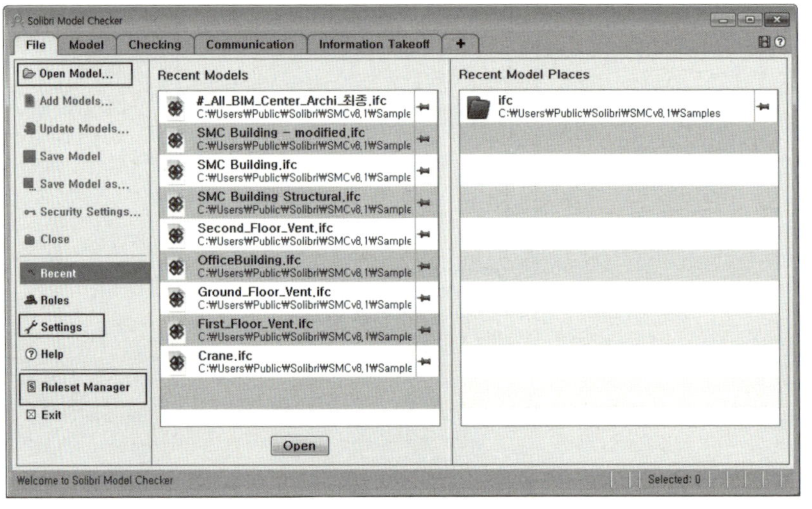

그림. SMC 메인 화면의 설정(Settings) 메뉴와 따라하기 비디오 버튼

화면 상단에는 메뉴들로 보이는 File, Model, Checking, Communication, Information Takeoff 탭이 보이는데 각 탭을 선택하면 해당 메뉴에 대한 화면으로 전환된다.

- File: IFC와 같은 BIM파일을 열거나 저장하고, Roles나 Setting을 설정하거나 새로운 Rule을 Ruleset Manager를 통해 만들 수 있는 메뉴를 제공한다.
- Model: 열려진 BIM 파일을 3D로 보고 객체의 속성들을 확인하거나 Filtering에 의해 특정 객체들만 확인할 수 있다.
- Checking: Rule을 체크하여 열려진 BIM 객체들의 정보 품질을 체크하고 결과를 시각적으로 확인한다.
- Communication: 체크된 결과를 의사소통할 때 필요한 프리젠테이션을 작성한다.
- Information Takeoff: 원하는 정보를 BIM으로부터 추출하고 확인한다.

6.2.2 설정

설정(Settings) 메뉴를 선택하면 단위, 디자인 검토 색상 맵, IFC에 포함된 텍스트의 문자 코드 유형, 3차원 렌더링 설정, 치수, 마크업 텍스트 크기 설정 등을 할 수 있다. 다음은 객체 유형에 따른 색상 맵을 설정하는 화면이다.

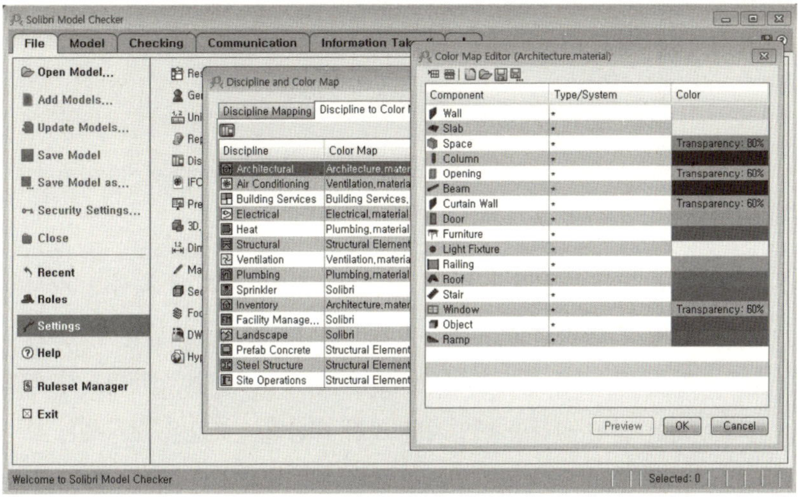

그림. 색상맵 설정 화면

바로 위에 있는 메뉴인 Roles를 선택해 보면 모델을 체크할 때 사용하는 Rule Set, 객체 분류체계를 검토하는 것과 관련된 Classifications, BIM 객체에서 필요한 정보를 확인하기 위해 추출하는 Information Takeoff Definitions로 구성되어 있고 모델을 체크하는 역활에 따라 선택할 수 있는 화면이 다음과 같이 표시된다. 이 세 가지의 조합이 Role을 구성한다.

SMC는 프로젝트 이해당사자의 역활과 관점에 따라 모델에 포함된 정보를 체크할 수 있도록 기본적인 Role 설정파일을 제공하며 XML 형태로 저장되어 있다. Open 메뉴를 선택하면 원하는 Role 파일을 선택할 수 있다.

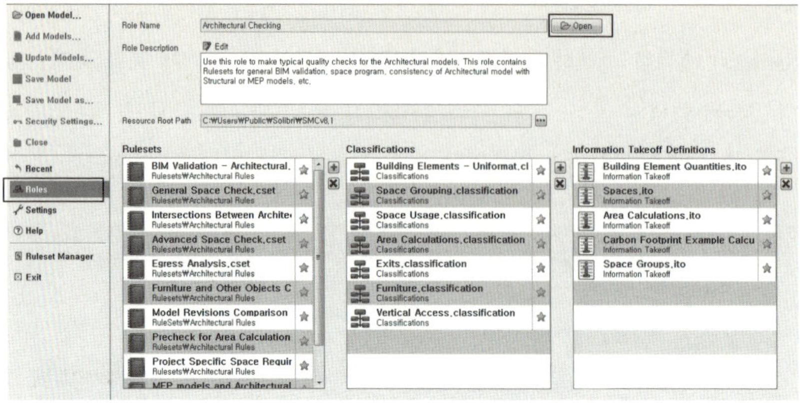

SMC에서 기본으로 제공하는 Role은 위 그림과 같으며 이외에 원하는 Role은 본인이 XML과 Rule Set, Classifications, Information Takeoff Definitions을 조합할 수 있다.

BIM 모델에서 체크하고 싶은 부분은 각 Ruleset의 별표 아이콘을 선택하도록 한다.

참고로 만약 원하는 것이 없다면 어렵지만 직접 개발하여 Role을 구성하는 각 부분들을 만들 수 있다. 참고로 Rule Set 등은 Java언어와 솔리브리에서 제공되는 SDK(Software Development Kit) 라이브러리를 이용해 Eclipse(http://www.eclipse.org/) 개발도구로 개발되며 SDK를 솔리브리에 E-mail 등으로 요청해야 받을 수 있다.

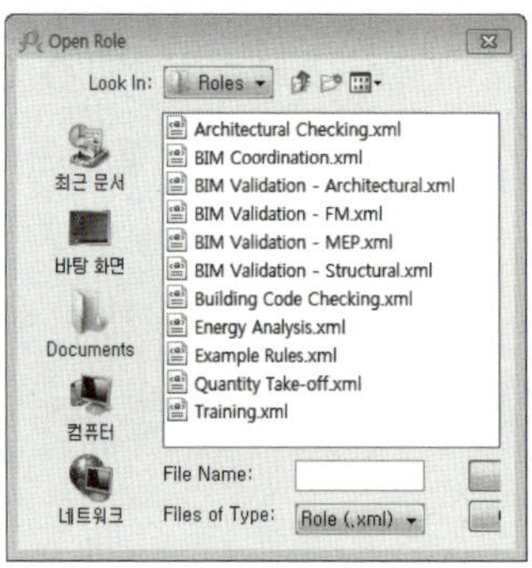


```
<?xml version="1.0" encoding="UTF-8"?>
<role>
  <description>
    Use this role to make typical quality checks
    for the Architectural models.
    This role contains Rulesets for general
    BIM validation, space program,
  </description>
  <root>.</root>
  <rulesets>
    <file Pin="false">RuleSets/Model Revisions Comparison.cset</file>
    <file Pin="true">Rulesets/General Space Check.cset</file>
    ...
  </rulesets>
  <classifications>
    <file Pin="true">Space Grouping.classification</file>
    <file Pin="true">Classifications/Space Usage.classification</file>
    ...
  </classifications>
  <itos>
    <file Pin="false">Information Takeoff/Area Calculations.ito</file>
    <file Pin="true">Building Element Quantities.ito</file>
    ...
  </itos>
</role>
```

기본적인 Rule set 등은 솔리브리에서 제공되는 것을 활용하면 되지만, BIM에 포함된 모든 정보에 대한 품질 검사를 해 줄 수 있는 Rule set을 제공하는 것은 아니다. 이런 이유로 간섭 체크 등 기본적인 것은 기본 Rule set 등을 이용해 체크할 수 있으나 설계 규칙, 시설물 관리규정 등 발주처마다 다른 정보 기준 규칙들은 반드시 제공되는 Rule set을 적절히 수정해야 하며 아예 없다면 SDK를 이용해 개발해야 한다

다음은 Ruleset Manager를 실행한 화면이다. 이를 실행하면 화면이 다음과 같이 전환되며 오른쪽 상단의 Solibri Model Checker 아이콘 메뉴를 선택하면 이전 화면으로 돌아간다. 오른쪽에 있는 망원경 모양의 아이콘을 선택하면 SMC가 제공하는 수많은 Ruleset에서 원하는 것을 찾을 수 있는 다이얼로그가 나타난다.

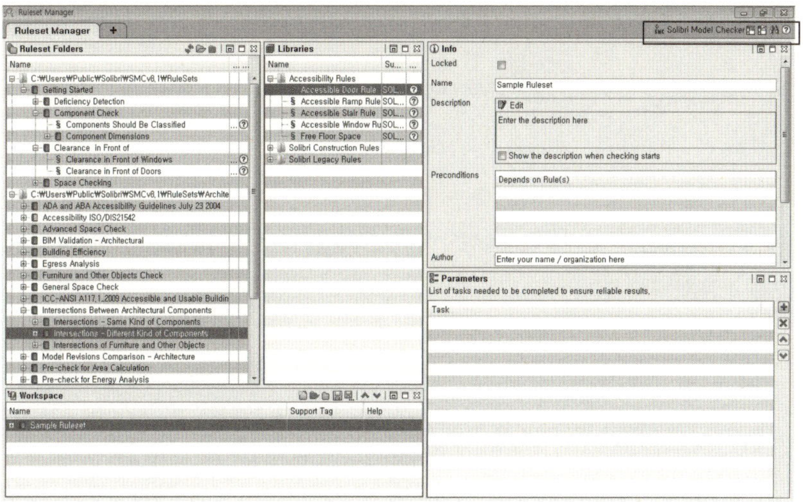

Ruleset Manager 화면은 Ruleset folders, Libraries, Workspace, Info, Parameters 윈도우로 구성된다.

- Ruleset folders: 컴퓨터에 설치된 SMC Ruleset folders와 Folders 안에 포함된 Rule을 보여준다.

- Libraries: SMC에서 제공하는 기본 Ruleset 라이브러리를 제공한다.

- Workspace: 새로운 Ruleset을 만들고자 할 경우 Ruleset을 새로운 이름으로 만들고 여기에 Ruleset folders에서 원하는 Ruleset이나 Rule을 Drag & Drop을 통해 Workspace로 끌어 땅겨 놓아 만들 수 있다.

- Info: 선택된 Rule의 일반적인 정보를 표시한다.

- Parameters: 선택된 Rule의 정보품질체크나 정보추출에 관련된 파라메터들이 표시된다. 적절히 조정해 원하는 Rule로 설정할 수 있다(*주: 이 파라메터들은 SMC SDK Library를 이용해 Java로 개발된 것들이다).

간단한 Ruleset을 만들기 위해 Workspace 윈도우의 오른쪽에 있는 [New Ruleset] 아이콘을 선택해 "Sample Ruleset"이란 이름의 Ruleset을 하나 만들어 본다.

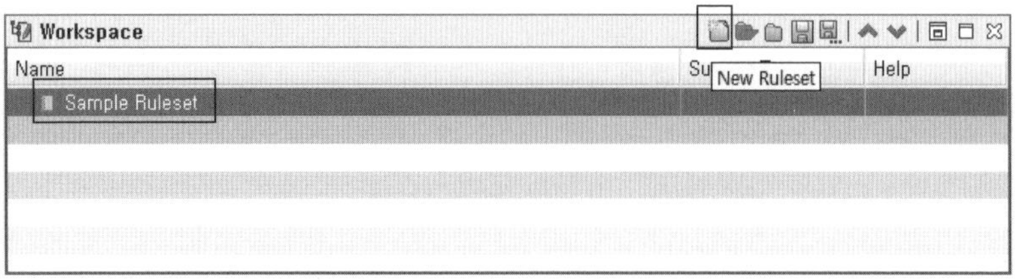

아직 이 Ruleset에는 하나의 Rule도 포함되어 있지 않다. Ruleset 폴더에서 원하는 Rule이나 Ruleset을 Drag & Drop으로 "Sample Ruleset"에 추가시킨다.

이 경우에는 BIM 객체간 간섭을 체크하는 Ruleset인 "Intersections Between Architectural Components"를 추가하였다. 이 Ruleset은 하위에 다시 세 개의 Ruleset이 분류되어 있고, 그 안에 Rule들이 포함되어 있다.

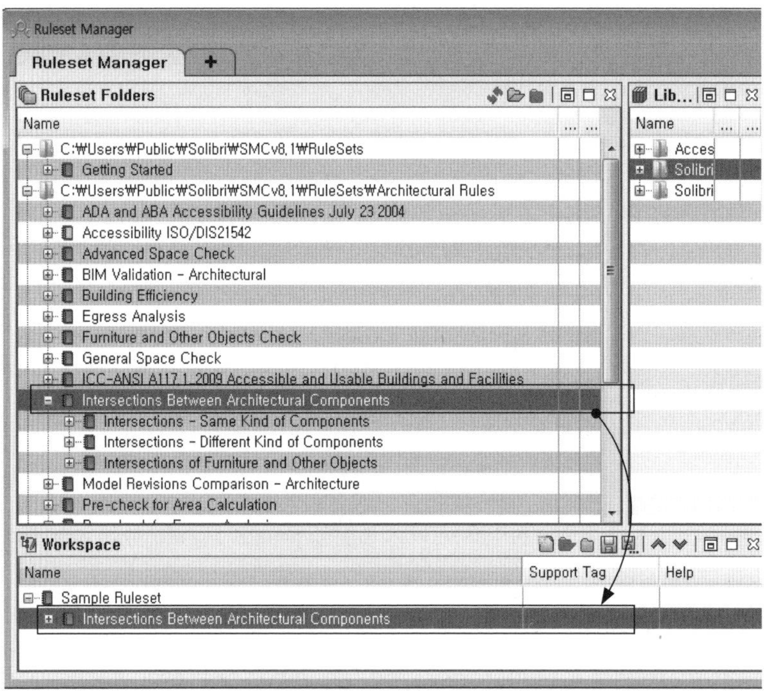

이 중 하나의 Rule을 선택하면 Info와 Parameters 윈도우에 해당 Rule의 정보가 표시되고 Parameters를 수정해 본인이 원하는 Rule 체크 규칙을 설정할 수 있다. 다음은 “Slab Intersections”을 선택하였을 때 보여지는 Info와 Parameters 윈도우이다(*주: 각 Rule마다 오른쪽에 ?표 아이콘이 표시되어 있으면 클릭해 보길 바란다. 각 Rule에 대한 자세한 작동 메뉴얼이 Help파일로 제공된다).

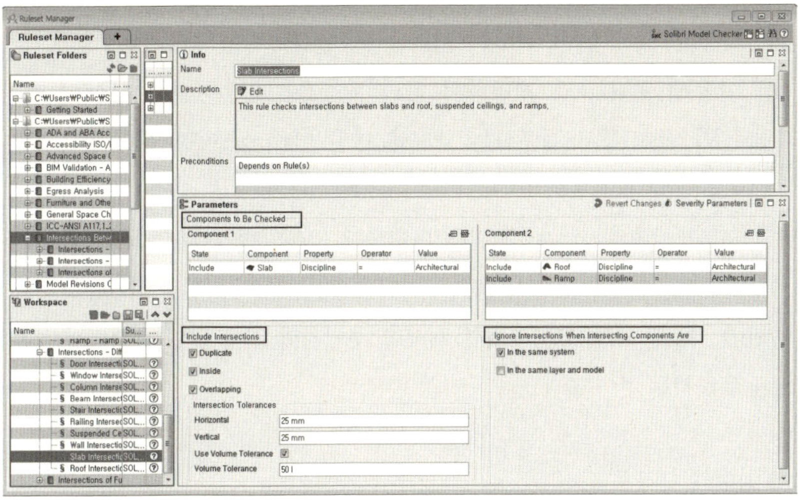

이 경우 Parameters는 다음과 같이 세 개의 부분으로 구분되어 있다.

- Components to Be Checked: 이 Rule은 두 개의 BIM 객체(컴포넌트, Component)들을 선택해 두 개의 형상이 서로 간섭되어 겹치지 않는지 체크하는 Rule이다. 그러므로 먼저 어떤 객체를 선택할 것인 지 Filtering에 관한 조건을 주도록 되어 있다. 각 컴포넌트마다 필터링 조건을 Component 1, 2로 주고 있으며 이 경우에는 첫 번째 선택된 컴포넌트는 Slab를 포함(Include)하고 있으며 분야(Discipline)는 건축(Architectural)이다(*주: 같은 체계 내에서 비교하는 것은 이렇게 Discipline을 구분해 주고 있다. 예를 들어 MEP 체계에서는 MEP 체계 내 컴포넌트들만 간섭체크하고 벽체나 슬래브 일부만 체크에 포함시키는 것이 효과적일 수 있다. 전체 모델을 구성하는 컴포넌트에 대한 체크는 처리 속도저하 등 여러 문제점이 있다). 두 번째 선택된 컴포넌트는 Roof와 Ramp를 Filtering한다.

- Include Intersections: 이 두 개 컴포넌트를 체크할 때 옵션이며, 중복되 겹친 것(Duplicate)이나 내부에 포함되었을때(Inside), 겹쳤을 때(Overlapping)를 체크할 수 있다.

이 옵션들은 모두 두 형상의 교차 검사(Intersection test)를 내부적으로 수행하므로 교차 검사시 필요한 공차를 수평축(Horizontal), 수직축(Vertical), 부피(Volume)에 대해 설정할 수 있다.

- Ignore Intersection When Intersecting Components Are: 교차되는 컴포넌트의 경우 특정 교차의 경우는 무시할 때 사용되는 옵션으로 같은 체계(In the same system), 같은 레이어(In the same layer and model)를 선택할 수 있다.

Ruleset Manager로 본인이 원하는 Ruleset을 만들 수 없다면 SMC SDK Library와 Java언어를 이용해 Ruleset을 개발해야 하나 Ruleset 개발은 Java 언어에 대한 이해, 프로그래밍 논리, SMC에서 제공하는 SDK에 대한 이해 등 여러 가지 전문적인 지식이 필요하다.

모델링된 BIM객체에 대한 정보품질을 완벽하게 SMC로만 BIM 객체의 정보품질체크를 한다는 것은 어려움이 있다. 도구에 너무 의존하는 것은 위험할 수도 있으며 도구를 사용하기 전에 최소한 어떤 BIM정보를 체크할 것인지와 BIM 정보 품질검사 프로세스 및 지원 체계를 준비하는 것이 좋다.

6.2.3 모델 확인

[File] 탭에서 [Open Model] 메뉴를 선택해 품질 검토하기를 원하는 IFC파일을 연다.

예제파일이 있는 본 장에 해당하는 폴더 안에 "All BIM Center - Simple.rvt" 파일을 연다. 아키텍처 체계에서 Rule을 간단히 검토할 것이므로 Ensure Model Disciplines 다이어로드가 다음 그림과 같이 나타난다면 Discpline이 Architectural이란 것을 확인하고 OK버튼을 누른다.

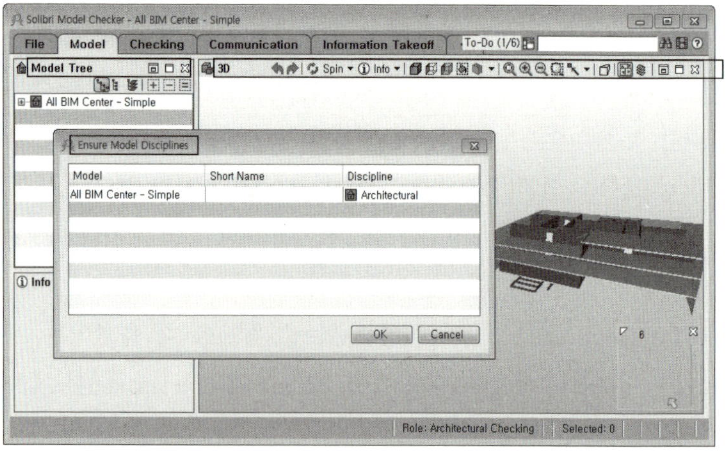

앞의 그림과 같이 Model 창은 Model Tree와 Info 및 3D View 창으로 구성되어 있다. Model Tree는 모델을 구성하는 객체들의 계층구조를 표현한다. "+"아이콘을 클릭하여 각 계층의 객체들을 탐색할 수 있으며 특정 객체를 선택하면 다음과 같이 Info 창에 해당 속성들이 표시된다.

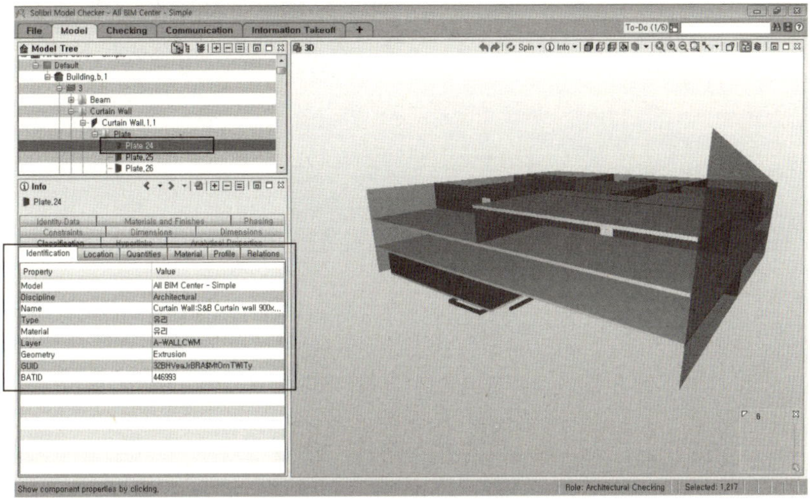

이 Model 탭에서는 유용한 Filtering 기능을 다음과 같이 제공하는데 보통 BIM 모델은 매우 복잡하므로 검토하는데 시간이 많이 필요하다. 이런 이유로 필요한 객체들만 Filtering해서 3D View에서 확인하고 정보를 체크하는 데 Filtering된 객체들을 Selection Basket에 넣어두고 관찰하는 것이 편하다. Basket에 넣어둔 객체들만 3D View에 보여진다. 다음 아이콘이 Selection Basket에 넣어두거나 제외시키거나 하는 역할을 하는 툴바이다.

[+], [-], [=] 메뉴로 되어 있으며, 각각 Basket에 넣고, 빼고, 현재 선택 객체 Basket에 넣는 기능으로 구성된다.

다음과 같이 Model Tree에서 3층과 5층 객체를 선택하고 [+]를 선택해 Basket에 넣으면 3D View에 해당 객체만 표시된다. 이제 5층 객체를 Tree에서 선택하고 [-]를 선택하면 해당 객체만 Basket에서 제외되고 3D View에서도 해당 객체만 보여진다.

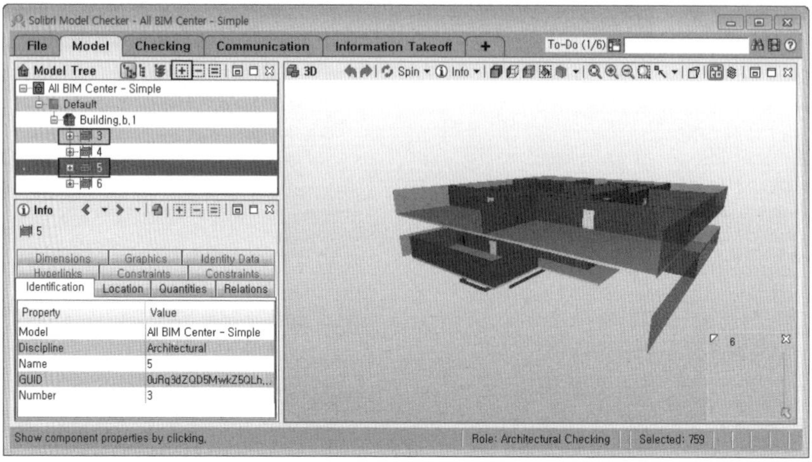

반대로 3D View에서 마우스로 객체를 선택하고 [+], [-], [=] 툴바 메뉴를 선택해 원하는 객체만 볼 수도 있다. 실제 Selection Basket에 어떤 객체가 담겨져 있는지 확인하려면 다음 그림과 같이 [Add View] 아이콘을 선택해 해당 창을 띄울 수 있다.

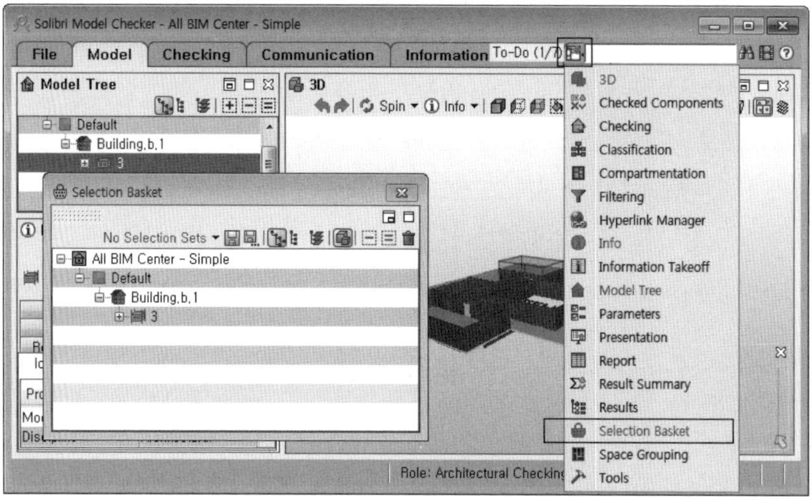

6.2.4 모델 검사

[Checking] 탭을 선택하면 다음과 같은 화면이 보여진다. Roles에서 선택된 Ruleset이 왼쪽 상단에 나타나 있다. 여기서 [Check] 아이콘을 클릭한다.

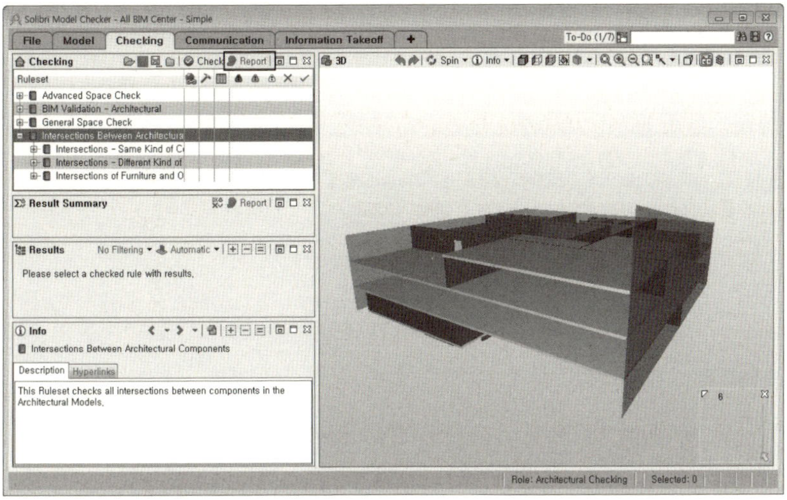

다음과 같이 Tasks Incomplate 메시지가 나타나는 경우가 있는 데 다음 그림의 경우 BIM 모델에 포함된 어떤 객체의 경우 건설정보분류체계에 따른 객체 분류 속성이 설정되지 않았음을 알려주는 메시지이다. 좀 더 자세히 확인하고 싶다면 각 메시지의 Hyperlink를 선택하면 관련 내용이 표시되며 사용자에게 분류되지 않은 객체의 분류를 선택할 수 있는 다이얼로그나 나타난다. 만약, 객체 속성에 건설정보 분류체계를 설정해 활용한다면 이 메시지를 무시하지 말고 어떤 객체가 설정되지 않았는지 확인하고 해당 속성을 수정해야 한다.

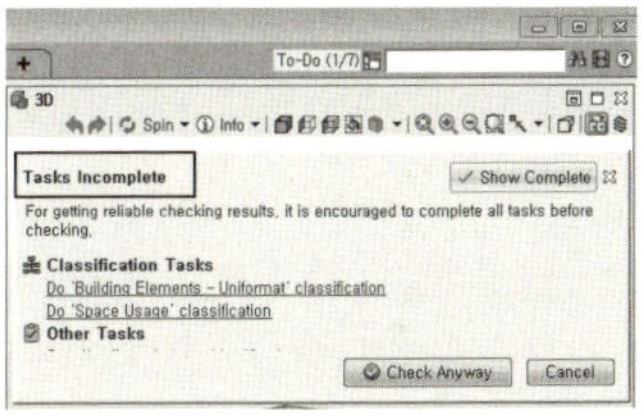

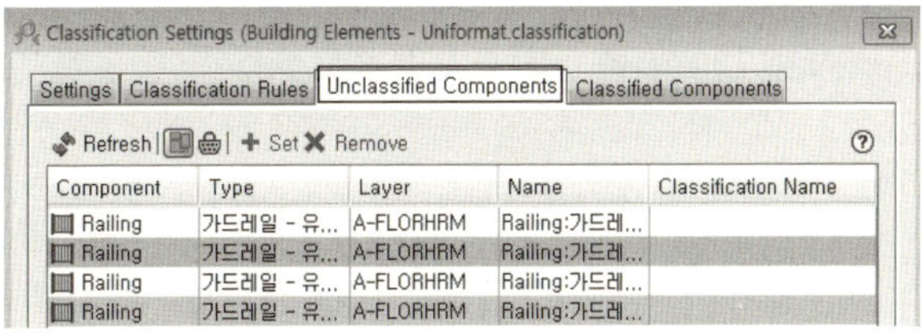

[Task Incomplate] 창에서 [Check Anyway]를 선택해 진행한다. 다음과 같이 각 Ruleset이 모델을 체크하는 모습을 볼 수 있다.

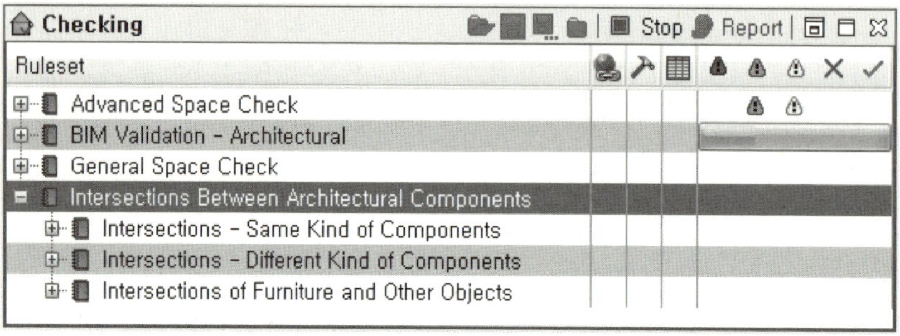

해당 Ruleset을 통과하지 못하면 3개의 심각한 수준에 따라 느낌표 아이콘이 해당 Rule에 표시된다. 심각한 수준은 매우 심각, 보통, 낮음으로 색상에 따라 구분된다.

이 중에 "Intersections Between Architectural Components"를 확인해 3가지 간섭 종류에 따른 체크를 확인해 보도록 하자. 이 Ruleset에는 동일 위치에 동일 컴포넌트가 이중으로 생성되었을 때를 체크하기 위한 "Intersections - Same Kind of Components", 다른 컴포넌트와 간섭을 체크하기 위한 "Intersections - Different Kind of Components", 가구와 다른 객체 간섭을 체크하기 위한 "Intersections of Furtniture and Other Objects"로 구성되어 있다.

Ruleset Tree의 해당 Ruleset을 선택해 보면 Result Summary 창에 선택된 Ruleset의 심각도에 따른 Issue Count와 Density가 표시되고 Results 창에 해당 Rule이 어느 객체에서 체크되어 Issue가 발생되었는지 Model Tree처럼 확인할 수 있다. Results 창의 Model Tree 각 객체를 확장해 하위 객체들을 확인하거나 해당 객체를 더블클릭하면 이슈가 발생된 부분을 3D View 창에서 확인할 수 있다.

다음 그림 경우에는 Wall과 Stair가 공간적으로 겹쳐서 "Intersections - Different Kind of Components" Ruleset을 통과하지 못하고 Issue가 발생된 경우이다.

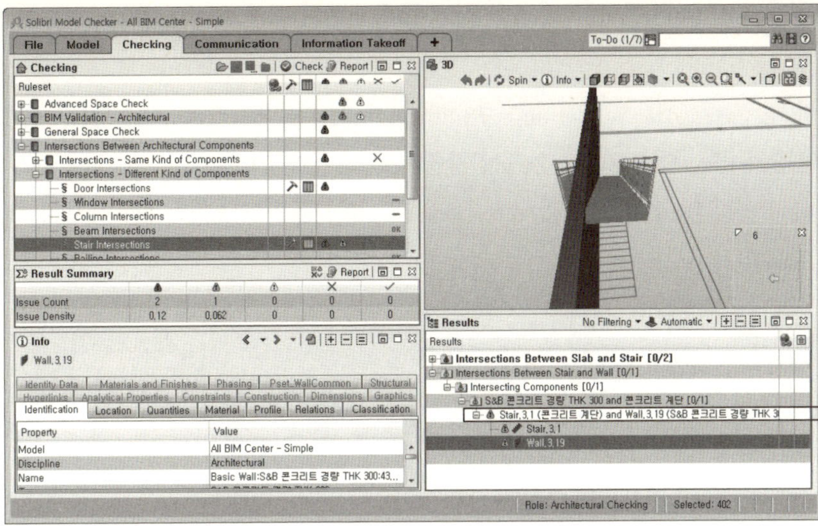

위 그림에서 3D View 창의 툴바 중 [Info]란 버튼을 선택하면 다음과 같이 화면에 정보를 표현하는 여러 가지 도구들이 표시되는데 이 중 [Markup]을 선택한 후에 [Markup] 버튼을 클릭하고 마크업할 위치를 선택한 후 [Markup] 도구를 이용해 선, 글씨, 화살표, 원, 구름 표시를 할 수 있다. 다음은 간단히 Markup 도구를 이용해 Issue가 있는 부분을 표시한 예이다.

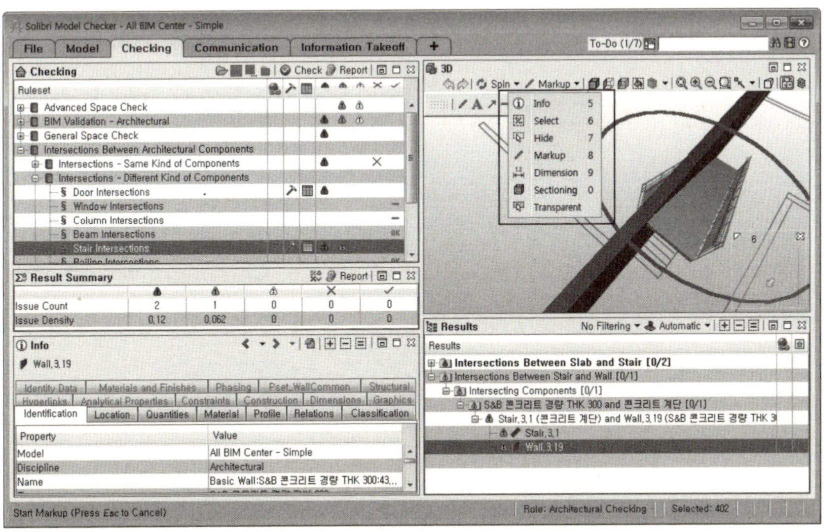

표시한 후 다시 [Info]를 선택해 놓아 Info 창에 선택된 객체 속성정보가 보이도록 되돌려 놓는다.

다음의 경우는 “BIM Validation – Architectural”에서 “Clearance in Front of Doors” Ruleset의 결과이다. 오른쪽 다음 Results 창에서 보는 바와 같이 Door.2.3과 Door.2.6이 너무 근접해 붙어 있다(Door.2.3 too close to Door.2.6 component). Door객체를 복사해 넣으면서 발생된 Issue이다.

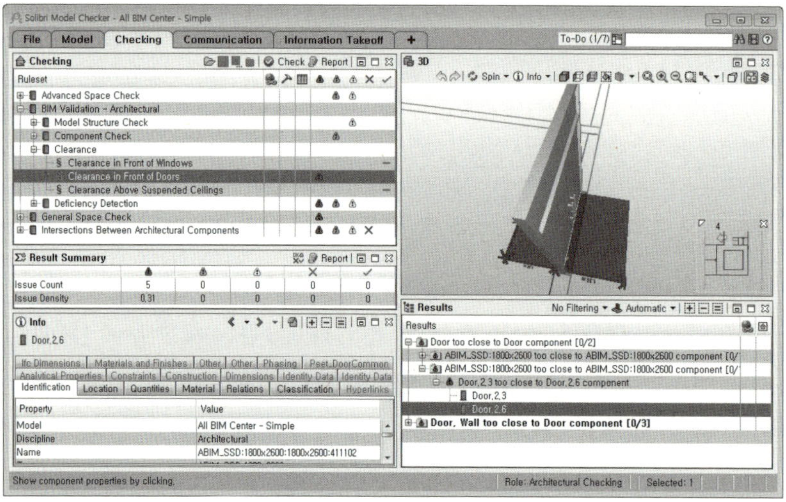

Check 창에서 툴바의 [Report] 메뉴를 선택하면 다음과 같이 여러 파일 형식으로 리포트를 출력할 수 있고 리포트를 통해 일목요연하게 결과를 확인할 수 있다.

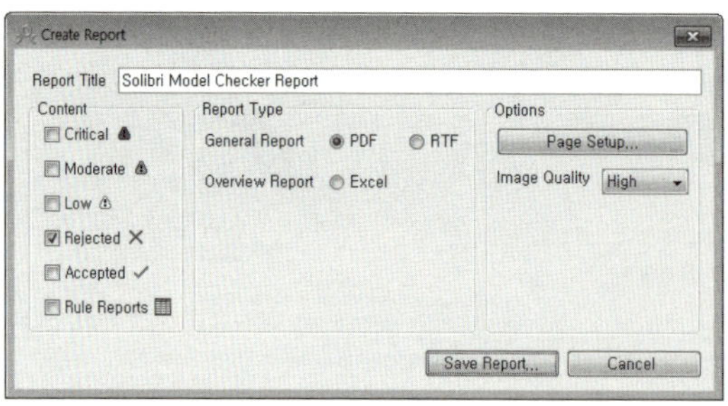

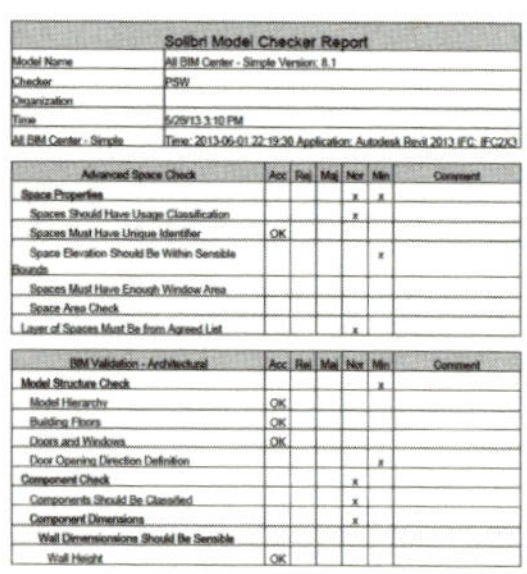

이외에 현재 3D View에 보이는 화면을 스냅샷으로 저장해 검사결과를 프리젠테이션하기 위한 “Communication” 창을 지원한다.

"Information Takeoff" 창에서는 모델에서 공간면적이나 부재수량 등 정보를 추출하는 기능을 지원한다.

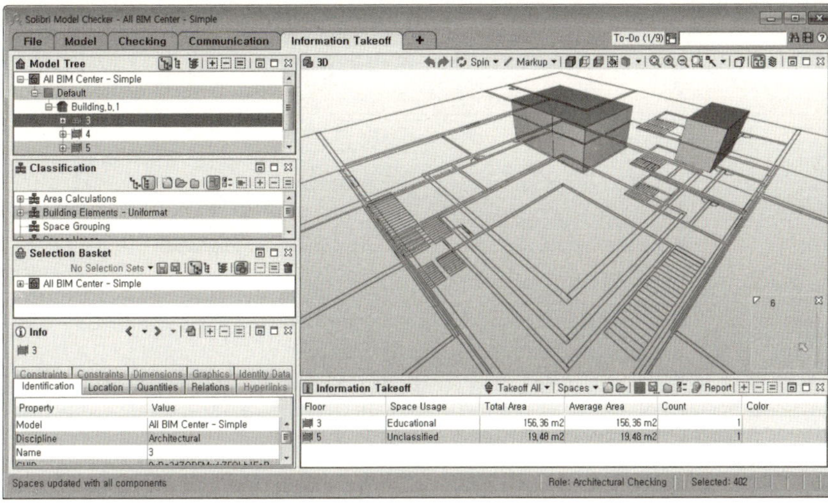

다만, 모델에서 원하는 정보를 추출하기 위해서는 당연히 해당 정보가 객체에 속성으로 적절히 입력되어 있어야 한다. 그렇지 않으면 위 그림과 같이 Spaces로 정보를 질의하였더라도 Unclassified로 공간용도-Space Usage가 구분되지 않는다. 이 경우에는 객체의 공간분류와 관계된 속성이 Uniclass로 구분되지 않았기 때문이다. 이와 같이 해외 기준에 맞게 개발된 Ruleset이나 Information Takeoff는 국내에서 직접 활용하기 어렵다.

각 정보 추출시 이렇게 문제가 있으면 메시지가 표시되는데 다음 그림은 Space Usage를 정보 질의했을 때 정보 분류체계가 객체 속성에 설정되지 않아서 작업이 완료되지 않았음을 나타내 주는 메시지이다.

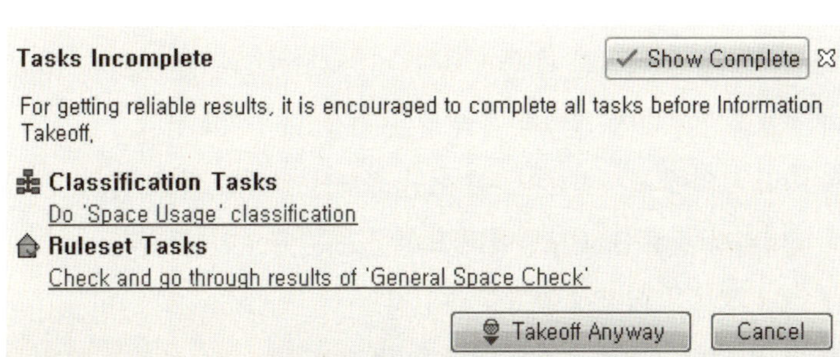

이제 지금까지 설정했던 내용을 모두 프로젝트 파일로 저장하기 위해 [File] 탭의 [Save Model] 메뉴를 선택하여 다음과 같이 SMC파일로 저장하면 다음에도 이 파일을 열어 작업을 계속 진행할 수 있다.

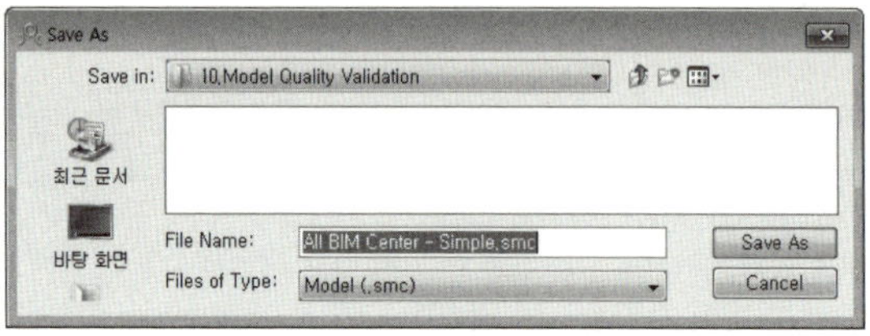

6.3 결론

지금까지 BIM 모델의 정보 품질을 검토하기 위한 개념과 도구를 살펴보고 간단히 실습해 보았다.

모델의 정보 품질은 매우 중요한 것이며 향후 시설물 관리 및 운영에 BIM 정보가 활용되거나 사전부재 제작과정에서 모델링된 정보가 사용된다면 정보의 무결성이 보장되지 않은 BIM모델이 후속 프로세스로 흘러간다는 것은 매우 위험한 일일 수 있다. 결국 프로젝트 이해당사자별로 얻고자 하는 정보 품질이 보장되지 않은 BIM은 전혀 쓸모가 없으며 오히려 현업에 비용 손실만 끼칠 수 있다.

모델의 정보 품질을 체크한다는 것은 설계 규정을 체크하는 것 만큼이나 방대한 일이다. 특히 BIM과 같이 특정 파일에 모든 정보가 들어 있는 경우 눈으로 열어보고 일일히 검사한다는 것은 거의 불가능한 일이다.

이런 이유로 SMC와 같은 Rule 자동체크 도구를 사용하기는 하지만 제공되는 Ruleset이 해외에서 대부분 개발되었기 때문에 해당 Ruleset이 해외 기준에 맞게 작성되어 있는지 면밀히 검토한 후 사용할 필요가 있으며 만약 국내에 맞지 않았을 때는 이를 재작성하거나 정보 품질 검사원의 역활을 책임진 사람이 체크하고 보고하도록 할 필요가 있다.

BIM 모델의 정보를 검토하기 전에 다음과 같은 점을 고려해야 한다.

BIM 모델을 받아 무엇에 활용할 것인지? 어떤 정보를 활용할 것인지?

프로젝트 이해당사자 별로 BIM 모델에 필요한 정보는 무엇인지?

BIM 모델에 해당 정보를 어떻게 체크할 것인지?

BIM 모델 정보 품질 체크 프로세스는 어떻게 할 것인지?

BIM 모델 정보 품질 체크 후 후속조치는 무엇인지?

BIM 모델 정보 품질 보증을 위한 조직이나 인프라는 어떻게 지원할 것인지?

이와 같은 몇 가지 항목을 분명하게 정하고 프로젝트 팀원끼리 공유해 놓고 작업을 진행하는 편이 시행착오를 줄 일 수 있다.

아무리 도구를 사용해 정보 품질을 체크할 수 있다고 하더라도 방대한 스펙들을 Ruleset으로 개발해 넣기란 쉬운 일이 아니다. 이런 이유로 도면과 수량산출서를 검토하고 관리하는 프로세스는 여전히 남아 있을 가능성이 크다. 다만, 이런 도구를 적절히 활용한다면 검토에 해당하는 작업을 좀 더 효과적으로 진행할 수 있다.

Collaborative architecture design with BIM

BIM 기반 건축 협업 디자인

7. 프리젠테이션

7. 프리젠테이션

7.1 개요

이 장에서는 발주자와 같은 프로젝트 이해당사자들 간의 효과적인 커뮤니케이션을 위한 건축 프리젠테이션을 알아보도록 한다. 현재의 프리젠테이션은 과거와는 달리 가상공간에서 부재에 재료를 입혀 현실적인 결과물을 신속하게 얻을 수 있게 되었다. 이런 기술들은 게임 등에서 활용되고 있는 실시간 렌더링 기술의 급격한 향상에 영향받는 바가 크다.

현실적인 렌더링은 많은 시간이 소요되므로 고성능의 컴퓨팅 자원이 필요하나 Autodeks와 같은 몇몇 벤더사에서는 자사 클라우드 시스템 상에 렌더링 팜을 서비스해줌으로써 고객의 시간과 비용을 절감시키고자 하는 시도를 하고 있다.

오랜 시간이 소요되는 렌더링, 시뮬레이션, 해석과 같은 작업은 클라우스 분산처리 서비스에 넘겨주고 건축가나 엔지니어는 다른 작업을 병행해서 할 수 있는 방향으로 발전하고 있다.

이 장에서는 프리젠테이션을 위한 도구를 살펴보고 실습해 보도록 한다.

7.2 Lumion 3D

7.2.1 개요

Lumion3D는 네덜란드 ACT-3D에서 개발한 실시간 렌더링 소프트웨어이다. Real Time 프로그램을 만드는데 도움을 주는 Quest 3D라는 엔진기반으로 구성되어 있으며, 실시간 렌더링 프로그램을 사용자가 편리하게 접근하고 쉽게 사용할 수 있도록 개발된 소프트웨어이다. 실시간 렌더링이란 작업하는 과정들이 모두 즉각적으로 표현이 되고 모든 작업과정이 완료된 후 별도의 렌더링이 필요없는 것을 말한다.

Lumion 은 실시간 3D 시각화 프로그램으로써 비디오제작, 스틸 이미지 렌더링, 그리고 빠른 실시간 VR(가상현실) 시연기능을 제공하며 빠르고 효율적인 작업공정으로 뛰어난 그래픽을 제공함으로써 돈과 시간 그리고 노력을 줄여줄 수 있다. 특히 지형, 환경과 기후 그리고 건축시각화에 많이 활성화 되어있으며, 기본적으로 많은 모델 및 재질 라이브러리를 가지고 있어 짧은 시간동안 효과적으로 시각화 작업을 할 수 있다.

3D Model 가져오기 포맷은 DAE, FBX, MAX, 3DS, OBJ, DWG, DXF를 지원하며, 이미지 가져오기는 TGA, DDS, PSD, JPG, BMP, HDR and PNG 포맷을 지원한다.

Lumion은 실시간 렌더링 프로그램이기 때문에 고사양의 하드웨어를 필요로 한다. 따라서 적어도 6GB 이상의 RAM과 1GB 이상의 그래픽카드를 확보해야 원활한 작업이 가능하다.

7.2.2 실습

Lumion을 시작하기에 앞서서 'Collada exporter'라는 Revit의 Add-in 설치가 필요하다. 다음 그림과 같이 All BIM Portal 자료실 [http://allbim.kr] 또는 루미온 공식 홈페이지 접속 후 해당버전에 맞는 해당 Add-in을 다운받고 설치한다.

레빗 모델링을 Lumion에서 작업하기 위해 .DAE 확장자로 Export 작업을 하겠다. 다음 그림처럼 레빗에서 애드인(Add-in)의 외부 도구에 Collada exporter 클릭 후 [Level of detail]에는 [Medium], [Insertion Point]에는 [Base Point]로 설정하여 [Export] 한다. Export 도중에 에러가 뜨는 경우 [Level of detail]에서 [Coarse]로 선택해 준다. 외부도구 Collada exporter 는 3D 뷰에서만 활성화 된다.

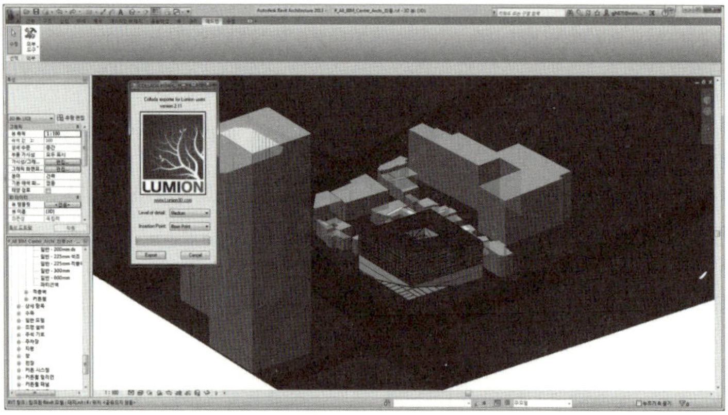

이제 루미온을 실행해 보겠다. 루미온을 실행하면, 총 9개의 배경이 제공되며, 원하는 배경을 선택 후 작업을 하면 된다. 필자는 [Sunny Day]를 선택했다.

루미온은 다른 소프트웨어와는 달리 주로 키보드로 움직임을 제어한다. W 앞으로, A 왼쪽으로, D 오른쪽으로, Q 수직 위로, E 수직 다음로, Shift + W, A, S, D는 빠른 움직임, Space+ W, A, S, D 매우 빠른 움직임, 마우스 오른쪽은 시선의 방향을 조정할 수 있다.

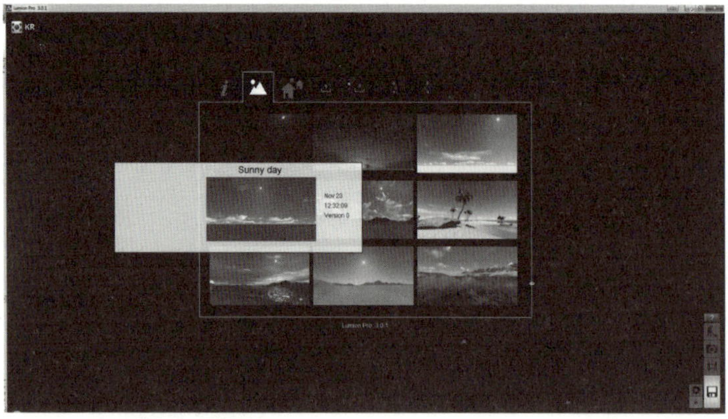

먼저 작업 모델을 불러오고 재질을 입히는 방법에 대해 알아보겠다. 마우스를 왼쪽 부분에 가져다 놓으면 4개의 탭이 생긴다. 이때 [Import]를 클릭하게 되면 왼쪽 하단에 [Import] 에 관련된 아이콘들이 보이게 된다. 그리고 [Add a new Model]을 클릭하고, Revit에서 Export한 파일을 선택 후 원하는 위치에 클릭하여 모델을 불러들인다. 이번에는 재질을 입혀 보도록 하겠다. [Edit Materials]를 클릭하고, 화면에서 흰색 원형점을 찾아 클릭하면 화면 왼쪽 하단의 +기호가 나타난다. 이것을 클릭한 뒤 맵핑하고자 하는 객체를 선택한다.

다음 그림과 같이 재질창이 나타나면 여러 가지 카테고리 중 원하는 재질을 선택한다. 마찬가지로 구조체, 주변건물, 도로, 대지, 커튼월 프레임, 내부벽 등 필요한 부분에 재질을 입혀준다. 그리고 재질창 하단의 여러 가지 옵션은 마우스 드래그로 조절하면 되며 재질 설정이 모두 끝났으면 [V]를 클릭해서 완료한다. 재질 적용시 레빗에서 같은 재료로 적용된 것들은 루미온에서는 하나의 객체로 인식하므로, 부분적으로 다르게 재질을 적용해야 할 경우 미리 레빗에서 다른 재질로 적용시킨 후에 루미온에서 작업하는 것이 바람직하다.

이번에는 날씨를 조절해 보도록 하겠다. 화면 왼쪽에 마우스를 가져다 놓으면 [Weather] 탭이 생기고 그것을 클릭하면, 다음 그림과 같이 태양의 고도, 각도, 구름의 양, 노출, 구름의 종류를 설정할 수 있다.

이번에는 라이브러리에 내장되어 있는 오브젝트를 삽입하는 방법을 알아보겠다. 화면 왼쪽에 [Object] 탭을 클릭하면 자연, 자동차, 소리, 효과, 실내외 오브젝트, 사람 등의 유형으로 나누어져 있는 것을 볼 수 있다. 이 중에서 하나의 유형을 클릭하면 다음 그림과 같이 라이브러리 창이 나타나고, 여러 카테고리로 분류되어 있는 것을 볼 수 있다. 루미온은 체험판, 교육판, Pro 등 여러 개의 버젼으로 나누어지며 버젼에 따라 라이브러리 모델 개수가 다르며 Pro버전의 경우 총 2,078개의 모델과 509가지의 재질을 제공하고 있어 신속하고 편리하게 작업이 가능하다.

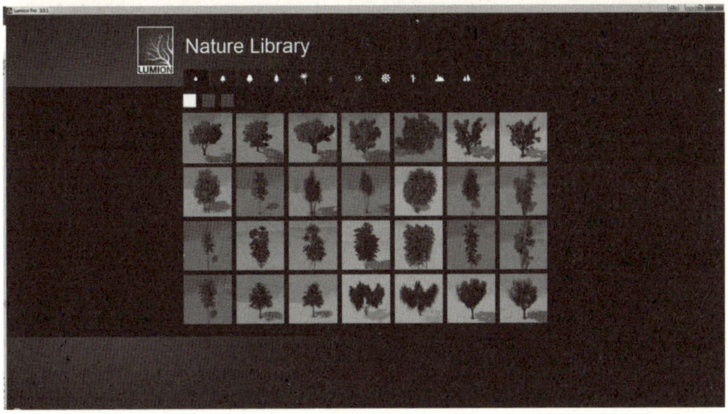

이번에는 출력방법과 다양한 Effect에 대해 알아보겠다. 출력하고자 하는 뷰를 선택하고, 화면 오른쪽 하단에 카메라 아이콘 [Photo]를 클릭하면 화면 아래에 [E-mail 1280X720], [Desktop 1920X1080], [Print 3840X2160], [Poster 7680X4320] 중에서 원하는 해상도로 클릭하고 필요한 확장자명을 선택해서 저장하면 된다. 컴퓨터 사양에 따라 다르겠지만 [1920X1080] 사이즈로 보통 1분이내로 굉장히 빠른속도로 출력이 되며, 이처럼 빠른속도로 출력하는 것이 실시간 렌더링의 큰 장점이라고 할 수 있다. 그리고 카메라나 동영상 출력시 화면 왼쪽 상단에 New Effect를 클릭해서 다양한 효과를 사용할 수 있다.

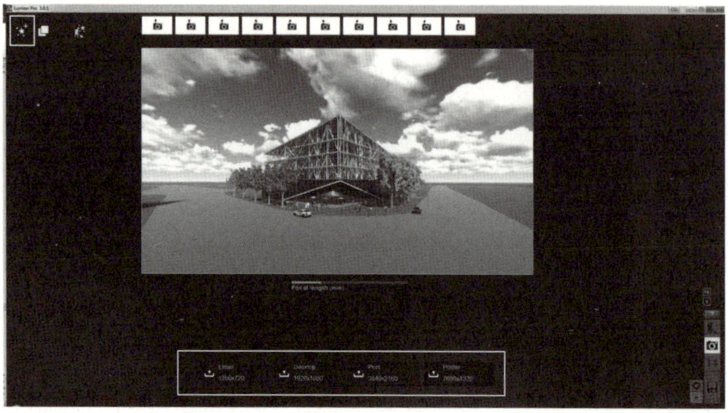

다음과 같이 이펙트를 선택하면 다양한 효과를 얻을 수 있다.

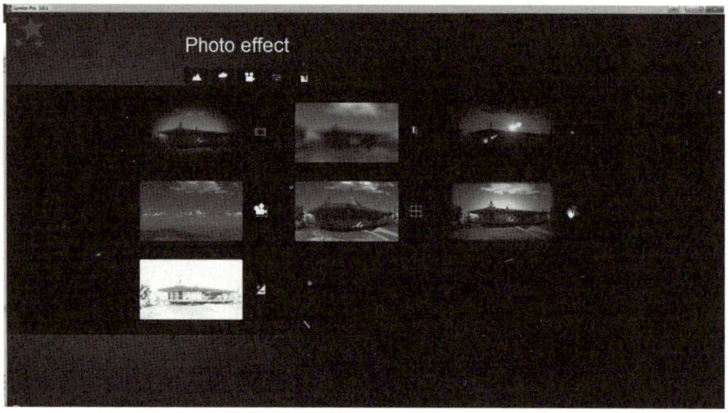

이번에는 동영상을 제작해 보겠다. 동영상이 시작될 위치로 뷰를 잡고 오른쪽 하단에 동영상 [Movie]를 클릭하고, [Record]를 클릭한다. 동영상이 시작될 첫 부분의 뷰를 잡아준 뒤, [Take Photo]를 클릭하면 화면 다음에 현재 뷰의 이미지가 작은 이미지로 생기는 것을 다음 그림을 통해 알 수 있다. 그리고 앞과 같은 방법으로 다음 장면까지 뷰를 이동하여 [Take Photo]를 클릭하고, 장면설정이 완료되면 오른쪽 하단에 [V] 표시를 클릭한다.

오른쪽 하단에 [Save Movie]를 클릭하면 다음 그림과 같이 내보낼 때의 옵션을 설정할 수 있다. 기본적으로 Auto로 설정되어 있으나 설정을 변경해서 사용하고 싶은 경우 Auto를

클릭하면 Custom으로 변환되어 자세하게 설정할 수 있게 된다. 이때 원하는 Frame, Quailty, Resolution을 선택해서 [OK]를 클릭하여 저장하면 된다. 이처럼 간단하고 쉽게 동영상 작업과 출력이 가능해 많은 시간을 줄일 수 있는 장점을 가지고 있다.

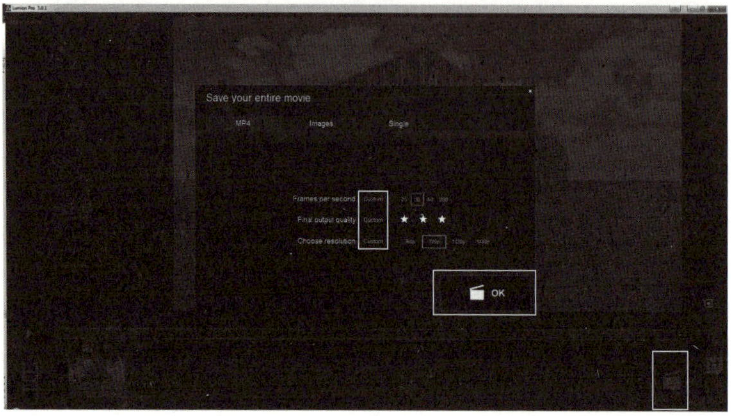

7.2.3 결론

Lumion은 여타 다른 프로그램과는 달리 사용법이 간단하고 작업하는 모든 것들이 실시간으로 반영된다는게 큰 장점이다. 또 BIM 데이터를 즉각 활용해서 시각화할 수 있어 건축주와의 미팅 혹은 프리젠테이션이 필요할 경우 굉장히 유용하게 사용할 수 있다.

Collaborative architecture design with BIM

BIM 기반 건축 협업 디자인

8. 디자인을 넘어서(더 시도해 볼만 한 것들)

8. 디자인을 넘어서(더 시도해 볼만한 것들)

8.1 개요

BIM과 같은 디지털 기반 모델링 기술들을 디자인을 넘어 다양한 분야에서 영향을 주고 있는데 이를 잘 활용한다면 건축이 공간을 디자인하는 일뿐 아니라 실제 환경과 의사소통하고 자극에 반응하는 공간도 만들 수 있다. 공간을 창조하는 것은 건축과 건설의 업역 중 하나라고 보았을 때 이런 기술을 잘 활용한다면 재미있는 무언가를 창조할 수 있다. 원래 이 분야는 전문가들이 전문장비를 갖춰놓고 작업을 진행하는 경우가 대부분이었는 데 최근에는 손쉽게 관련 도구를 구해 저렴한 비용으로 디자인하고 구현할 수 있게 되었다. 앞 장의 협업은 건축가, 구조 엔지니어, 오너, 시공업자 등 전통적인 건축 프로세스상에 알려진 참여자들이지만 본 장에서 협업은 컴퓨터 그래픽 아티스트, 프로그래머, 목공, 과학자, 주물제조업자 등 매우 다양한 분야 사람들의 협업으로 이뤄 진다(*주: 이를 서비스하는 업체들도 생겨나고 있다) 이런 콜라보 활동들은 서로 사용하는 도구, 기술뿐 아니라 직업 문화에 대한 이해와 더불어 상호 작업에 대한 신뢰와 존경이 있을 때 지속적일 수 있다.

본 장에서는 이를 쉽게 접근할 수 있는 기술과 방법을 소개하고 일부 실습을 한다. 실습에 관련된 소스파일은 본 장의 부록파일로 제공되어 있으니 참고하길 바란다.

최근 유행하고 있는 파라메트릭 기반 디자인, 알고리즘 디자인, 인터랙티브 미디어 아트, 3D 프린팅과 같은 정형화된 디자인과 틀을 넘어서 사람들의 감성에 좀 더 가까이 다가가려는 노력들은 최신 컴퓨터 기반 디자인 기술들 활용하고 있다. 이러한 비정형적이고 감각적인 디자인을 위해 그래스호퍼, 프로세싱, 아두이노뿐 아니라 직접 컴퓨터 그래픽 라이브러리나 게임 엔진을 활용하는 사례도 늘어나고 있다. 이런 도구들의 기술적 배경을 이해하기 위해 이런 도구들의 근본 메커니즘을 개발했던 사례를 소개하도록 하겠다.

컴퓨터 모니터에 그림을 그리는 최초의 시작은 1950년대 미공군을 위해 IBM에서 개발한 SAGE(Semi-Automatic Group Environment)란 적기 추적 시스템이다. 1960년대 공상과학영화에서 많이 나오는 CRT 화면에 적기가 움직이는 것을 실시간으로 표현해주는 시스템이었다. 최초의 컴퓨터 그래픽은 군사분야에서 오퍼레이터의 직관적 이해를 위해 개발되었으며 이 기술들은 이후 엔터테인먼트에 적용된다. PDP-1이란 컴퓨터 시스템에서 스티브 러쎌(MIT)이 1961년에 최초로 컴퓨터 게임인 우주전쟁이란 게임을 만든다.

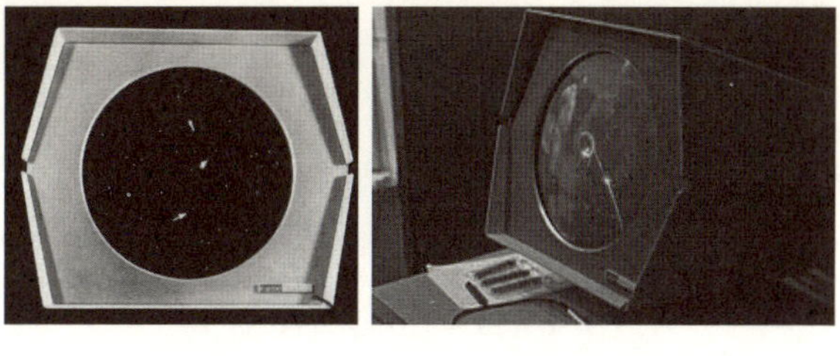

그림. 우주전쟁게임(스티브 러쎌, 1961)

현재 우리가 쓰는 컴퓨터 그래픽 모델을 생성할 때 사용하는 캐드(CAD)의 원조는 1962년에 이반 써덜랜드란 대학원생이 박사논문 준비과정에 만든 스케치패드란 프로그램이다. 이 프로그램은 지금 사용하는 캐드 개념이 대부분 포함되어 있어, 도형 생성, 복사, 삭제, 짤라내기, 연장하기, 심벌 삽입, 이동, 기하학적 공리 제약(평행선, 직각 등)을 구현하고 있으며, 파라메트릭 디자인이 무엇인지 보여주었다.

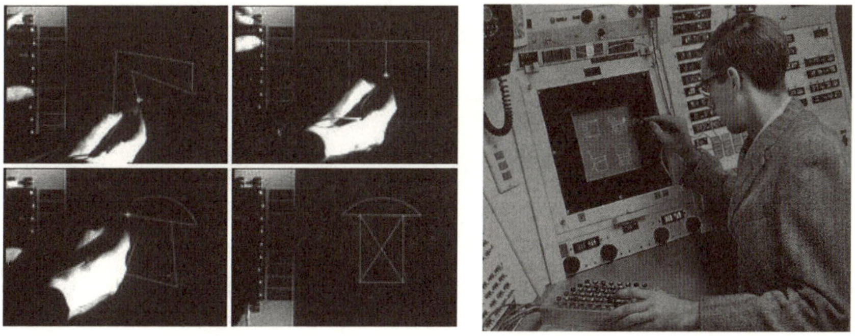

그림. 스케치패드(이반 써덜랜드)

이런 유산을 바탕으로 J.C. Owen이 개발한 D-Cubed(*주: 파라메트릭 솔리드 엔진으로써 파라솔리드로도 많이 알려져 있음)나 Spatial사가 개발한 ACIS같은 솔리드 모델링 엔진이 개발되고 이런 모델링 엔진들은 Autodesk나 Bentley와 같은 유명 캐드 벤더사에 라이센싱되어 우리가 사용하는 디자인 캐드 시스템에 탑재되어 있다.

이런 시스템들은 디자이너, 엔지니어가 사용하기 편리하도록 기능들이 메뉴화되고 모듈화되어 우리는 GUI를 통해 이 기능들을 호출하고 미리 개발해 놓은 알고리즘에 의해 디자인 정보가 모델링되는 방식으로 발전해 왔었고 우리가 사용하는 대부분의 시스템이 이런 방식으로 동작한다.

자연의 개체와 닮아가려는 자기발전적이고 살아 숨쉬는 디자인적 시도와 현실에서의 구현 노력이 아이러니하게도 이런 시스템을 개발한 엔지니어가 숨기고자 했던 복잡하고 반복적인 모델링 알고리즘을 다시 GUI 밖으로 끄집어내는 상황을 만들게 되었다. 이를 시도하는 아키텍처, 디자이너, 엔지니어들은 시스템의 모델링 기능을 스크립트 코드로 직접 만들어내기를 원하고 개체의 DNA를 알고리즘으로 표현해 디지털화된 객체를 현실에 맵핑하길 원한다.

수많은 디자인 시스템뿐만 아니라 엔지니어, 아키텍처, 미디어 아트들이 이런 기술과 사상에 영향을 받았다고 할 수 있다.

8.2 알고리즘 기반 디자인

이 장에 포함된 기술들은 앞서 설명했던 GUI 기반 디자인과는 약간 다른 관점에서 디자인을 접근한다. 건축 그래픽 기호를 통한 디자인이 아닌 그 뒤에 연결된 기호 코드를 직접 조작한다. 그래스호퍼와 같은 그래프 기반 모델링 언어를 활용해 디자인 알고리즘을 구현한다.

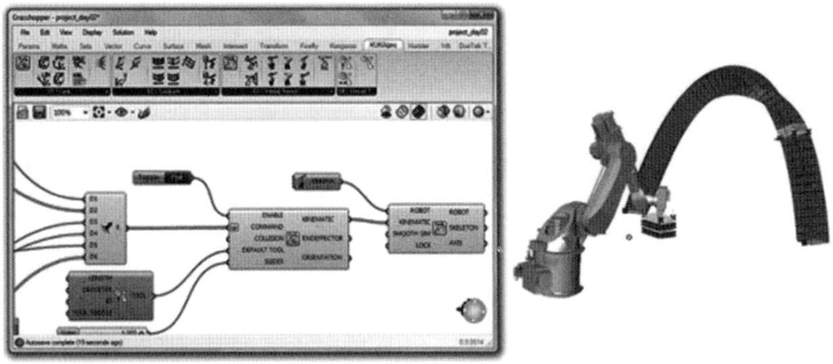

그림. 그래스호퍼를 사용한 로봇 제어 기반 프리페브리케이션

GUI상에서 우리가 사용하는 수많은 모델링 및 편집 메뉴를 이용해 디자인의 DNA를 구현하기에는 많은 한계를 가질 수 밖에 없다. 만약 우리가 어떤 객체에 프렉탈과 같은 자기복제 메커니즘을 넣고 생명처럼 디자인의 형상과 속성를 만들어내는 DNA처럼 동작시키고 싶다면 이런 GUI 도구를 이용해 알고리즘을 넣기란 매우 어려운 일이다. 특히,

프랙탈과 같이 반복적인 패턴이 무한히 자기복제되는 특징은 모델링 메뉴와 COPY 메뉴로 이를 표현한다는 것은 불가능한 부분이다.

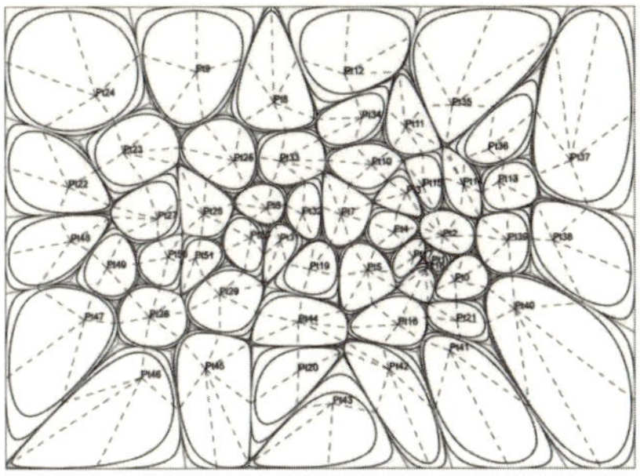

그림. Voronoi tessellation is the Delaunay triangulation
(MARC FORNES, Architect DPLG, www.theverymany.net)

이런 경우 DNA를 기술할 수 있는 스크립트를 직접 사용해 디자인을 할 수 밖에 없다. 스크립트는 일종의 디자인 규칙과 제약조건을 기술할 수 있는 코드이며 이를 사용해 우리는 자유로운 디자인 사상을 가상 공간에 살아 움직이는 객체로써 표현할 수 있고, 객체는 3D 프린팅이나 사전 부재 제작과 같은 기술로 현실세계에 사상(Projection)될 수 있다.

다음은 이런 개념을 구현한 Kostas Terzidis, Algorithmic-driven deformation 등의 알고리즘 기반 디자인 작품이다.

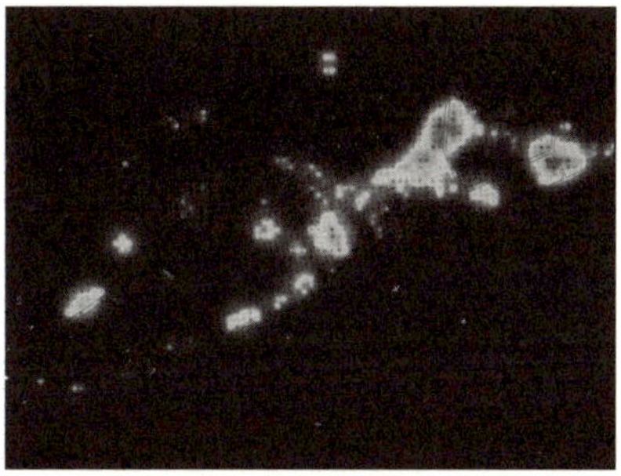

그림. Kostas Terzidis, Algorithmic-driven deformation, 2009. Courtesy Kostas Terzidis (출처: http://www.domusweb.it/en/book-review/digital-culture-in-architecture/)과 SENSEable City Laboratory, MIT, wireless internet intensity across the MIT campus, 2005, courtesy SENSEable City Laboratory(출처: http://www.domusweb.it/en/book-review/digital-culture-in-architecture/)

알고리즘 기반 디자인 모델은 앞서 언급한 프로세싱이나 그래스호퍼와 같은 모델링 도구를 활용해 쉽게 작업할 수 있다.

프로세싱은 이미지 애니메이션 그리고 그의 상호작용을 처리하기 위해 만들어진 소프트웨어이다. 프로세싱에서 그래픽을 만들어내는 과정을 스케치라고 한다. 프로세싱은 특히 미디어아트나 알고리즘 기반 그래픽 형상 생성연구 등에 많이 활용되고 있으며 심지어 컴퓨터 음악, 컴퓨터 비전 등 그 활용범위가 매우 넓다.

프로세싱은 자바(Java) 언어를 사용하며 외부 환경과 상호작용을 하기 위해 아두이노란 하드웨어 플랫폼을 사용한다. 텍스트와 그래픽을 표현하기 위해 포스트 스크립트와 OpenGL을 사용한다. 프로세싱은 100개 이상의 라이브러리를 제공하고 있고 사운드, 컴퓨터 비전, 디지털 기반 제조를 포함하고 있다.

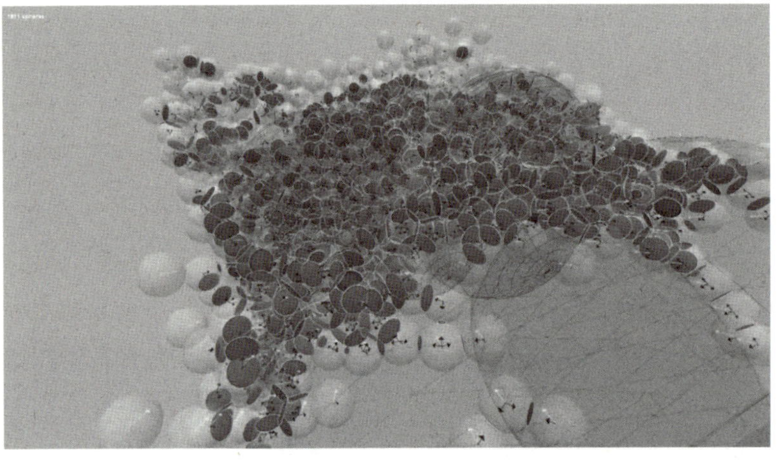

그림. 프로세싱을 사용한 물리 기반 모델링(출처 - NYU Advanced Media Studio Interior by Proxy)

http://processing.org/에서 프로그램을 다운로드 받아 설치할 수 있다. 프로그램 실행 후 파일 메뉴의 예제들을 실행해 보면 얼마나 다양하고 인터랙티브한 그래픽을 생성해낼 수 있는지 알 수 있다.

형식을 파괴하는 디자인은 현실세계에서 구현하기 위해 곡면을 평면으로 쪼개고 부재를 사전에 공장제작하는 Prefabrication과 같은 기술을 사용하고 있다. 최근 3D 프린팅 기술의 발전에 힘입어 곡면을 평면으로 쪼갤 필요가 없이 직접 건축 재료를 이용해 대지 기초 위에 인쇄해버리는 기술과 연계되고 있어 앞으로도 많은 가능성이 열려있는 분야라 할 수 있다. 현재 독일이나 핀란드와 같은 유럽 국가와 미국 몇몇 연구소에서는 이런 기술들을 선도적으로 연구 개발하고 있다.

8.3 환경 반응 디자인

8.3.1 개요

지금까지 해왔던 작업들은 머리 속이나 컴퓨터 속 가상 공간에서 만들고자 하는 형상을 디자인한다는 한계가 있다. 가상의 공간이 물리 공간과 연결되어 환경과 반응하는 메커니즘을 디자인에 포함하고 싶다면 아두이노, 프로세싱, 라이노의 그래스호퍼 위에서 지원되는 파이어플라이(Firefly)가 괜찮은 대안이 될 수 있다.

환경과 반응하기 위해서는 환경을 센서로 인식하고 처리된 데이터를 컴퓨터로 전달해 본인이 모델링한 알고리즘을 수행할 수 있는 작은 컴퓨터가 필요하다. 최근 컴퓨터 가격이 저렴해져 대안이 많아졌지만 이런 용도로 개발된 초소형 컴퓨터들이 별개로 있다. 아두이노(Arduino), 라스베리파이(Rasberry Pi), 비글본(BeagleBone)과 같은 초소형 컴퓨터는 손바닥보다 작은 크기로 5V전력으로도 동작되며 아날로그 및 디지털 센서를 연결해 데이터를 취득할 수 있다. CPU가 있으므로 모델링된 알고리즘을 실행할 수 있고 처리된 결과를 무선네트워을 통해 서버에 전송할 수 있다. 반대로 아이폰과 같은 기기와 연동해 데이터를 전송하여 초소형 컴퓨터와 연결된 액추레이터를 작동시킬 수도 있다.

그림. 아두이노 http://www.arduino.cc, 라즈베리파이 http://www.raspberrypi.org/, 비글본 http://beagleboard.org 하드웨어 및 활용 모습

이러한 소형 컴퓨터는 가격이 약 5~6만원으로 구입할 수 있다.

이 장에서는 아두이노에서 자료를 읽고 프로세싱이나 그래스호퍼를 이용해 자료를 우리가 만든 특정 알고리즘으로 형상 객체를 자동생성하는 데 촛점을 맞출 것이다.

아두이노는 컴퓨터 그래픽을 손쉽게 처리할 수 있는 프로세싱이란 소프트웨어 도구와 연동시킬 수 있다. 프로세싱은 직접 스크립트로 코드를 개발해야 하는 어려움이 있다. 그래스호퍼의 직접 코드를 개발할 필요없이 레고 블록 조립하듯 알고리즘을 개발할 수 있다. 그래스호퍼는 매우 다양한 플러그인 컴포넌트를 제공하는데 아두이노와 연결 기능을 제공하는 파이어플라이(Firefly)도 이런 플러그인 중 하나이다. 아두이노에 입력되는 자료는 아두이노 보드에 붙일 수 있는 어떤 것이든 가능하며, 거리 센서부터 나침판이나 온도, 압력, 변위 등 센서, 로보틱스 기기, 컴퓨터 비전 회로, 네트워크 메쉬 망까지 다양할 수 있다.

아두이노는 센서로부터 입력과 모터, 전자 스위치(릴레이) 등과 같은 액추에이터 제어도 가능하고 TCP/IP 통신을 위한 네트웍 모듈이 있어 서버와 정보를 주고 받을 수 있다. 이런 기능들을 잘 활용하면 환경과 상호 반응하는 건축물 개체도 손쉽게 만들 수 있다. 예를 들어 에너지 사용을 스스로 최적화하는 BEMS(Building Energy Management System)이 채택된 저탄소 친환경 건물을 개발할 수도 있다. BEMS에 사용되는 DDC(Digital Direct Controller)나 PLC(Programmable Logic Controller)와 같은 모듈은 TCP/IP기반 건물 제어 통신 프로토콜로 구동되는데 모듈에 연결된 센서 정보를 주기적으로 취득해 서버에 정보를 전달해주고 전자회로로 구동되는 스위치인 릴레이(Relay) 회로를 이용해 전기로 동작되는 장치인 액추레이터(Acturator)를 작동시키는 작업을 할 수 있다. 이 DDC, PLC에 에너지 최적화를 위한 알고리즘을 프로그래밍해 서버와 연동하면 BAS(Building Automation System)를 구현할 수 있다.

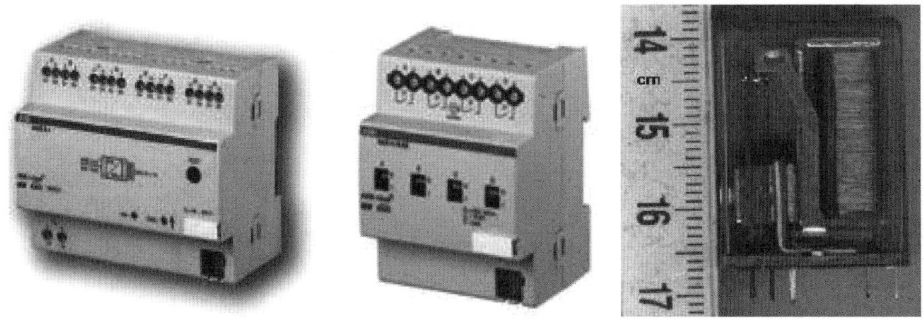

그림. Intelligent 빌딩 표준 KNX의 DDC 모듈
(출처 - http://www.comfortclick.com/mediawiki/index.php?title=KNX)과 릴레이 회로)

이런 시스템을 구축하려면 매우 큰 돈이 들어가지만 여기서 이야기하는 것들을 잘 응용한다면 작은 규모에는 충분히 구현이 가능하고 본인이 디자인한 창작물에 부착해 다양한 연구도 할 수 있다(*주: 보통 16 입력포트를 가진 PLC를 해외 직구매 시 40만원 정도 이상의 금액을 지급해야 하며 활용 기능이 제약되어 있는 경우가 많다. Automation direct - http://www.automationdirect.com/ 같은 곳에서 구할 수 있다). 어차피 PLC, DDC도 내부에는 초소형 컴퓨터가 포함되어 있는 것뿐이므로 구조는 유사하다. 저렴한 비용으로 동작 원리를 응용하거나 교육적이 목적으로 활용이 가능하다.

주변 환경과 반응하기 위해서는 다음 그림과 같이 바람, 온도, 습기와 같은 환경을 전기(전압) 신호로 전달해주는 센서(Sensor)가 있어야 하며 전기 신호를 받아 움직이는 모터와 같은 액추레이터(Actuator)가 있어야 한다. 이는 소프트웨어를 이용해 특정 알고리즘을 프로그래밍하여 처리하는데 이때 필요한 센서 신호는 ADC(Analog-to-Digital Converter) 회로를 통해 디지털 언어로 변환되어 처리된다.

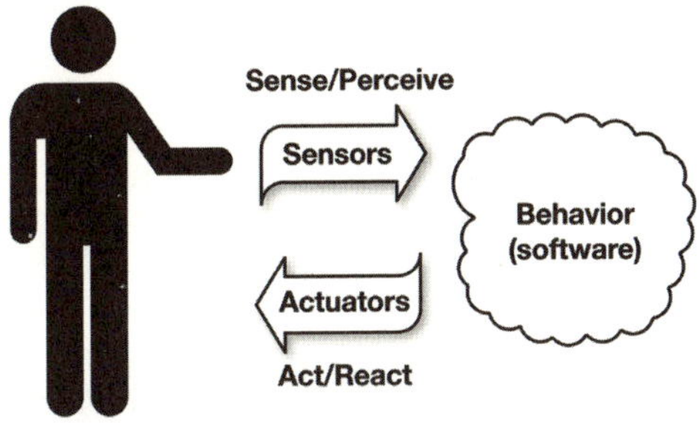

그림. 센서와 액추에이터, 그리고 소프트웨어의 관계

이 장의 실습내용은 다음 레퍼런스에서 공식적으로 제공된 예제를 목적에 맞게 가공하였음을 밝힌다.

1. 아두이노 홈페이지: http://www.arduino.cc
2. 프로세싱 홈페이지
3. 그래스호퍼 홈페이지
4. Firefly 홈페이지

8.3.2 아두이노

8.3.2.1 개요

아두이노는 마이크로 컨트롤러 보드와 이를 실행할 수 있는 소프트웨어를 포함한 전자 프로토타이핑 플랫폼이다. 프로세싱과 아두이노는 함께 발전되고 있으며 함께 프로젝트에 적용되고 있다. 프로세싱과 아두이노는 같은 편집기와 프로그래밍 환경, 문법을 공유하고 있다(*주: 아두이노의 자세한 활용방법은 Getting Started with Arduino(Massimo Banzi 저, O'Reilly) 책을 참고하길 바란다).

아두이노는 전자부품이나 아두이노 보드 판매사이트에서 구입할 수 있는 데 보통 기본적인 전자부품들이 포함된 아두이노 우노 스타터키트를 구입해 시작하는 것이 좋다(*참고: 디바이스마트-http://www.devicemart.co.kr, 플러그하우스 - www.plughouse.co.k 같은 전자부품사이트에서 주문하면 쉽게 구할 수 있다).

데이터는 프로세싱 시리얼(Serial) 라이브러리를 이용해 프로세싱 스케치와 아두이노 보드 사이에 전달될 수 있다. Serial은 한 번에 한 바이트(byte)씩 데이터를 보내는 형식이다. 아두이노에서는 byte는 자료형이며, 0에서 255가지 값을 저장할 수 있다. 바이트는 int와 유사하지만 좀 더 작고, 큰 수를 전달해 주기 위해서는 바이트 열로 그 수를 쪼갠 다음 나중에 재조합해야 한다.

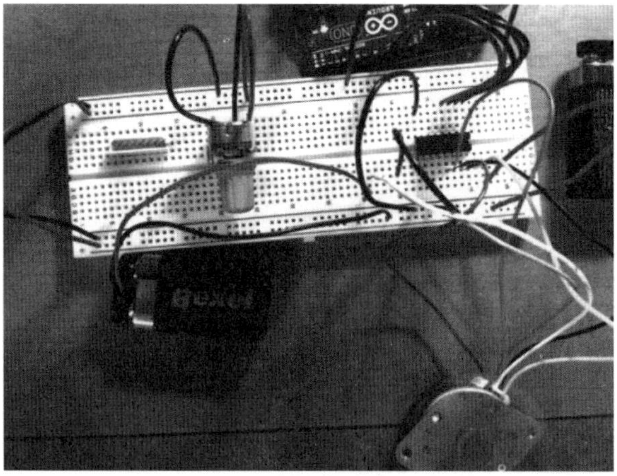

그림. 아두이노를 사용한 스태핑모터 제어 구성회로(ULN2003 딜링톤 회로칩. 가변저항. KHL35LL16K. 모터는 24V까지 허용되는 유니폴라방식을 사용하였다. 회로도는 아두이노 사이트 등에서 구할 수 있다)

아두이노는 활용 목적에 따라 여러 가지 보드 종류를 제공하고 있는 데 여기서는 아두이노 우노(ARDUINO UNO)를 사용할 것이다. 아두이노 우노는 CPU로 ATmega328(클럭속도 16MHz)을 사용하고 구동전압 5V, 입력 전압 7~12V, 디지털 입출력 핀 14개(이 중 6개는 PWM출력), 아날로그 입력 핀 6개를 지원한다. 플래시 메모리는 32KB이며 SRAM 2KB, EEPROM 1KB를 지원한다.

MAKE 사이트(http://www.make.co.kr/)에서는 아두이노를 이용한 다양한 작품을 볼 수 있다.

8.3.2.2 구동 프로그램 설치

아두이노를 구동하기 위한 프로그램은 홈페이지(http://www.arduino.cc)의 다운로드 페이지에서 다음과 같이 다운로드 받아 설치하면 되고 설치와 동시에 구동에 필요한 드라이버 등은 자동 설치된다.

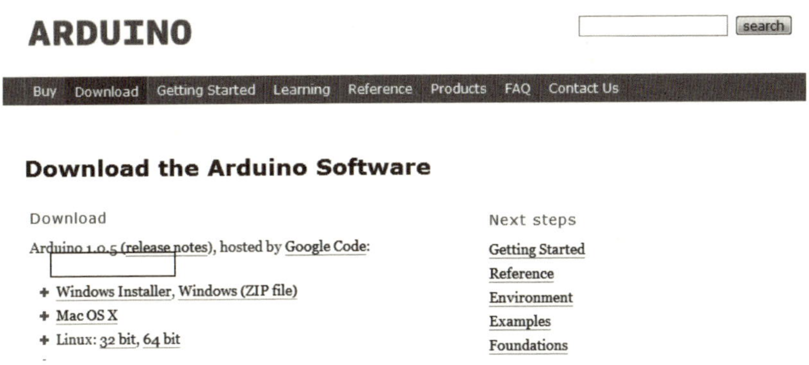

그림. 아두이노 프로그램 다운로드 페이지

아두이노 프로그램을 실행한다. 컴퓨터와 아두이노의 통신은 COM포트를 통해 처리되는 데 보통 설치후 COM1이나 COM3로 설정되어 있을 것이다. 이는 [도구] [시리얼 포트]에서 확인할 수 있다. 참고로 [도구] [보드]에서 현재 아두이노 보드를 설정할 수 있다.

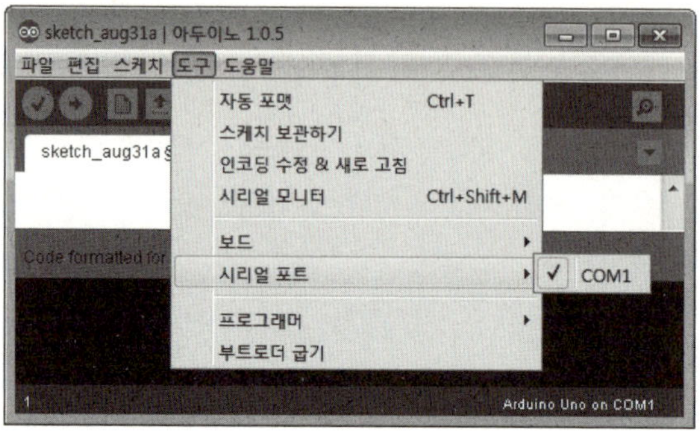

아두이노는 네트워크 지원 Ethernet, 로봇 컨트롤 지원 Robot_Control, 모터 지원 Robot_Motor, 서보 모터 지원 Servo, 스태핑 모터 지원 Stepper, 무선통신 지원 Wifi등 라이브러리를 지원하고 있다. 아두이노는 자바 언어를 기반으로 기기를 제어한다. 그러므로 자바 프로그램의 기본적인 부분은 알고 있어야 활용이 가능하다.

참고로 예전에는 마이크로 컨트롤러를 제어하기 위해서는 기본적으로 C와 어셈블리를 사용할 수 있어야 했다. 아두이노의 경우에도 Atmega328 칩으로 구동되는 데 예전에 이 칩을 사용하기 위해서는 저수준 언어를 익숙하게 다룰 수 있어야 했고 특별하게 개발된 개발도구로 플래쉬 메모리에 코드를 업로드해야 했다. 만약 에러가 나면 회로 및 코드 모두 지루한 디버깅과정을 거쳐야 했는데 이는 저수준 언어와 입출력회로를 만들어야 했기에 에러가 발생되면 찾기가 어려웠기 때문이다.

아두이노는 다양한 센서 입력과 액추레이터 구동을 지원하지만 이를 테스트하기 위해서는 기본적인 전자 회로 지식은 알고 있어야 한다. 우리는 회로를 구성하기 위해 다음과 같이 생긴 브레드 보드(Bread board)를 사용할 것이다. 이 안에 센서나 모터와 같이 액추레이터의 전선을 꼽아 동작시킬 것이다. 다음 그림에 표시된 화살표처럼 내부적으로 전선이 연결되어 있어 전자부품의 입출력 핀을 연결할 때 브레드 보드 전선연결된 지점에 꼽기만 하면 된다.

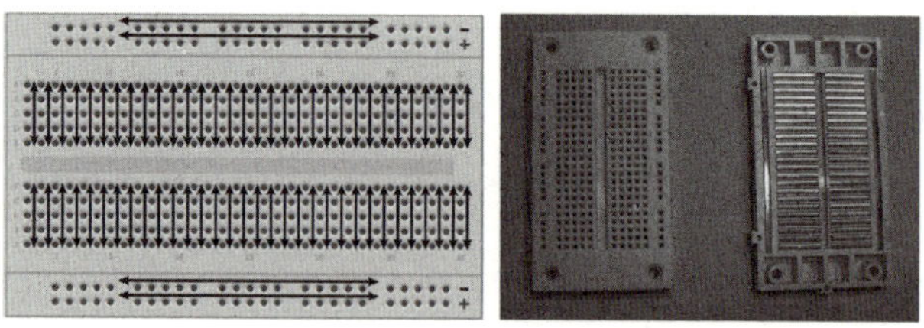

그림. 브레드보드 내부 전선연결모습

각 센서와 같은 소자는 소자가 동작하는 전류와 자체 저항 등이 정해져 있다. 적절히 입력되지 않으면 소자는 동작하지 않거나 높은 전류로 인해 타버릴 수 있다. 소자가 동작하는 전류, 전항은 소자를 구입할 때 따라오는 메뉴얼인 데이터 시트에 정의되어 있다. 소자가 허용가능한 전류, 저항의 값들은 다음 옴의 법칙으로 계산할 수 있다.

V(전압) = I(전류)x R(저항)

전압, 전류, 저항은 특성이 물의 흐름과 비슷해 보통 수압, 수량으로 비유된다. 전기회로를 흐르는 전자는 물의 분자라 생각하면 된다. 전압이 차가 크면 전류가 많아진다. 과도 전류를 제어하기 위해 저항을 설치하면 전류가 적어진다.

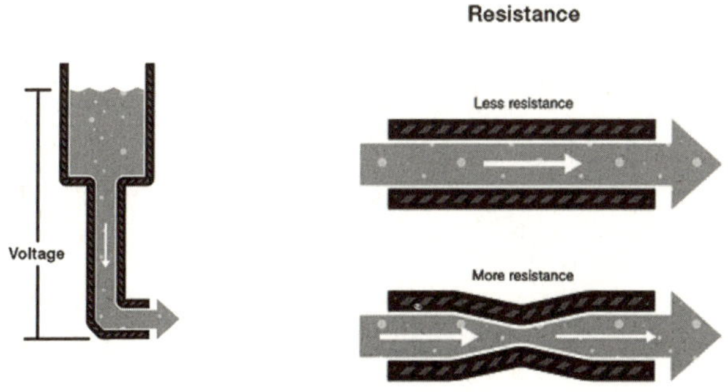

그림. 전압(Voltate)과 저항(Resistance) 개념
(출처 - learn.sparkfun.com, Voltage, Current, Resistance, and Ohm's Law, https://learn.sparkfun.com/tutorials/voltage-current-resistance-and-ohms-law/resistance)

예를 들어 발광소자인 LED를 직접 전원과 연결하면 전자가 소자를 통과하면서 일부는 빛와 열 에너지로 변환된다. LED 소자가 허용하는 전류량을 넘어버리면 과도전류로 타버릴 수 있으므로 저항을 통해 전압을 높여 흘러가는 전류량을 조절해 오랫동안 LED를 동작시키도록 해야 한다.

다만, 이렇게 계산하지 않더라도 아두이노 홈페이지 등에서 제공되는 수많은 예제와 회로도를 그대로 따라해도 손쉽게 원하는 결과를 얻을 수 있으니 큰 걱정을 할 필요는 없다. 앞으로 실습은 아두이노 사이트와 Fritzing.org에서 공개한 브레드보드 이미지를 바탕으로 진행하겠다.

8.3.2.3 아두이노 보드 연결

아두이노 보드는 USB포트를 컴퓨터와 연결한다. 전선은 아두이노 5V출력과 GND 포트를 다음과 같이 브래드 보드와 연결한다. 제대로 연결되면 아두이노 LED에 불이 켜질 것이다. 아두이노보드 위에는 아날로그 입력을 받을 수 있는 ANALOG IN 포트가 보드 아래 쪽에 0에서 5개 표시되어 있다. 디지털 입출력 핀이 보드 위쪽에 2에서 13까지 표시되어 있다. 이 책에서는 각각 A0~A5, D2~D13으로 표현할 것이다.

이제 브래드보드위에 전자부품 조사를 꼽고 아두이노 보드의 입출력포트와 적절히 연결해 동작시킬 수 있다(*참고: 전선을 연결할 때는 +5V은 적색, GND는 검정색을 연결하는 것이 일반적이다. 전선 색상을 약속해 사용하면 회로가 복잡해질 때 제대로 연결되었는 지 확인이 쉬워진다)

아두이노에서 프로그램 동작 방법은 다음과 같다. 프로그램에 기술된 스크립트 코드는 각 함수에서 위에서 다음로 실행된다. setup() 함수는 아두이노에 의해 프로그램 시작시 한번만 자동으로 실행된다. 이 함수는 초기 프로그램 설정과 관련된 루틴을 실행하는 데 사용하려는 목적으로 제공된다. loop() 함수는 아두이노에 의해 전원이 꺼지지 않은 한 무한히 자동 실행되는 함수이다. 이 안에 원하는 수행 로직을 코딩하면 된다.

이 아두이노 예제는 주변 밝기 환경을 인식해 LED 점멸로 데이터를 인식했음을 반응한다.

회로는 다음 그림과 같이 구성한다.

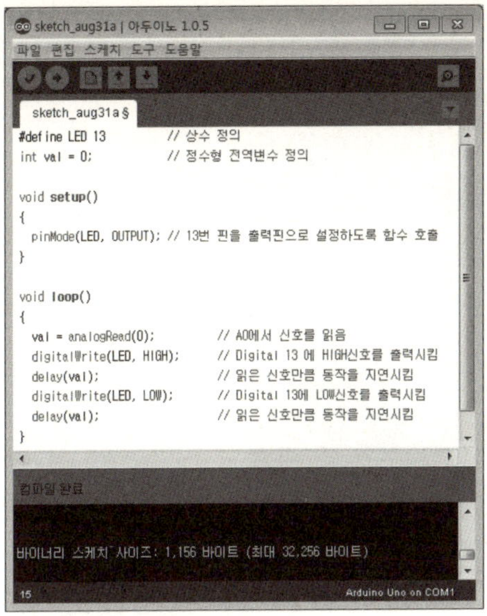

1. 광센서로 데이터을 입력받는데 이 광센서는 5V 전압을 받아 전류가 전달되며 광센서를 통해 아두이노 보드 아날로그 입력핀 0번에 입력된다. 프로그램은 이 A0 핀값을 읽어 발광시 지연값으로 사용한다. A0 입력값은 전압이 ADC 회로에 의해 0에서 1023까지 디지털 값으로 변환되어 들어온다.
2. 바로 광센서를 사용하면 전압값이 너무 높아 1023값이 입력되므로 변화를 확인할 수가 없다. 전압을 낮추기 위해 10k옴 저항을 그 사이에 연결한다. 저항은 앞서 언급한 것처럼 전류의 흐름을 방해해 전압을 낮추므로 센서값 변화를 확인할 수 있는 정도 수준으로 낮추는 효과를 준다. 광센서가 받는 전압의 변화를 데이터로 얻어 LED 점멸의 지연값을 delay() 함수를 이용해 처리한다(아두이노 보드의 프로그램 메모리 롬에 저장된 프로그램의 Loop() 함수가 계속 실행된다).
3. LED 출력을 위해 디지털 13번 핀에 5V, 0V전압을 번갈아 출력한다. 전류는 전압차가 있을때 흐르게 되어 있으므로 0V전압이 되었을때 LED의 +극에 연결된 5V 전압에서 전류가 0V전압으로 흘러 LED가 빛을 발생하게 된다(*주: LED소자는 전극이 있어 +/-극에 맞게 연결해야 동작하며 긴 쪽 발이 +극, 짧은 쪽 발이 -극을 가진다).

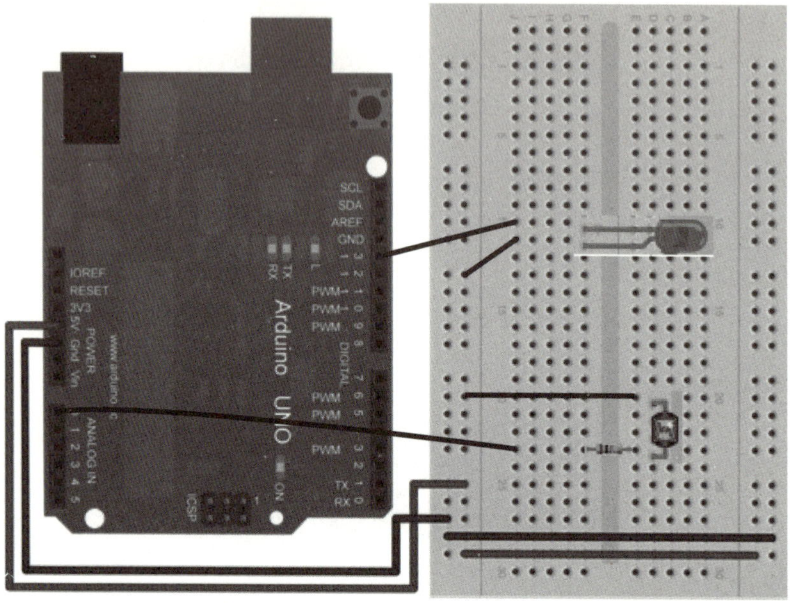

모두 연결하고 [파일] [업로드] 메뉴를 실행해 프로그램을 컴파일하여 아두이노 CPU 기계어로 컴파일하고 아두이노 보드의 프로그램 저장 메모리 롬에 전송한다. 만약 문법적 에러가 발생하면 메시지 창에 경고메시지가 출력된다. 대부분 코드 입력시 오타인 경우가 많으므로 다시 잘 확인해 수정하도록 한다.

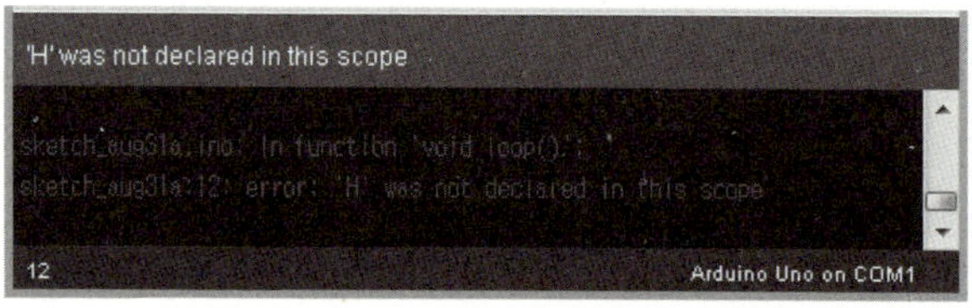

만약 아두이노 보드가 제대로 USB케이블을 통해 컴퓨터와 연결되지 않았거나 잘못된 COM 포트에 연결되었다면 다음과 같은 에러 메시지를 만날 수 있다.

케이블 연결을 확인하고 가끔 다른 COM포트에 연결된 경우가 있으므로 포트를 변경한 후 프로그램을 다시 [업로드] 해 본다.

이 예제를 통해 센서로부터 값을 읽고 알고리즘에 의해 값을 가공하여 그 값을 전자적인 신호로 쉽게 출력할 수 있다는 것을 알 수 있다. 광센서(LDR, light-dependent resistor), 온도저항센서, 굽힘 센서(flex sensor), 압력 센서(힘 저항 센서) 같은 다른 센서들나 모터 등도 같은 방식으로 사용할 수 있다.

아두이노 홈페이지에는 이런 소자를 활용한 예제가 많이 있고 메이크진(http://makezine.com/category/electronics/arduino/) 사이트에서는 좀 더 큰 프로젝트를 개발한 사례가 오픈소스로 공개되어 있다.

다음은 아두이노 홈페이지에서 제공하는 예제인 모터를 제어하는 예제(http://arduino.cc/en/Tutorial/Knob)이다. 상세한 내용은 예제 페이지를 확인해 보길 바란다.

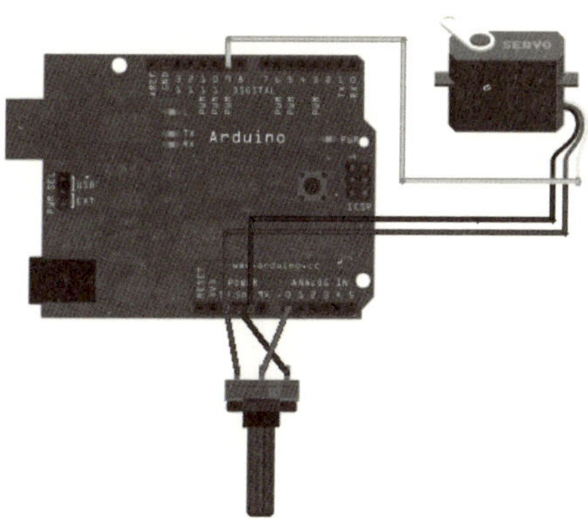


```
#include <Servo.h>

Servo myservo;  // create servo obj

int potpin = 0;  // analog pin usec
int val;    // variable to read the

void setup()
{
  myservo.attach(9);  // attaches t
}

void loop()
{
  val = analogRead(potpin);
  val = map(val, 0, 1023, 0, 179);
  myservo.write(val);
  delay(15);
}
```

그림. 서보(Servo) 모터 제어 예제(출처 - 아두이노 사이트, http://arduino.cc/en/Tutorial/Knob)

액추레이터 동작소자로 이런 모터가 활용되는 데 빠른 고속회전이 가능한 DC모터, 정확한 각도로 회전을 제어할 수 있는 서보모터 및 스테핑(Stepping) 모터로 구분할 수 있다. 서보모터는 회전값이 180~270도로 제한되는 경우가 대부분이다. 스테핑 모터는 360도의 회전 자유도를 갖는다(*주: 모터는 보통 1~10만원 이상하는데 고장난 프린터가 있으면 그 안에 이런 특수 목적의 모터가 있으므로 분해해 재활용하길 바란다).

스테핑모터는 활용도가 크지만 직접 앞의 예와 같이 아두이노 보드와 연결하고 동작시키다가 갑자기 아두이노 보드 전원을 뽑았을때 모터의 내부 관성으로 인한 회전이 전자기 유도현상을 발생시킬 수 있다. 이때 자체적으로 고전압이 발생하고 아두이노 보드로 고전압 전류가 역류하면 CPU가 타버릴 수 있으므로 역전류를 막는 딜링톤(Dilington)회로가 구성된 소자를 그 사이에 연결해 안전하게 동작되도록 한다. 시중에서 싸게 구할 수 있는 스테핑모터는 KHL35LL16K로 24V 입력을 받을 수 있다(*주: 높은 전압을 받을수록 많은 전류가 흘려 높은 토크-Torque 힘을 얻을 수 있다). 데이터 시트를 보면 6개의 선이 있는 데 흰색과 회색은 모터에 인가하고 싶은 전압을 제공하는 별도 전원(Vcc. 보통 9볼트 건전지를 사용하면 된다)과 연결하고 GND는 아두이노 보드의 GND와 같은 선에 연결한다. 나머지 오랜지색, 검정색, 노란색, 고동색은 시그널에 따라 모터를 회전시키는 데 사용된다.

다음 그림은 데이터시트에 포함된 딜린톤 회로 7개로 구성된 ULN2003APG 칩이다. 보통 스테핑 모터를 구성하기 위한 딜링톤 회로는 저렴하며 구하기 쉬운 ULN2003APG 칩을 사용한다. 칩을 구입할 때 브레드 보드에 꼽을 수 있는 DIP(Dual Inline Package) 타입을 선택해야 함에 주의한다.

PIN CONNECTION

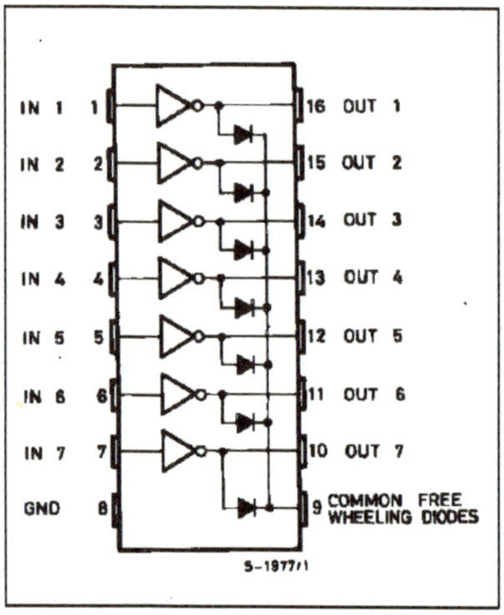

데이터시트를 보면 왼쪽과 같은 회로도가 표시되어 있다. 칩은 U형태 홈이 파여져 있는 쪽이 윗쪽이다. 양쪽에 핀 발이 나와 있고 번호는 회로도에 표시된 번호와 같다.

이 칩은 5V를 입력(in)하면 0V 출력(out)되는 부품으로 CPU를 스테핑 모터의 24V의 전류로부터 보호한다. 딜링톤 회로는 두개의 트랜지스터 소자를 직렬로 연결시켜 큰 출력을 요구하는 소자와 연결에 사용한다. 이런 안전회로는 높은 구동 전압이나 전류를 요구하는 모터 소자 등에 활용된다.

아두이노 사이트에는 딜링톤 회로와 스태핑 모터를 이용한 다음과 같은 예제를 제공하고 있다.

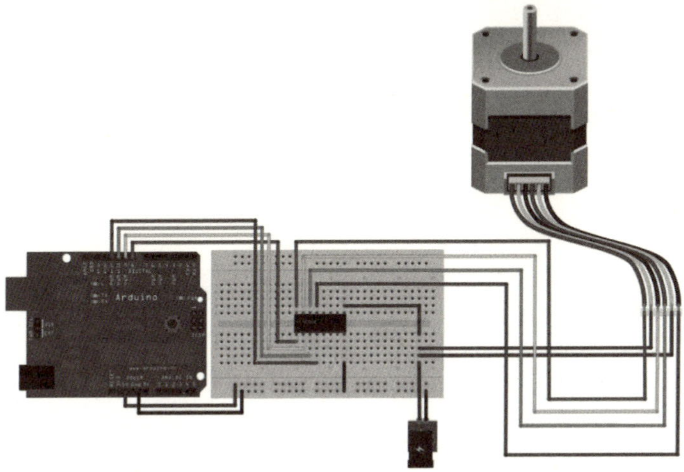

그림. 스테핑모터(Stepping) 모터 제어 예제
(출처 - 아두이노 사이트, http://arduino.cc/en/Tutorial/MotorKnob)

이를 응용하면 주변 밝기에 따라 방의 커튼을 올리고 내리는 정도의 응용은 매우 손쉽게 개발할 수 있다.

다만, 많은 센서와 액추레이터를 활용하는 경우 아두이노 보드의 입출력 포트가 제한되므로 문제가 된다. 이럴 경우, 출력할 신호를 메모리에 미리 저장해 놓고 저장된 1비트들을 병렬(Parallel)로 출력할 수 있어야 한다. 이럴 때 대표적으로 사용되는 칩이 74HC595 쉬프르 레지스터이다.

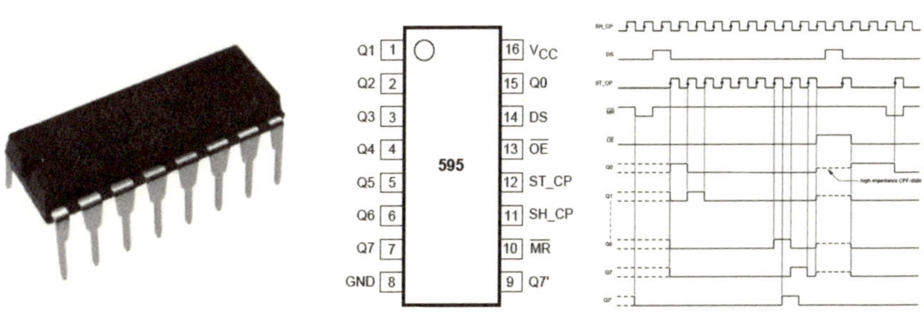

그림. 74HC595 8-Bit Serial to Serial / Parallel IC(출처 - SOLARBOTICS, https://solarbotics.com/product/74hc595/)와 필립스에서 개발한 74HC595칩 데이터시트 메뉴얼

이 칩은 1비트를 저장할 수 있는 메모리(*주: Latch, Flipflop이라 부르기도 함) 입력 핀이 1개, 클럭 신호 인가 핀1개, 1비트 메모리와 연결된 8개 출력 핀으로 구성된다. 클럭 신호가 5V가 될 때마다 입력 핀 신호가 쉬프트되면서 8개 1비트 메모리에 저장된다. 저장된 1비트 메모리는 연결된 출력핀으로 저장된 값을 전압값으로 검출할 수 있다. 이를 여러 개 연결해 사용하면 제한없이 많은 센서와 액추레이터에 신호를 입출력할 수 있다(*주: 전자적 동작이니 수십개 연결해 사용한다고 하더라도 인식하기 어려운 신호지연만 발생한다). 다음은 이렇게 연결한 쉬프트 레지스터 예이다.

그림. Serial to Parallel Shifting-Out with a 74HC595
(출처 - 아두이노 사이트, http://www.arduino.cc/en/Tutorial/ShiftOut)와 LED Cube(출처 - Liam Jackson, LED CUBE 74HC595 ULN2803 Arduino, https://www.youtube.com/watch?v=ztJTyiKIwgI)

아두이노와 관련된 예나 오픈소스 기반 프로젝트들은 미디어아트, 교육 프로그램, 연구 프로젝트가 유독 많은데 건축, 건설 분야에도 많이 적용될 것이다.

8.3.3 그래스호퍼와 파이어플라이

파이어플라이(Firefly)는 그래스호퍼와 아두이노 보드 간 브리지를 위해 개발된 소프트웨어 도구이다. 실시간으로 물리적 세계와 디지털 세계간의 연결을 지원한다.

그래스호퍼는 강력한 파라메트릭 모델링을 지원하므로 이를 이용해 물리세계의 신호를 디지털 모델로 표현하거나 역으로 디지털 모델을 물리세계의 액추레이터와 같은 기기를 동작시킬 수 있다.

그래스호퍼는 이미 생성 모델링(Generative modeling)으로써 비정형 모델링과 다양한 해석 시뮬레이션 가시화에서도 활용되고 있는데 파이어플라이를 활용하면 여러 하드웨어 장치들과 데이터를 주고 받을 수 있을 수 있다. 이러한 하드웨어 장치들 중에서는 빛, 온도

센서뿐 아니라 모터 등 다양한 액추에이터를 지원한다. 파이어플라이 툴바를 그래스호퍼에 설치하기 위해서는 Rhino 홈페이지에서 다음과 같이 소프트웨어를 설치한다.

- Rhino 4.0 SR8(evaluation version) 이상 버전
- Grasshopper v. 8.004 이상 버전

앞 두 소프트웨어가 제대로 설치되면 파이어플라이를 http://www.fireflyexperiments/download 에서 적절한 버전을 다운로드 받는다.

만약 예전 버전 파이어플라이 압축파일로 설치했다면 라이노과 그래스호퍼를 실행하기 전에 그래스호퍼가 설치된 프로그램 폴더의 "Components Folder"에 방금 받은 압축파일을 풀어 복사한다. 그 파일 안에는 Firefly.gha, libTUIO.dll과 같은 실행에 필요한 파일이 포함되어 있다(*주: 파이어플라이는 버전업마다 설치방식과 구성요소 변화가 있으니 만약 실행이 잘 안된다면 해당 파일을 확인해 그래스호퍼 컴포넌트 복사해 넣도록 하자).

이제 라이노를 실행하고 명령 창에서 "Grasshopper" 명령을 입력한다.

8.3.3.1 아두이노 연결

그래스호퍼와 아두이노 보드사이의 데이터 커뮤니케이션을 위해서 아두이노에 이를 위한 코드를 업로드해야 한다. 만약 아두이노 우노를 사용하고 있다면 파이어플라이가 설치된 예제 폴더 다음에 제공되는 파일 중에 "Firefly_UNO_Firmata"를 열어서 [파일] [업로드]를 실행해 아두이노 우노 보드에 전송한다.

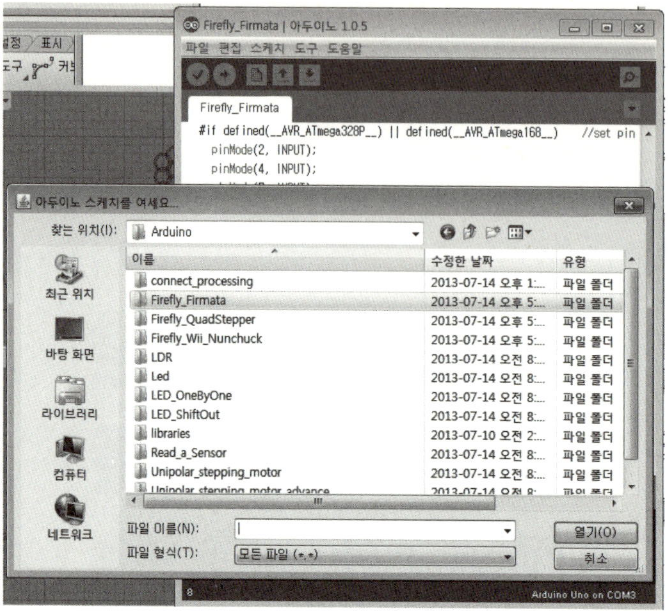

그림. Firefly_UNO_Firmata 프로그램

이제 아두이노에 설치된 이 코드를 통해 파이어플라이와 통신을 할 수 있다. 만약 하나 이상의 아두이노와 컴퓨터를 연결한다면 가능한 포트들을 장치 관리자가 폴링하여 연결된 장치의 수를 리턴한다. COM 포트 번호를 확인하고자 한다면 [도구] [시리얼 포트] 메뉴를 아두이노 프로그램에서 확인할 수 있다.

8.3.3.2 파이어플라이 프로그래밍

본 장에서는 설치시 기본 제공하는 "Firefly_00_Sensing" 예제파일을 참조해 이와 유사한 예제를 약간 수정하여 실습하도록 한다.

파이어플라이 캔버스에 [Open/Close Port](Firefly〉Arduino Boards〉Open/Close Port)를 드래그 & 드롭한다.

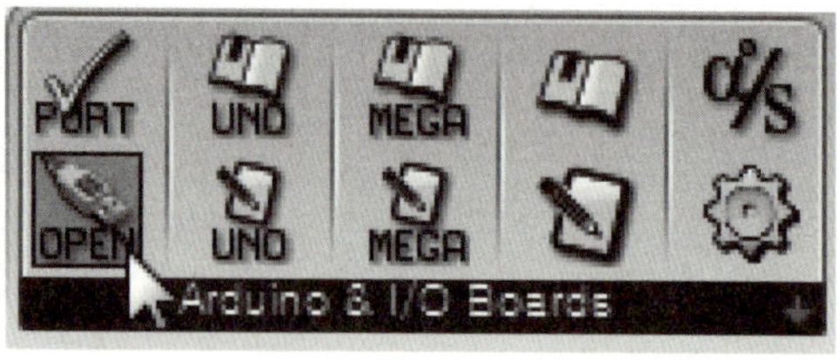

Open/Close Port 컴포넌트의 포트 입력에 포트 출력을 연결한다. 그리고 [Boolean Toggle](Params>Special>Boolean Toggle)을 캔버스에 드래그 & 드롭한다. [Boolean Toogle]의 출력을 [Open/Close Port component]의 [Open input]과 연결한다.

[Params][Input][Panel]을 두 개 만들어 하나는 Port 번호 입력값으로 사용하고 하나는 Open Port컴포넌트의 [Msg]출력포트 메시지 확인용으로 사용한다. 두 개를 만들어 하나씩 각각 연결한다.

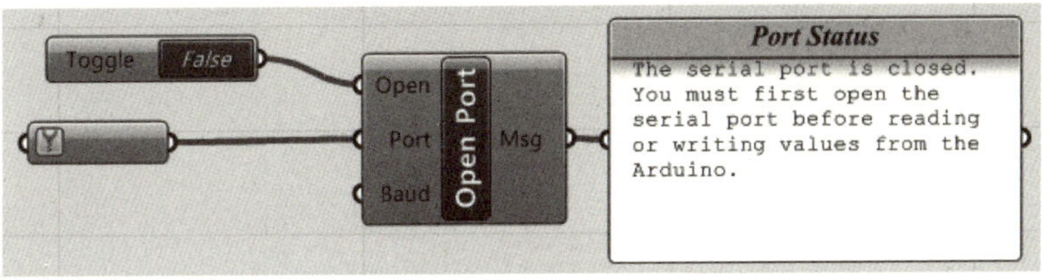

Port와 연결된 Panel의 입력값을 다음과 같이 [Set Integer] 메뉴를 이용해 아두이노 보드와 연결된 COM 포트 번호를 입력하도록 한다.

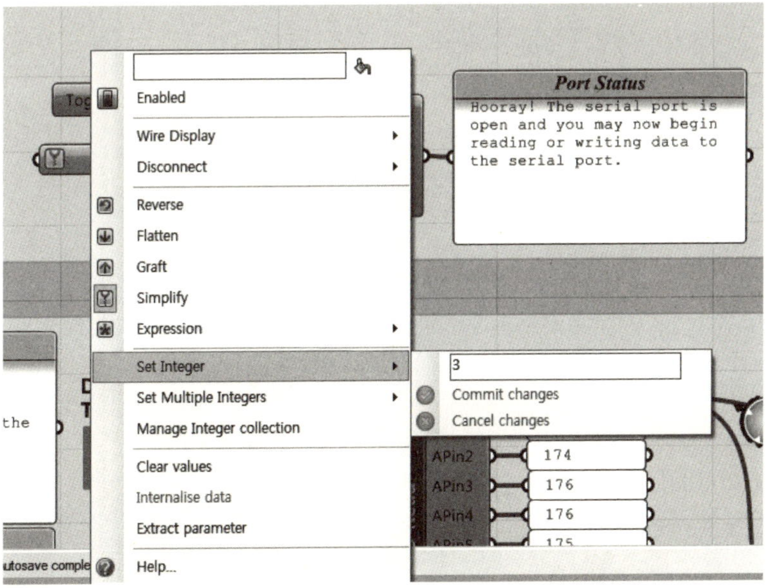

Open Port 컴포넌트 동작을 위해 [Toolean Toogle] 을 더블클릭해 True 값으로 설정한다. 제대로 설정되었다면 포트 번호와 시리얼포트가 오픈되었다면 메시지가 각각 출력될 것이다(*주: COM포트는 여러 프로그램에서 공유할 경우 어떤 프로그램이 종료되면 COM포트에서 값을 읽거나 쓸수 없다 이럴 경우 Rhino 프로그램을 다시 실행해 보도록 한다).

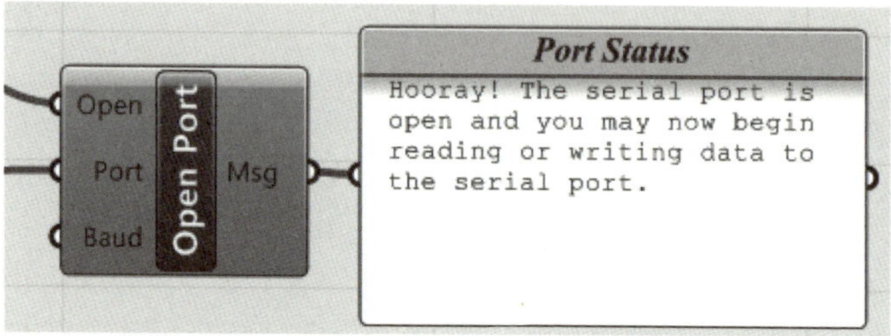

Firefly를 이용해 센서 데이터를 그래픽 가시화해 보도록 하겠다.

1. [Arduino Boards][Uno Read]를 캔버스에 놓는다.
2. [Arduino & I/O Boards]의 [Ports Available]컴포넌트를 생성해 [P]출력을 [Uno Read]의 [Port]와 연결하거나 직접 [Undo Read] 컴포넌트의 Port를 선택하고 우클릭해 [Set Integer] 메뉴를 통해 COM 포트값을 입력한다.
3. [Boolean Toggle]을 캔버스에 놓는다.
4. [Boolean Toggle]을 [Uno Read]의 [Start]와 연결한다.
5. [Boolean Toggle]을 더블클릭해 [True] 상태로 변경한다.
6. 각 컴포넌트의 출력값을 확인하기 위해 [Params] [Input] [Panel]을 캔버스에 생성해 각 컴포넌트의 출력과 연결한다. 각 아날로그 핀에서 값이 입력되고 있는 상태를 볼 수 있을 것이다.

참고로 아두이노의 아날로그 출력은 0에서 1023사이의 값을 갖는다.

7. [Params] [Util] [Timer] 컴포넌트를 캔버스에 놓는다.
8. [Timer] 컴포넌트를 [Uno Read]와 연결한다.
9. [Timer] 컴포넌트를 우클릭해 [Interval] 메뉴에서 타이머 이벤트 발생 간격을 1 millisecond로 설정하고 [Timer] 컴포넌트를 더블클릭해 동작시킨다.

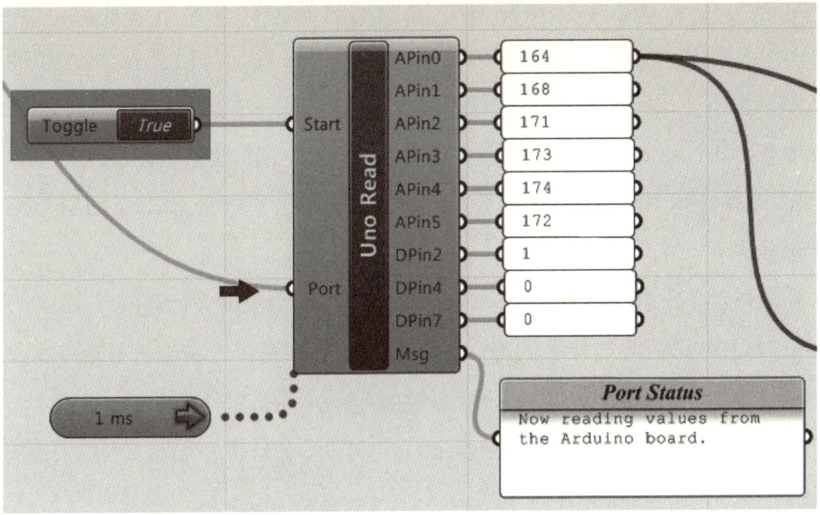

앞에서 얻은 센서 데이터를 그래픽 가시화해 보도록 하겠다. 이를 위해 6각형 그리드 형상과 원을 이용해 다음과 같은 모양을 만들어 본다. 원은 센서 데이터에 따라 반경이 변하도록 한다.

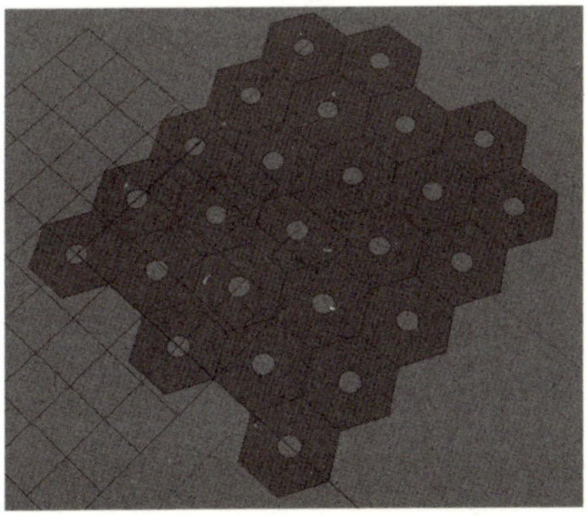

1. [Vector] [Grids] [Hexagonal Grid]를 생성한다. 이 컴포넌트는 디폴트 값으로 25개의 포인트가 이미 설정되어 있다.
2. [Curve] [Privimitive] [Circle]을 생성한다.
3. [Hexagonal Grid]의 [P]출력을 [Circle]의 [P]입력과 연결한다. 이 출력은 원의 중심점을 결정한다.

4. 센서 데이터와 연동해 적절한 원의 반경을 설정하기 위해 약간의 스케일 계산이 필요하다. 원의 반경을 0과 1.0사이로 표현해 주기 위해 [Math] [Operators][Division]을 생성한다.
5. Apino0와 [Division]의 [A] 입력을 연결한다. 그리고 [B] 입력에서 우클릭해 [Set Data Item] 메뉴에서 1000 값을 입력한다. [Circle]의 [R] 입력에 [Division]의 [R] 출력을 입력한다.

이제 원의 반경값이 센서에 의해 달라지고 있는 모습을 확인할 수 있다.

6. 헥사 그리드와 원을 조합해 서페이스를 생성하기 위하여 [Surface] [Freeform] [Planar Srf]를 생성한다. [Circle]의 [C] 출력을 [Planar Srf]의 [E] 입력으로 연결한다.
7. 쉬프트 키를 누른 상태에서 [Hexagonal Grid]의 [C] 출력을 [Planar Srf]의 [E] 입력으로 추가 연결한다.

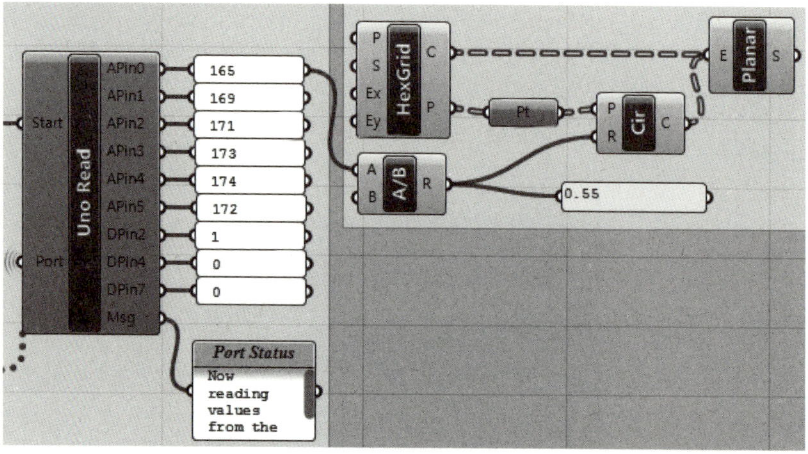

이제 센서값에 의해 원이 변경되고 이에 따라 헥사그리드와 병합되어 생성된 서페이스가 라이노 화면에서 실시간으로 변하고 있는 그래픽을 확인할 수 있다.

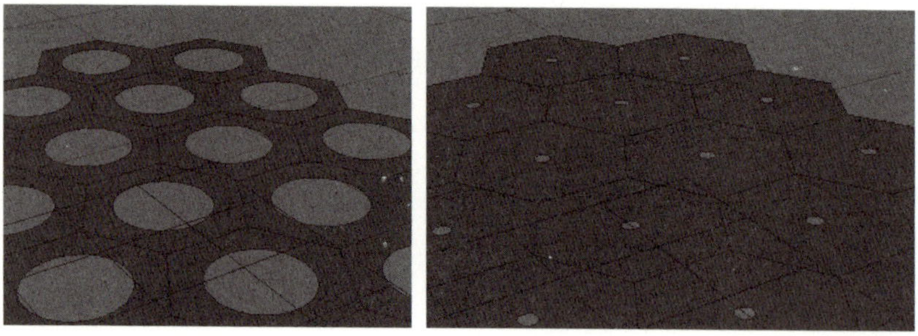

라이노의 그래스호퍼는 파라메트릭 모델링 기법을 직관적인 방법으로 지원하며 다양한 컴포넌트를 제공한다. 이러한 생성지향 모델링 기법은 다양한 곳에서 활용하고 있는데 디자인, 비정형 건축 및 토목 모델링, 미디어 아트, 컴퓨터 기반 작곡 및 음향효과 제어, 로보틱스, 프리페브리케이션, 엔터테인먼트 등 매우 다양한 영역에서 사용되고 있다.

이외에 다양한 지원 도구를 이용해 다양한 어플리케이션을 개발할 수 있으며 다음 프로그램을 설치하면 몇몇 추가적인 기능을 이용해 재미있는 작품들을 만들어 볼 수 있다.

WinAVR

WinAVR은 오픈소스 기반 개발 도구이다. Avr-gcc란 컴파일러와 avrdude란 도구를 포함한다.

- Go to: http://sourceforge.net/projects/winavr/files/WinAVR/
- Click on the folder called "20100110" and download the file WinAVR-20100110-install.exe
- Run the executable and follow the instructions
- Now, restart your computer

ReacTIVision

ReacTIVision 는 오픈소스 기반 컴퓨터 비전 프레임웍으로 fiducial 메이커와 finger 트래킹을 지원한다. TUI(tangible user interface)를 지원하기 위해 개발되었으며 다중터치 상호동작 서페이스 기반 어플리케이션 개발 등에 활용된다.

- Go to: http://reactivision.sourceforge.net/#files
- Download the reacTIVision vision engine for your appropriate platform(reacTIVision-1.4-w32.zip(Win32))
- Unzip the file to a directory on your computer
- Run the reacTIVision.exe file to launch the vision engine
- To download the fiducial markers go to: http://reactivision.sourceforge.net/data/fiducials.pdf

8.3.4 가상공간 투사 - 3D 프로젝션 맵핑

3D 프로젝션 맵핑은 여러 개의 프로젝터를 통해 벽면에 3차원으로 착각을 일으키도록 미리 만들어진 영상을 투사함으로써 3차원 착시 현상을 일으키게 하는 영상 맵핑 기법이다. 이 기법은 특정 시점에서 3차원 착시현상이 일어나도록 이미지를 만드는 것이 중요하며 다음과 같은 3차원 착시 그림을 그리는 것과 유사하게 작업할 수 있는 모델링 소프트웨어를 이용해 작업한다.

다음과 같이 복잡한 물체에 영상을 맵핑할 때는 미리 3차원 모델에 이미지를 맵핑해 특정 각도에서 착시효과를 일으키도록 모델링되어야 한다.

그림. 프로젝션 맵핑 예(출처: How to Run A 3D Projection Mapping Campaign, 2011.5.30, http://www.creativeguerrillamarketing.com/guerrilla-marketing/run-3d-projection-mapping-campaign/)

위 예와 같이 3D 프로젝션 맵핑을 위해서는 5000에서 10000이상 안시 루멘스을 지원하는 프로젝터가 필요하다.

이런 3D프로젝션 맵핑은 게임에서 3차원 메쉬에 텍스쳐 이미지를 맵핑하는 것과 유사한 방식으로 프로젝션 맵핑을 모델링하는 데 이를 위한 소프트웨어 중에 오픈소스 기반 맵핑 모델러인 VVVV(4V, http://vvvv.org/)는 무료이면서 다양한 기능이 있어 널리 사용되고 있다. 4V는 독일에서 개발된 것으로 알려져 있으며 윈도우 OS상에서 3D 그래픽스 가속 엔진인 DirectX를 활용한다. 4V는 비쥬얼 프로그램과 신속한 비디오 아트 프로토타입을 지원한다. 다음는 4V의 화면이며 그래스호퍼와 같이 Graph 기반 프로그래밍(데이터 흐름 기반 프로그래밍 방식이라고도 한다) 방식을 지원한다.

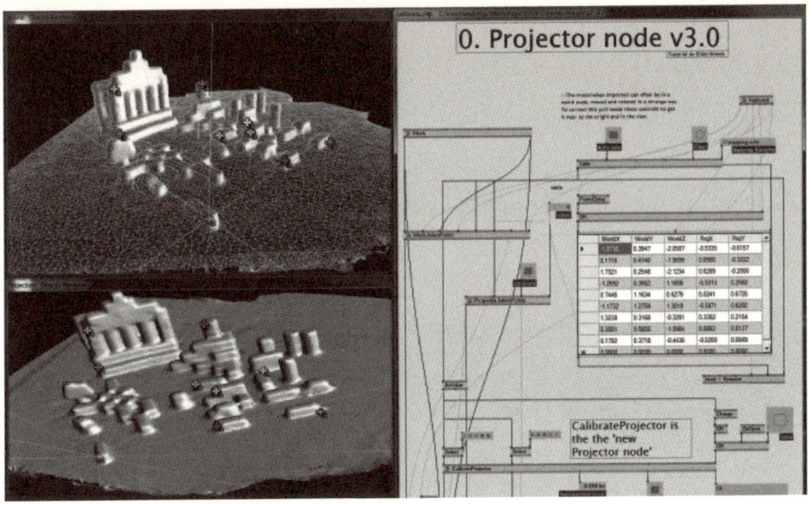

그림. V4(VVVV) 모델링 화면(출처: vvvv.org)

3D 프로젝션 맵핑을 위해서는 다음과 같이 미리 비디오를 맵핑할 사물의 위치와 3D 형상을 스캐닝하거나 모델링하여 3D 모델을 모델링한 후 프로젝터의 위치와 사람들이 보는 위치를 고려해 적절한 이미지나 비디오, 혹은 게임에서 많이 활용되는 파티클 이펙트(파편이 튀거나 폭팔할 때 나오는 화면 등을 파티클 이펙트라 한다)를 적당한 타임라인에 실행을 하도록 프로그래밍해야 한다. 4V는 위 그림에서 보는 바와 같이 이를 위한 기능들을 지원하는 컴포넌트 간에 입출력을 선으로 연결(Wiring)함으로써 이를 구현한다.

그림. V4를 이용한 프로젝션 맵핑 예
(미리 3차원 모델과 프로젝터 위치 및 사람이 보는 각도를 맞춰 넣고 작업을 해야 한다. 출처: Elliot Wood, Calibrate Projector, http://vvvv.org/blog/projector-node-tutorial-using-reconstructme, 2012)

4V는 C#으로 된 .NET기반의 다양한 플러그인을 지원하며 이를 통해 단순 프로젝션 맵핑이 아닌 사물을 인식하고 적절한 비디오를 원하는 사물의 표면에 프로젝션하는 등 기능을 확장할 수 있다.

다음는 인터랙티브한 맵핑을 위해 마이크로소프트 게임기 X-BOX 등에 사용되는 깊이 맵을 얻는 카메라와 프로젝터를 이용한 작품으로 사물의 움직임과 깊이를 인식해 그에 적절한 영상을 프로젝션하는 모습이다.

그림. 깊이맵을 이용한 키네틱 증강현실 프로젝션 맵핑
(출처: Peter Kirn, Kinect-Augmented Reality, as Projection Mapping Meets Depth Sensing, 2011)

이외 다른 비디오 맵핑 소프트웨어로 무료인 openFrameworks(http://www.openframeworks.cc/)와 flxer(https://flxer.net/)가 있으며 반응적 미디어아트 컨텐츠 개발 도구나 비디오 자키의 연출 도구로 주로 활용되고 있으며 영상에 대한 약간의 지식과 스크립트를 다룰 수 있는 정도면 누구든지 사용 가능하다.

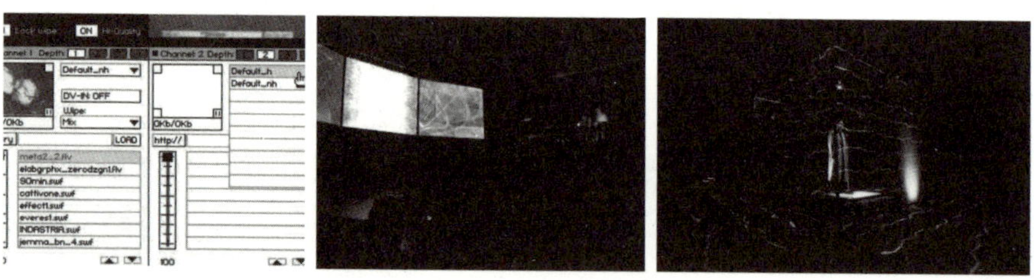

그림. flex를 활용한 비디오 자키 모습(출처: Esercito dei cubi, flxer.net)과 openFrameworks 활용한 프로젝션 맵핑(출처: You Naked - Flat-e for Warp Records and Jamie Lidell, 2013.1)

이러한 기술은 건축물이나 사물의 피사드에 특정 알고리즘을 프로그래밍한 영상이나 효과를 맵핑함으로써 가상이지만 사물이 사람들과 실제와 감응하고 교감하는 듯한 착시 효과를 준다.

최근 단순 미디어아트 및 광고뿐 아니라 건축 브랜딩하는 데 활용되는 등 응용 대상이 넓어지고 있다.

8.4 물리 공간정보 획득 – 역공학(Reverse engineering)

2013년도에 착공되는 Bethesda 병원 리노베이션 및 확장 공사에 관한 Laser Scanning과 Automated Feature Extraction Speed 3D BIM Creation에 관한 글(Kevin P. Corbley, 2012.8)에서 소개된 병원 건물은 지은 지 오래되어 MEP 등이 미로와 같았기 때문에 시설을 개선하기 위한 모델링의 정확도가 매우 중요해졌고, 병원 프로로젝트 특성 상 공사시간도 매우 제약되어 있기 때문에 BIM을 활용하였다고 하고 언급하고 있다. 이 프로젝트에서 독특한 점은 역공학 기술인 Laser Scanning 기술을 사용해 BIM 모델을 생성하여 공사시 오차를 최소화하였다는 점이다. 이를 위해 PrecisionPoint(http://precisionpointinc.com/)사와 계약을 했고 FARO 장비로 스캔해서 ClearEdge3D(http://www.clearedge3d.com/)로 처리해 Pipe는 자동 형상 인식하고 정리하는 방식으로 모델링하였다.

그림. 병원 기계실의 3D 포인트 클라우드 모습(FARO Focus3D장비로 스캐닝하고 Edge-Wise Plant 소프트웨어로 3D 포인트 클라우드를 파이프 솔리드 모델로 자동 맵핑하도록 배치 처리되었으며 이를 Revit으로 Import하여 MEP 모델을 완성하였다. 출처: Kevin P. Corbley, 2012.8)

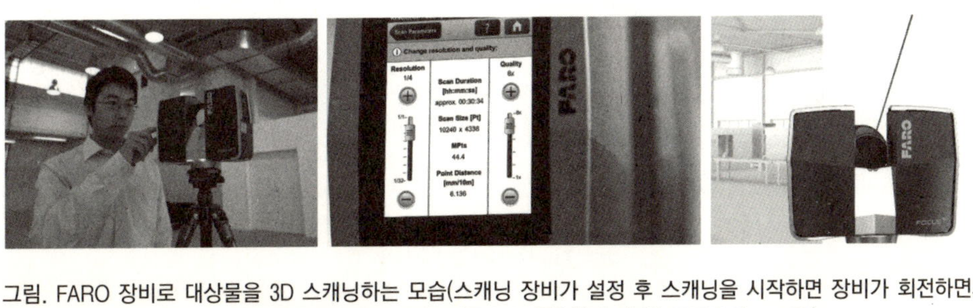

그림. FARO 장비로 대상물을 3D 스캐닝하는 모습(스캐닝 장비가 설정 후 스캐닝을 시작하면 장비가 회전하면서 대상물의 포인트 좌표를 자동으로 추출한다. 출처: FARO Focus3D)

이러한 역공학 기술은 이미 기계, 제조, PLM(Product Lifecycle Management) 분야에서 널리 사용되어 왔던 것들이 최근 건축이나 토목분야에 적용된 것이다.

다음은 국내에서 개발되어 널리 활용된 역공학 솔루션인 RapidForm이다(최근 해외 업체에 높은 가격에 인수 합병되었다). 대부분의 이러한 역공학 솔루션은 반자동 방식으로 포인트 클라우드를 장비로부터 얻고 노이즈나 불필요한 포인트를 제거하거나 보정한 후에 평면, 원통, 구, NURBS와 같은 여러 프리미티브 형상을 포인트 클라우드에 적용해 오차를 최소화하는 방식으로 형상을 추출한다(*주: 청사진 도면을 스캐닝한 이미지로부터 벡터 도형을 추출하는 벡터라이징 기술과 유사하다).

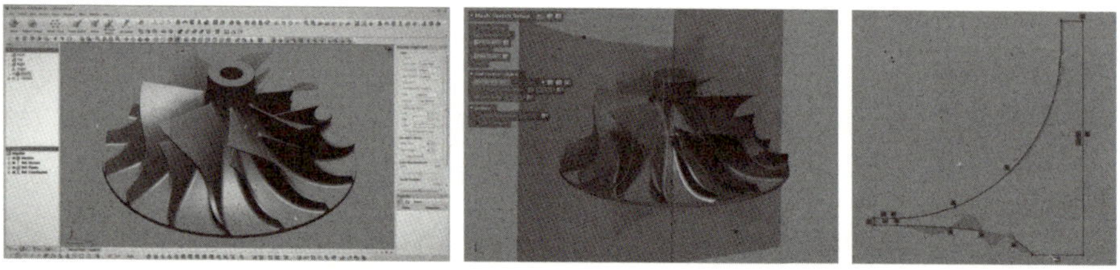

그림. RapidForm(스크류 형상을 스캐닝한 포인트 클라우드으로부터 단면을 반자동방식으로 스케치하여 3D 형상을 생성하는 모습, 출처: INUS 기술, 2012.4)

이미지에 기반한 3D 포인트 클라우드 추출 도구도 개발되고 있는 데 이미 널리 알려진 Autodesk 123D Catch를 이용하면 사진을 여러 각도에서 찍은 후 프로세싱 아이콘 터치하면 손쉽게 3D 모델링이 된다. 대상물을 중심에 두고 조금씩 각도를 두고 촬영한 영상을 123D에 입력하면 이미지를 정합해 계산하여 다음과 같은 3D 모델을 자동으로 생성한다.

그림. Autodesk 123D Catch
(출처: Introducing Autodesk 123D Catch, http://www.123dapp.com/catch, 2011.11)

깊이센서를 이용해서 포인트 클라우드를 얻을 수도 있는 데 쉽게 볼 수 있는 센서로 X-BOX 키넥트가 있다. 키넥트는 가격이 10만원 이하임에도 불구하고 단순 영상뿐 아니라 깊이맵 및 사람 제스춰 정보를 얻을 수 있어 다양한 분야에 활용되었다(일종의 매우 저렴한 3차원 스캐너인 셈이다). 참고로 앞서 설명한 4V에서 사용된 깊이맵을 이용한 미디어아트는 X-BOX 게임기 별도 판매되는 키텍트에 영향을 받는 바가 크다. 키넥트 센서를 사용하기 위해서는 Kinect SDK(http://www.microsoft.com/en-us/kinectforwindows/develop/overview.aspx)를 설치해야 한다. Kinect를 설치하면 다양한 예제를 볼 수 있는 데 다음 그림은 Depth map 예제를 열어서 실행한 화면이다. 카메라 영상에 있는 대상물의 깊이를 색상으로 렌더링해 보여주고 있다.

그림. 키넥트로부터 깊이 맵(Depth map) 정보 획득한 예제

8.5 사전조립건축 - 프리페브리킥케이션 및 모듈러 건축

건설, 건축이 제조업화되는 시점에 우리는 서 있는 것 같다. 다음는 최근 Arch daily에 실린 5 Robots Revolutionizing Architecture's Future 기사 중 일부 내용이다. 차량 제조 공장에서 사용되는 산업용 로봇이 디자인과 건축에 프로토타입으로 적용되고 있는 모습이다. 화면 뒤로 로봇을 제어하는 스크립트 코드가 보인다. 그 다음엔 Rhino의 Grasshopper 컴포넌트인 KUKA/prc를 이용한 로봇 제어를 보여주고 있는 이미지다. 이를 이용하면 알고리즘에 의한 디지털 디자인뿐 아니라 구현도 쉽게 가능하다.

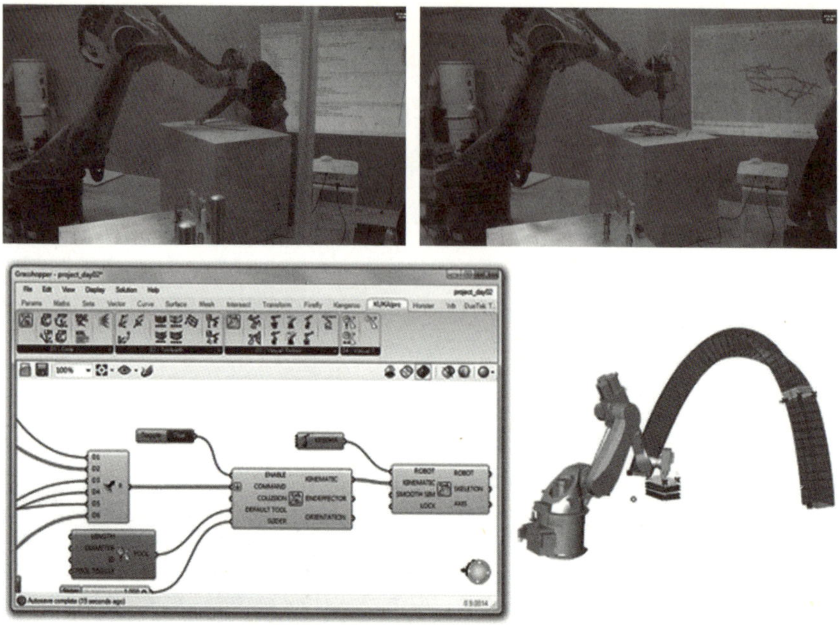

그림. 5 Robots Revolutionizing Architecture's Future
(Archi daily, 2013.2)기사와 Visual, modular robot programming and direct simulation using KUKA/prc and Grasshopper(http://www.roboticstomorrow.com) 기사 일부 이미지

아울러 1년 전 발표되었던 마이크로 헬리콥터를 이용한 벽돌 건축 조립도 이러한 가능성을 보여주는 퍼포먼스였다. 이러한 마이크로 헬리콥터도 대중화되어 에어드론과 같은 경우 HD영상을 실시간으로 촬영해 아이폰으로 전달해 주는 기능을 가지고 있으면서 대략 50만원 근처에서 구입할 수 있다.

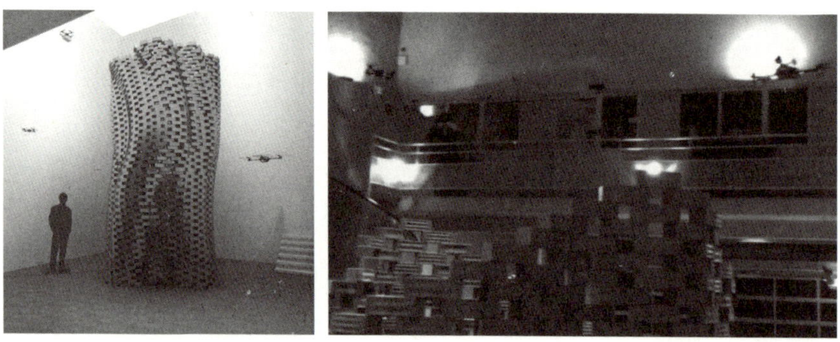

그림. Flight Assembled Architecture by Gramazio & Kohler and Raffaello d'Andrea
(de zeen magazine,. 2011, 11)

다음은 BIM으로 주택을 모델링하고 CNC 머신으로 프린팅하여 지은 사례이다. 말 그대로 1:1 아키텍쳐를 구현하고 있다. 이 사례에서는 Revit으로 모델링된 부재를 나무 합판을 재료로 CNC로 가공하여 조립해 주택을 4주만에 시공하였다. 이러한 기술을 잘 이용하면 재료의 낭비를 최소화하고 건축 프로세스를 간소화할 수 있다.

그림. The Printable House / 1:1 Arkitektur(Revit으로 모델링해 CNC로 가공된 부재를 조립하는 방식으로 목조주택을 시공하였다. 출처: The Printable House / 1:1 Arkitektur, 2012.5, ArchiDaily)

조립식 목조 프레임 주택 및 모듈러형 건축에 관한 내용에 대해 좀 더 자세히 알고 싶다면 Prefab houtskeletbouw huizen & modulair bouwen 타이틀로 유튜브에 올려진 http://www.youtube.com/watch?v=rkiSgSzTwn4 사이트를 방문해 보기를 바란다.

CNC 머신도 Unimat(The cool tool사)과 같이 대중화될 만큼 저렴해지고 사용하고 편리한 도구들이 나오고 있으며 최근에는 본인이 직접 만드는 CNC를 판매하고 있는 곳도 생겼다. Build your CNC를 운영하고 있는 Patrick hood-daniel의 홈페이지로 마이애미 대학에서 도시 건축가로 활동하고 있다. CNC는 prefab와 3d printing으로 관심도가 꾸준히 높아지고 있는 재료 가공 기술이며 이미 제조업에서는 사용한 지 오래된다. Patrick은 도시 디자인과 컴퓨터 공학을 전공하였으며 이를 바탕으로 다양한 활동을 하고 있다. 이 사이트에는 본인이 스스로 CNC를 만드는 튜토리얼과 부품을 직접 구매할 수 있는 링크 등이 본인이 저술한 책과 함게 포함되어 있다.

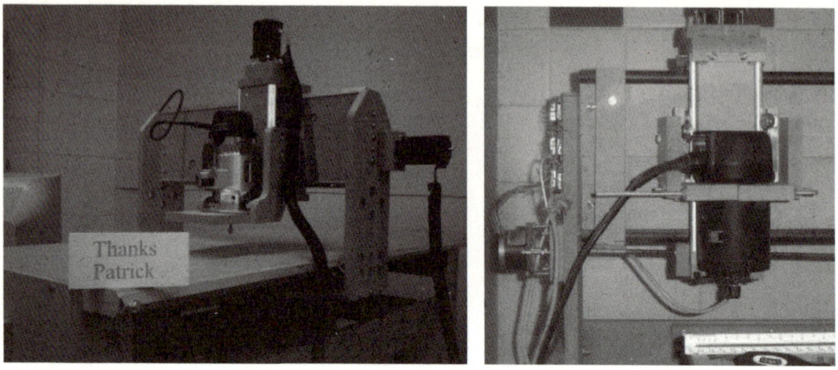

그림. Build your CNC

토목 분야에서도 이러한 기술이 적용되고 있는 데 다음 그림은 Prefabrication 아치형 Bridge를 모듈러 시공하는 모습이다. 15미터 스판 FlexiArch 도로 교량 시스템이며, 프리캐스트 콘크리트로 각 패널이 만들어졌다. Queens 대학 Adrian Long교수가 개발하였다. 이미 건축에선 많이 활용하고 있는 패널화된 사전재작부재를 이용한 벽체나 기둥 등의 시공이 토목분야에서도 활용범위가 넓어지고 있다. 이와 관련해서도 앞으로 BIM은 더욱 필수적인 기술이 될 것이다.

그림. 모듈러 교량 시공 모습(출처: Construction - Macrete FlexiArch Bridge System, 2010.8)

8.6 비정형 디지털 공간 제작 - 3D 프린터

얼마전 뉴스에서도 나온 바와 같이 3D printing 기술을 이용해 간단한 생활용품부터 장남감, 자전거, 디자인 소품까지 집에서 간단히 3D printer로 제작해 활용하는 모습이 소개되었다. 이 뿐만 아니라 총기 3D 모델을 다운받아 3D printer로 보내 만든 총을 실제로 사격할 수 있는 정도로 완성하여 사회적 문제가 되었고, 3D printing 규제 법안도 만들어야 한다는 여론이 형성되기도 하였다.

지금까지는 대규모 설비를 가진 대기업 공장에서 찍어낼 수 밖에 없었던 제작품들이 이젠 약간의 비용으로 시간을 들이면 본인이 만들고 싶은 것들을 만들어낼수 있는 시대가 된 것이다. 실제 3D printer의 가격은 조립식 제품인 Cube의 경우 1,300달러, 국내 유사 제품은 150만원 선에서 구입할 수 있다. 재료도 단가가 많이 내려가 1kg에 몇 만원 정도 이하선에서 구입할 수 있다. 이제는 이 정도로 어느 정도 특색있고 규모 있는 제품들은 만들 수 있다.

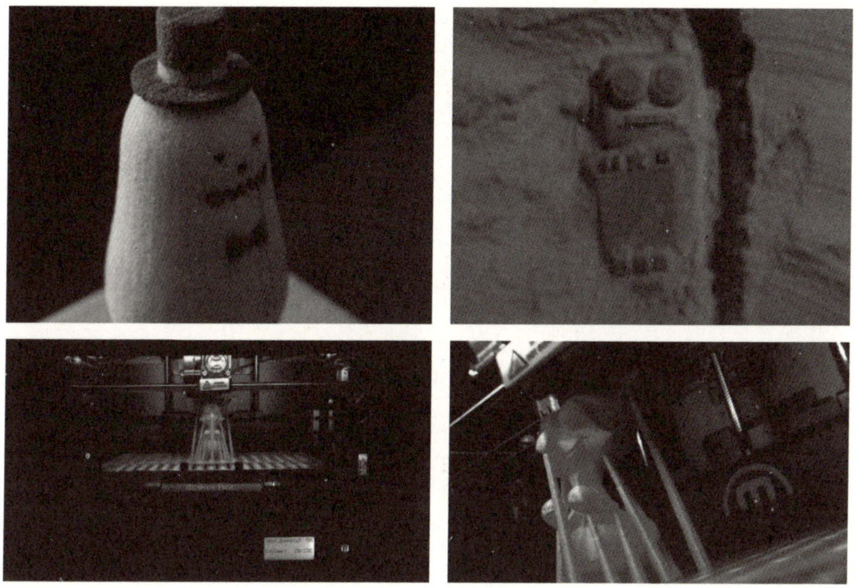

그림. 다양한 3D 프린팅 기술 응용사례
(Sticky monter - facebook API를 이용해 사용자의 profile을 분석하여 본인에 맞는 monster를 3d printing해 집으로 배달해 주는 서비스, MyRobot 3D printing사례 - 앞의 사례와 유사하며 로봇을 만들어 배달해 줌, Autodesk 123D를 이용한 3D printing 사례 - 3D 역공학을 통해 3D 모델을 만들어 프린터로 다시 찍어낸다.)

3D printing은 제조분야의 혁신이라 할 수 있다. 이는 대중화된, 즉 가격이 저렴해지고 3D 프린트 제품 완성도가 높아진 데다가 디지털 기반 인프라의 보급, 가상 3D모델링을 만들 수 있는 스케치업과 같은 툴들이 무료로 사용할 수 있게 된 결과라 할 수 있다.

그림. 백악관 3D 프린팅 모습 및 3D 프린팅 기술 관련 오바마 State of the Union 연설
(15:30 타임라인에 애플 팀쿡 CEO가 듣고 있다. 오마바는 애플처럼 다시 우리도 제조 강국이 될 수 있다고 역설하고 있다. 그리고 오바마는 3D 프린팅 기술을 통해서 제2, 3의 애플이 만들어지기를 기대하고 있다. 출처 - 오바마, 2013.2, State of the Union 연설)

2013년 2월 유니언 연설에서 오바마 대통령은 3D 프린팅 기술은 미국 경제 성장을 촉진할 것이라고 하였으며, 3D 프린트 산업 발전을 촉진할 기술의 중요성을 강조했다.

디지털 소프트웨어 기술은 아직 미국이 큰 경쟁력을 가지고 있고 이 기술을 기반으로 한 3D 프린팅 기술은 미국에 유리하다는 판단에 투자의 필요성을 언급하고 있다. 미국에서는 3D 프린팅 공공 민간분야 협력기관이 만들어지고 있으며, 이 그룹에는 록히트 마틴, GE, 노스롭 그룹사 및 미국 유명 대학 연구소 등이 포함되어 있다.

최근 저렴한 3D 프린팅 시스템이 1,300달러 가격으로 출시되면서부터 많은 사람들이 관심을 갖게 되었는 데, 3D 모델의 디지털 입력을 통해 프로토타입 제작비용을 절감할 수 있으며 금속, 도자기, 유리 등과 같은 다양한 재료를 활용해 3D 인쇄가 가능하기 때문에 산업용 제작에도 사용할 수 있다. 오바마는 이 기술의 중요성을 인식해 제조 혁신 센터를 설립하고 관련 협의체를 구성하는 등의 생태계 마련을 위한 계획을 추진하고 있다.

3D모델을 프린터에 제품 기획부터 개발까지 전생애주기 시간을 획기적으로 줄일 수 있으며 재료도 금속, 도자기, 유리 등이 가능하기 때문에 산업용 등급 제품도 개발할 수 있다. 모두가 계획/설계부터 구현/사용까지 모든 프로세스를 경험할 수 있는 예술가, 공예가, 연구자, 개발자, 제조업자, 건축가가 될 수 있다.

3D 프린팅 기술은 디자인 분야뿐 아니라, 건축, 건설 분야에서도 효과적으로 활용할 수 있다. 최근 해외 채널 보도에 의하면 Janjaap Ruijssenaars 건축가는 2014년 3D프린트 주택을 시공하여 완공하는 프로젝트를 진행하고 있다. 2년안에 완공하는 것을 목표로 하고 다음과 같은 형태의 건축물을 디자인하였다(Dara Kerr, 3Dprinter to carve out world's first full-size building A Dutch architect sets towork creating a two-story "Landscape House" built entirely from a 3Dprinter, CNET, 2013.1.21.). 제안 모델에서는 메비우스 띠와 같은 형상을 가지고 있으며 한쪽 면이 천장과 바닥이 되는 디자인이다. 이와 관련해 유럽 15개 국가 주요 건축가들이 2년 동안 이 프로젝트에 참여할 것으로 발표되었다.

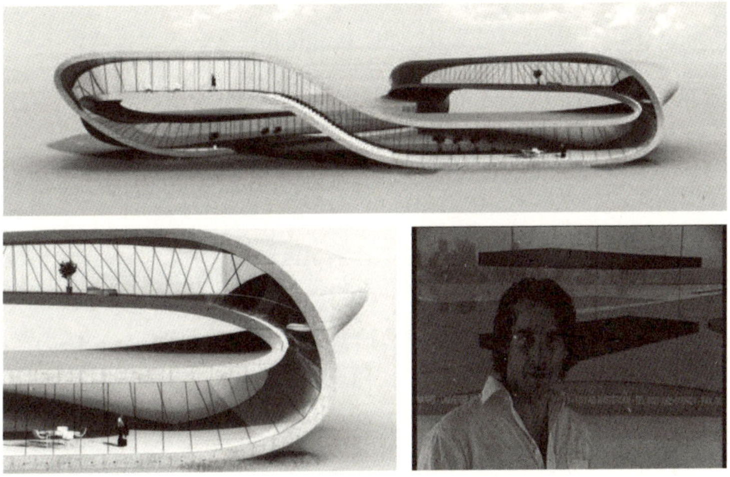

그림. 인쇄된 하우스(Rebecca Taylor, 2013.2)

계획은 경량 섬유 보강 콘크리트로 추정되는 재료를 이용해 6 x 9 크기의 패널 모듈들을 프린팅하여 조립하는 것이다. 이와 관련해 D-Shape이란 기술을 이용해 2층 건물을 개발할 수 있도록 계획하고 있다. D-Shape printer를 발명한 Enrico Dini란 이탈리아 발명가와 함께 일을 진행하고 있으며 사람의 개입없이 Full-Size Sandstone 빌딩을 건축할 수 있는 기술을 보유하고 있다고 밝히고 있다.

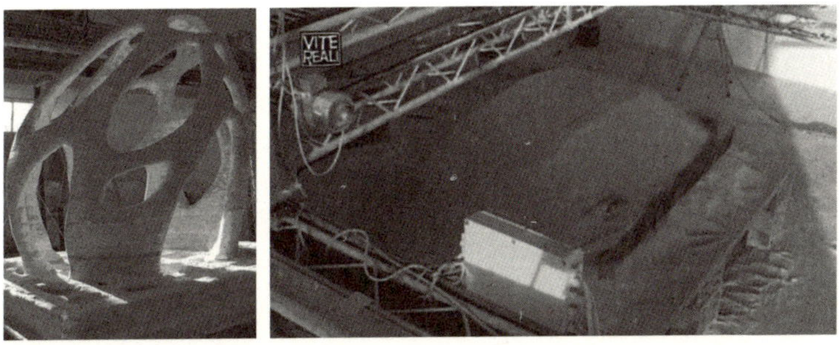

그림. Full-Size 인쇄 건물(Rebecca Taylor, The Printed House is Only the Beginning, D-Shape, 2013.2)

미국에 USC 대학에서는 Contour crafting이란 개념으로 20시간 이내에 집을 짓는 것을 목표로 하는 기술을 개발하고 있으며, 이를 주도하고 있는 Behrokh Khoshnevis교수는 건물을 3D Printing으로 인쇄할 수 있다고 생각하고 있다. 그는 현재 지구상의 100만명이 안정된 집 없이 생활하고 있고 고급화된 주택이 아닌 바람과 비를 피할 수 있는 정도의 집은 많은 곳에서 필요로 하고 있다고 말하고 있다. 특히, 아프리카와 같이 최소한의 의식주가 보장되지 않는 결핍이 일상인 지역에서는 3D Printing이 가장 직접적이고 효과적인 대안이 될 수 있다고 주장한다.

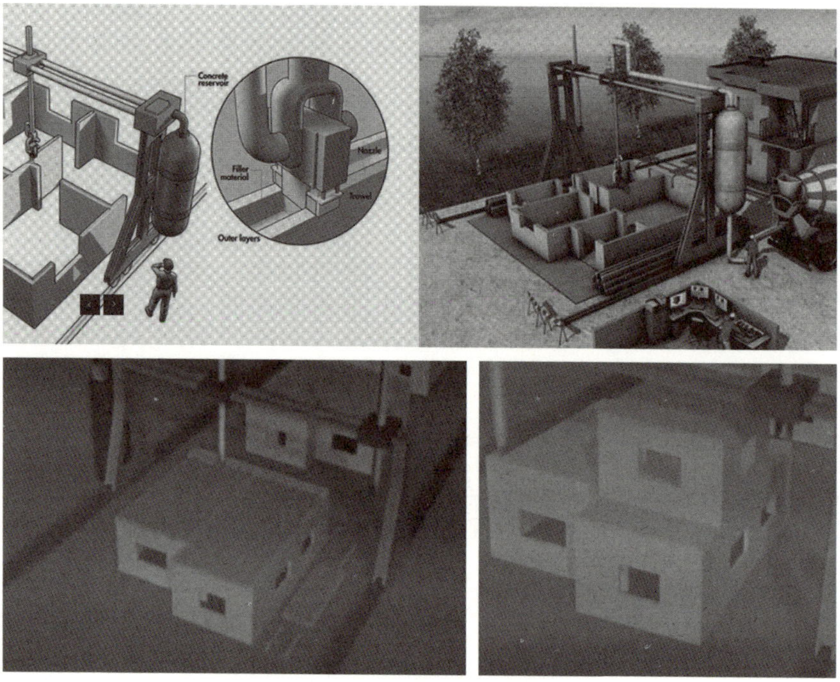

그림. Contour Crafting: Automated Construction: Behrokh Khoshnevis at TED
(Behrokh Khoshnevis, 2012, USC)

그림. Contour Crafting: Automated Construction: Behrokh Khoshnevis at TED
(Behrokh Khoshnevis, 2012, USC)

이러한 개념은 인프라 스트럭쳐 개발시에도 활용될 수 있으며 심지어 집의 마감과 같이 포장을 하는 경우에도 적용될 수 있다.

그림. 블록포장 인쇄(Rebecca Taylor, The Printed House is Only the Beginning,, 2013.2)

3D 프린팅의 활용은 인간의 상상력을 자극하는 속성이 있다. 마치 플라톤의 이데아란 가상 객체들의 공간에서 실제 현실로 객체를 사영하여 찍어내듯 맵핑하는 듯한 시공을 초월한 객체 정보 전송 기술이라는 느낌이 든다. 이런 관점에서 BIM은 3D 프린팅 기술과 관련성이 높은 기술이다. 다음는 TED에서도 발표되었었던 3D 프린팅 기술을 사용한 달기지 건설 프로젝트입니다. 이 프로젝트는 유럽과 미국 NASA, 주요 대학 연구진과 진행되고 있다(ESA, Foster + Partners).

그림. moonbase construction project using 3D printing
(Charlie Osborne, Next up for 3D printing: a moonbase?, CNET, 2013.2.1)

여기에 참여하고 있는 연구진들은 달의 흙이 블럭을 찍어낼 수 있을 만큼의 재료적 속성을 지니고 있다면 3D 프린팅 기술을 이용해 달 기지를 비용효과적으로 건설할 수 있다고 생각하고 있다. 관련해 이전 테스트에서 달의 흙을 이용해 1.5톤의 빌딩 블럭을 목업하는 시뮬레이션을 수행하였으며, 이를 3D 프린팅 로봇이 수행할 수 있도록 기술을 연구하고 있다.

3D 프린팅 기술의 핵심 기술은 다음과 같다.

1. 3D 모델링 및 비정형 스크립팅 기반 모델링 기술
2. 효과적인 3D 모델 패널 변환 및 적층 변환 기술
3. 3D 프린팅 전 검증 기술
4. 적절한 강도와 경화속도를 가진 다루기 쉬운 3D 프린팅 재료
5. 효과적인 3D 프린팅 노즐 경로 및 패턴 처리와 사전 제작 부재-Prefabrication 연계 건설 기술
6. 프린팅 후처리 기술
7. 3D 프린팅 로봇 기술
8. 기타 관련 기술 - BIM, FA, Automation, Cloud 등

3D프린팅 기술과 관련해 Archdaily 기사에서 MIT 미디어랩의 Neri Oxman은 "Printing 3D Buildings: Five tenets of a new kind of architecture"(Neri Oxman, 2013)란 글을 기고했는 데 3D 프린팅은 사용자 중심으로 시장이 재편되어 제조업 시장의 큰 성장을 이끌것이고 사용자 특성에 맞는 부재 생산이 가능함을 언급하고 있다. 예를 들어 어떤 사람이 관절이나 골격계 대치가 필요한 경우 뼈를 스캐닝한 모델을 소프트웨어 가공해 다시 3D 프린트로 생성할 수 있다. 이외에 사용자에게 맞는 다양한 재료와 부재 생산이 가능해질 것이고 반복생산이 아닌 환경에 적응된 제품이 생산될 수 있고 소프트웨어 기반 생산이 가능하다는 점을 언급하고 있다.

지금 변화에서 더 중요한 것은 이런 기술들이 대부분 오픈소스화되었고 대중화되고 있다는 것이다. 이미 150만원대의 3D 프린터가 국내 출시되었고, 해외에서는 1,300달러의 DIY 3D프린터가 시판된지 오래다.

아무리 BIM과 같은 기술을 이용해 가상으로 모델링을 하더라도 가상에서는 실세계에서 맛볼 수 있는 촉감과 같은 차원을 다루기 어렵다. 촉감과 같은 실감은 학생이나 연구자 모두에게 실세계에서 어떻게 건설하면 효과적일 지 혹은 또다른 좋은 아이디어에 대한 통찰을 줄 수 있다.

■ 마무리

최근 들어 공학과 예술사이의 경계가 허물어지고 융합되어 사람들에게 즐거움을 주는 여러 다양한 결과물들이 만들어지고 있으며 꽤 비싼 값에 이러한 결과물들이 작품으로써 취급되는 현상이 나타나고 있다.

이는 미디어 아트뿐만 아니라 여러 다양한 분야에서도 나타나고 있는 것으로 하드웨어와 소프트웨어가 디지털 세계에서 융합되고 새로운 가치를 창출하는 일은 매우 흥미로운 일이며 특히 공학도가 스스로 DIY하면서 느끼는 엔지니어로서의 정체성을 확인하는 일은 큰 기쁨이 아닐 수 없다.

관련 기술이 표준화되고 대중화되고 있어 Open Lab과 같이 일반들인들이 모여 전문가 이상의 일을 하고 이런 작업들을 대중들이 열광하는 모습을 보면서 공유와 협업에 의해 사회적 의미를 만들어나가는 개인 패브릭케이터가 많아질 것이라 생각한다.

이를 창의적인 작업은 본인이 노력한 결과가 반드시 댓가로 돌아온다는 신뢰의 문화와 전공에 관계없이 사회적 가치를 목적으로 융합할 수 있는 토양에서 자라난다. 이 토양은 팀의 이익이 팀 참여자, 구성원의 이익과 일치됨을 신뢰하고 있다. 신뢰 속에서 협업이 이뤄지고 좋은 아이디어가 창발되고 열심히 전력투구할 열정이 생겨난다. 이로써 건축 산업은 더욱 다양하고 튼튼한 생태계를 갖게 된다. 저자들은 건축의 경쟁력이 이런 문화에서 흘러 나온다고 믿는다.

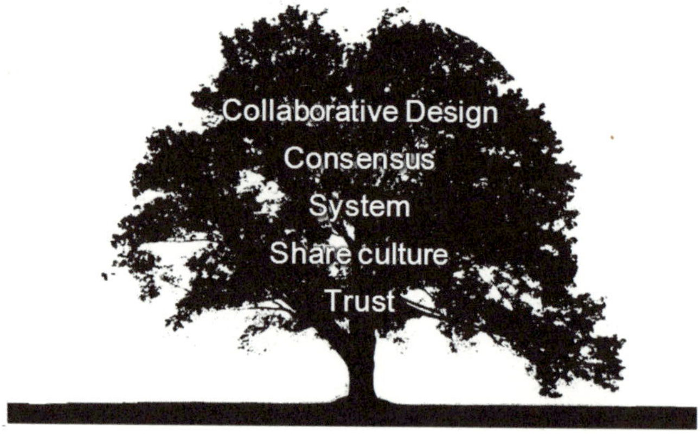

■ 레퍼런스

1. Talkcondo, A Closer Look at the Works of Frank Gehry, http://www.talkcondo.com/blog/a-closer-look-at-the-works-of-frank-gehry
2. American Academy of Archivement, Architect Frank Gehry, http:// www.achievement.org/autodoc/photocredit/achievers/geh0-032
3. Bloomberg Businessweek, 2007, Concert Halls Hit High Notes, http://images.businessweek.com/ss/07/09/0926_wow_concerthalls2/source/7.htm
4. Integrated Project Delivery Frequently Asked Questions, 2008.11, AIA California Council,
5. Integrated Project Delivery, 2007.6, AIA California Council & McGraw Hill Construction,
6. Roxane McMeeken, 2010.9, Qatar launches £28bn rail mega project, Building.co.uk
7. American Institute of Architects California Council, 2007.5, Integrated Project Delivery - A Working Definition, Retrieved 2008-11-13.
8. Lean Construction Institute, 2008.11, Integrated Project Delivery - An Example of Relational Contracting
9. American Institute of Architects, 2008, Integrated Project Delivery: A Guide
10. Steven G. Allen, 1985, Why Construction Industry Productivity is declining, National Bureau of Economic Research no. 1555
11. Building Design+Construction, 2008, Integrated Project Delivery builds a brave, new BIM world
12. National Institute of Standards and Technology, Aug, 2004, Cost Analysis of Inadequate Interoperability in the U.S. Capital Facilities Industry, U.S. Department of Commerce Technology Administration
13. Integrated Project Delivery Definition Task Group, 2007.5, Integrated Project Delivery: A Working Definition
14. Architectural Record, 2007.5, Integrated practice in perspective: A new model for the architectural profession
15. MARC FORNES, Architect DPLG, www.theverymany.net
16. Kostas Terzidis, 2009, Algorithmic-driven deformation, Courtesy Kostas Terzidis, http://www.domusweb.it/en/book-review/digital-culture-in-architecture/)

17. SENSEable City Laboratory, 2005, wireless internet intensity across the MIT campus, http://www.domusweb.it/en/book-review/digital-culture-in-architecture
18. 마시모 밴지, 2012.7, 손에 잡히는 아두이노, 인사이트
19. 채진욱, 2011.3, 아두이노 for 인터랙티브 뮤직, 인사이트
20. 케이시 리아스, 벤 프라이, 2011.3, 손에 잡히는 프로세싱, 인사이트
21. Interactive Prototyping - An introduction to physical computing using arduino, grasshopper, and firefly
22. 아두이노, arduino.cc
23. 프로세싱, processing.org
24. 그래스호퍼, www.grasshopper3d.com
25. Firefly, www.grasshopper3d.com/profile/firefly
26. http://www.noweco.com/issuee.htm
27. http://www.case-inc.com/news
28. http://www.kmccontrols.com/products/Understanding_Building_Automation_and_Control_Systems.aspx
29. http://www.kmccontrols.com/products/Understanding_Building_Automation_and_Control_Systems.aspx
30. vvvv - a multipurpose toolkit, vvvv.org
31. Elliot Wood, 2012, Calibrate Projector, http://vvvv.org/blog/projector-node-tutorial-using-reconstructme
32. Peter Kirn, 2011, Kinect-Augmented Reality, as Projection Mapping Meets Depth Sensing
33. You Naked - Flat-e for Warp Records and Jamie Lidell, 2013.1
34. Esercito dei cubi, flxer.net
35. Kevin P. Corbley, 2012.8, Laser scanning and automated feature extraction dramatically speed the process of 3D building information modeling for a $125 million hospital renovation in Ohio, Professional Surveyor
36. PrecisionPoint, http://precisionpointinc.com/
37. ClearEdge3D, http://www.clearedge3d.com/

38. FARO Focus3D, www.faro.com/products/3d-surveying
39. INUS 기술, 2012.4
40. Autodesk, 2011.11, Introducing Autodesk 123D Catch, http://www.123dapp.com/catch
41. Kinect, http://www.microsoft.com/en-us/kinectforwindows/develop/overview.aspx
42. Archi daily, 2013.2, Robots Revolutionizing Architecture's Future
43. Visual, modular robot programming and direct simulation using KUKA/prc and Grasshopper, http://www.roboticstomorrow.com
44. ArchiDaily, 2012.5, The Printable House / 1:1 Arkitektur
45. de zeen magazine,. 2011.11, Flight Assembled Architecture by Gramazio & Kohler and Raffaello d'Andrea
46. Build your CNC, buildyourcnc.com
47. Construction - Macrete FlexiArch Bridge System, 2010.8
48. Sticky monter, www.stickymonsterlab.com/
49. MyRobot 3D printing
50. AIA Document G201-2013, AIA
51. AIA E202-2008, AIA
52. Consensus DOCS 301
53. Lisa Dal Gallo, 2010, Comparison of Integrated Project Delivery Agreements
54. HansonBridgett, Nogotiation an Integrated Project Delivery
55. Integrated Project Delivery, 2007.6, AIA California Council & McGraw Hill Construction,
56. Communication problem, 1976, The New Yorker Magazine
57. 오바마, 2013.2, State of the Union 연설
58. 한국BIM학회 학생경진대회 수상팀 발표자료, 2012
59. CNET, 2013.1.21, Dara Kerr, 3Dprinter to carve out world's first full-size building A Dutch architect sets towork creating a two-story "Landscape House" built entirely from a 3Dprinter
60. Rebecca Taylor, 2013.2, The Printed House is Only the Beginning, D-Shape
61. Behrokh Khoshnevis, 2012, Contour Crafting: Automated Construction: Behrokh Khoshnevis at TED, USC

62. CNET, 2013.2.1, Charlie Osborne, Next up for 3D printing: a moonbase?

63. Neri Oxman, 2013, Printing 3D Buildings: Five tenets of a new kind of architecture, http://www.archdaily.com/320986/printing-3d-buildings-five-tenets-of-a-new-kind-of-architecture-neri-oxman/

64. The New Yorker Collection, 2007, Tom Cheney From Cartoon Bank

65. TEKLA, DPR, Sutter Medical Center - Castro Valley

66. Roxane McMeeken, 2010.9, Qatar launches £28bn rail mega project, Building.co.uk

부록: 계약서와 스페이스 프로그램

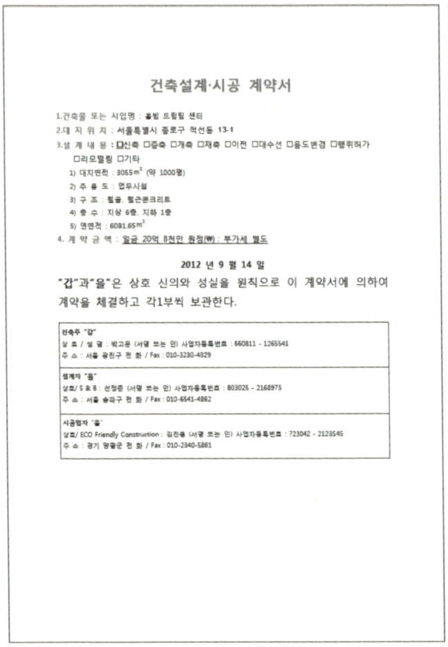

건축설계·시공 계약서

1.건축물 또는 사업명 : 올빔 드림팀 센터
2.대 지 위 치 : 서울특별시 종로구 적선동 13-1
3.설 계 내 용 : ☑신축 □증축 □개축 □재축 □이전 □대수선 □용도변경 □행위허가 □리모델링 □기타
1) 대지면적 : 3055m² (약 1000평)
2) 주 용 도 : 업무시설
3) 구 조 : 철골, 철근콘크리트
4) 층 수 : 지상 6층, 지하 1층
5) 연면적 : 6081.65m²
4. 계 약 금 액 : 일금 20억 8천만 원정(₩) : 부가세 별도

2012 년 9 월 14 일

"갑"과"을"은 상호 신의와 성실을 원칙으로 이 계약서에 의하여 계약을 체결하고 각1부씩 보관한다.

건축주 "갑"
상 호 / 성 명 : 박고운 (서명 또는 인) 사업자등록번호 : 660811 - 1265541
주 소 : 서울 광진구 전 화 / Fax : 010-3230-4329

설계자 "을"
상호/ S & B : 선정준 (서명 또는 인) 사업자등록번호 : 803025 - 2168975
주 소 : 서울 송파구 전 화 / Fax : 010-6541-4862

시공업자 "을"
상호/ ECO Friendly Construction : 김진용 (서명 또는 인) 사업자등록번호 : 723042 - 2128545
주 소 : 경기 양평군 전 화 / Fax : 010-2340-5861

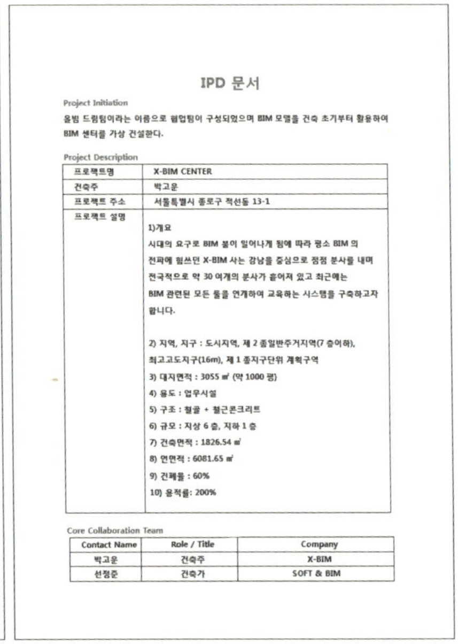

IPD 문서

Project Initiation

올빔 드림팀이라는 이름으로 협업팀이 구성되었으며 BIM 모델을 건축 초기부터 활용하여 BIM 센터를 가상 건설한다.

Project Description

프로젝트명	X-BIM CENTER
건축주	박고운
프로젝트 주소	서울특별시 종로구 적선동 13-1
프로젝트 설명	1)개요 시대의 요구로 BIM 붐이 일어나게 됨에 따라 평소 BIM 의 전파에 힘쓰던 X-BIM 사는 강남을 중심으로 점점 분사를 내며 전국적으로 약 30 여개의 분사가 흩어져 있고 최근에는 BIM 관련된 모든 툴을 연계하여 교육하는 시스템을 구축하고자 합니다. 2) 지역, 지구 : 도시지역, 제 2 종일반주거지역(7 층이하), 최고고도지구(16m), 제 1 종지구단위 계획구역 3) 대지면적 : 3055 ㎡ (약 1000 평) 4) 용도 : 업무시설 5) 구조 : 철골 + 철근콘크리트 6) 규모 : 지상 6 층, 지하 1 층 7) 건축면적 : 1826.54 ㎡ 8) 연면적 : 6081.65 ㎡ 9) 건폐율 : 60% 10) 용적률: 200%

Core Collaboration Team

Contact Name	Role / Title	Company
박고운	건축주	X-BIM
선정준	건축가	SOFT & BIM

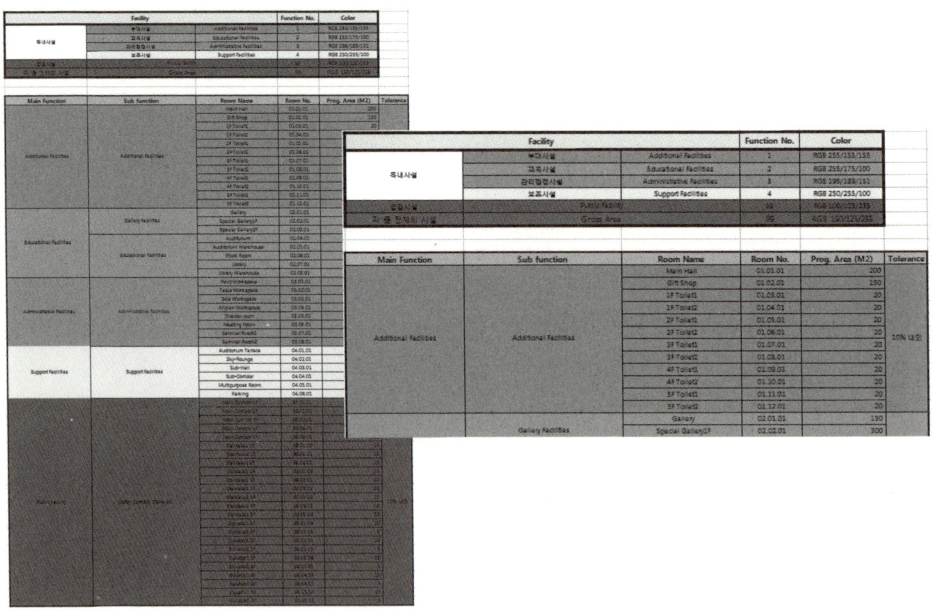

Facility			Function No.	Color
옥내시설	부대시설	Additional Facilities	1	RGB 255/153/153
	교육시설	Educational Facilities	2	RGB 255/175/100
	관리업무시설	Administrative Facilities	3	RGB 196/189/151
	보조시설	Support Facilities	4	RGB 250/255/100
공용시설	Public Facility		98	[illegible]
[illegible]	Gross Area		99	RGB 150/125/255

Main Function	Sub function	Room Name	Room No.	Prog. Area (M2)	Tolerance
Additional Facilities	Additional Facilities	Main Hall	01.01.01	200	10% 내외
		Gift Shop	01.02.01	150	
		1F Toilet1	01.03.01	20	
		1F Toilet2	01.04.01	20	
		2F Toilet1	01.05.01	20	
		2F Toilet2	01.06.01	20	
		3F Toilet1	01.07.01	20	
		3F Toilet2	01.08.01	20	
		4F Toilet1	01.09.01	20	
		4F Toilet2	01.10.01	20	
		5F Toilet1	01.11.01	20	
		5F Toilet2	01.12.01	20	
	Gallery Facilities	Gallery	02.01.01	150	
		Special Gallery1F	02.02.01	300	

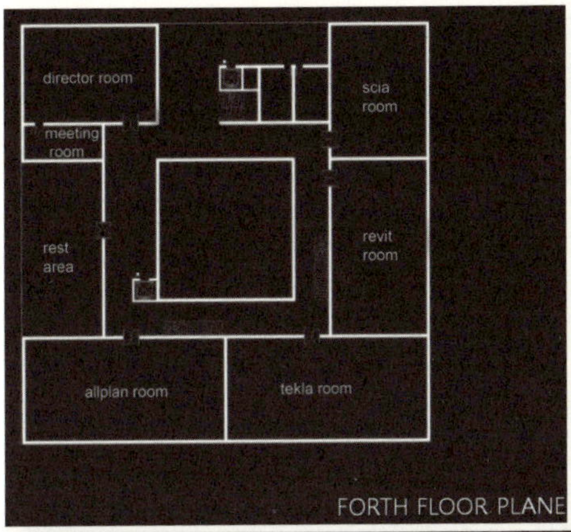
director room
meeting room
scia room
rest area
revit room
allplan room
tekla room
FORTH FLOOR PLANE

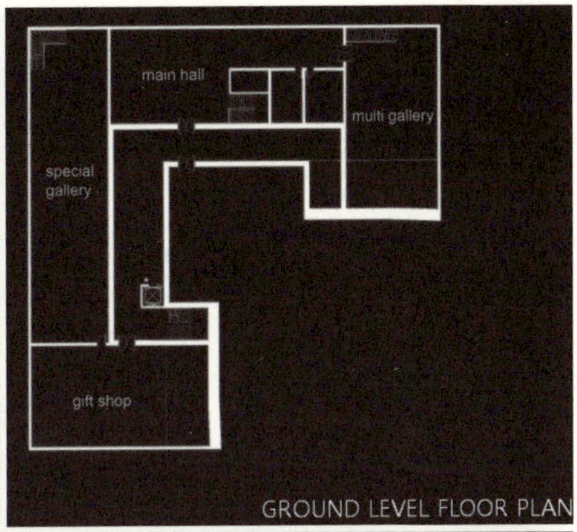
main hall
multi gallery
special gallery
gift shop
GROUND LEVEL FLOOR PLAN

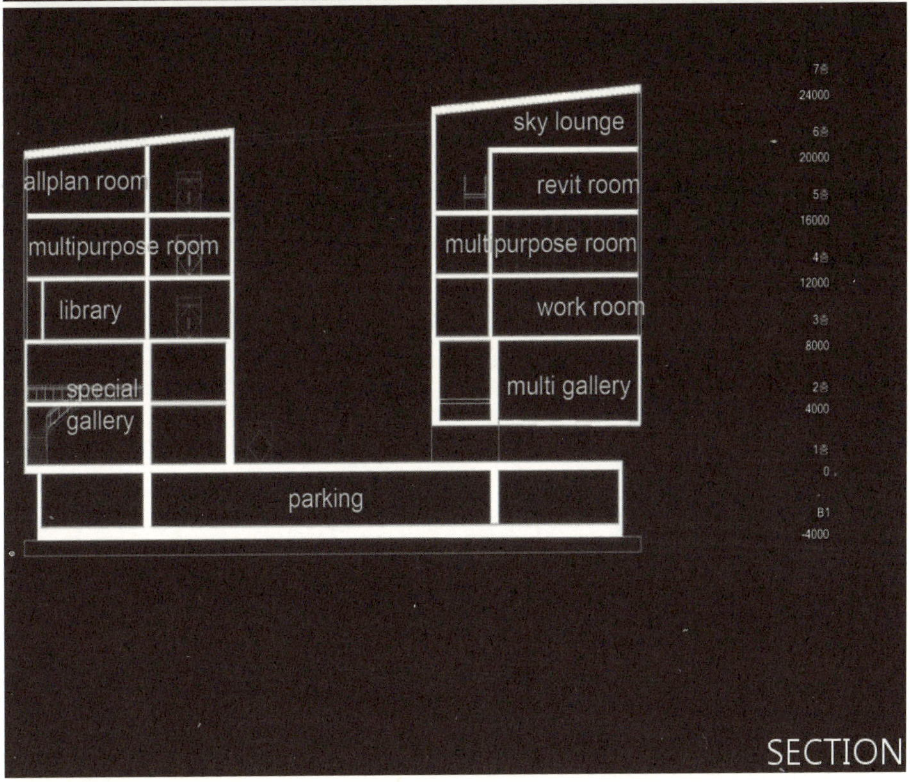
sky lounge
allplan room
revit room
multipurpose room
multipurpose room
library
work room
special gallery
multi gallery
parking
7층
24000
6층
20000
5층
16000
4층
12000
3층
8000
2층
4000
1층
0
B1
-4000
SECTION

Collaborative architecture design with BIM
BIM 기반 건축 협업 디자인

초판 1쇄 2014년 1월 22일

지은이 공저 - 강태욱, 김호중
발행인 김기현
발행처 시공문화사
등 록 1993년 3월 12일
주 소 서울시 서대문구 독립문 공원길 13(현저동 200) 극동프라자 5층
전 화 02) 3147-1212, 2323
전 송 02) 3147-2626
http://www.spacetime.co.kr spacetime@korea.com

편 집 design.hyun / 02) 322-9941
인 쇄 에코 프린팅
제 본 (주)서정바인텍
용 지 (주)대림지업사

*파본은 교환해 드립니다.

ISBN 978-89-5592-281-7 93540

정가 20,000원